苏州大学“名城名校：视觉传达与文化产品创新设计MZ14200317项目”

薛红艳 著

The Study of Chinese Lamp Art

中国灯具艺术研究

上海人民出版社

目　录

图版目录

序言

一、研究对象与目的

（一）研究对象

中国的灯艺术从人类历史伊始，就被逐步创造并渐进发展，它的演变一直伴随着人类历史的进程，直至今天。有学者提出：中国的灯艺术应该分为三个阶段：原始的灯艺术、古代的灯艺术、近现代的灯艺术，而本书着重研究的是中国古代的灯艺术，因为它不仅历史最为漫长和丰富，而且更富有文化探讨的意义，而不仅仅是其实用功能的展示。同时，本书还涉猎了中国原始的灯艺术和近现代的灯艺术，因为它们是中国古灯艺术的起源和发展，三个阶段的灯艺术是一个连续的纹脉关系。

本书所探讨的“灯艺术”应该分为两类：一类是具象的“灯具”艺术的探讨与研究，另一类是非具象的“灯”艺术，即“抽象的灯艺术”的探讨与研究。前者关注“灯”艺术的物质形态的研究，而后者则注重挖掘抽象的

"灯艺术"的精神内涵。关于灯具的探讨，本书主要从灯具的演变过程：造型的演变、材质的演变、燃料的演变、纹样的演变等多个方面来探讨；同时，还阐述了包含在这些灯具中的文化意义、社会功能。"抽象的灯艺术"大多是存活在人们意念中的灯，它可能是神话中的某一个灯的形象，也可能是小说、诗词中的某一个灯的意象；它可能是某种意念的凝聚，也可能是某种情感之源。它虽然不像具体的灯具那样具体可感，却以一种无形的形态生动地存活在人们的精神领域，并且提升了灯艺术的文化内涵。

随着灯在人们的日常生活中逐渐普及使用，它在人们心目中的地位日益重要。从古到今，它不仅是人们获取光明的源头，而且人们将它逐渐意念化，成为某种文化观念的象征。所以，灯在人们的物质世界和精神世界并存。比如，人们把它应用在诗歌中，以表达人们对光明、母爱、爱情、友情的向往。在唐代，颜真卿的"破暗光初白"的咏灯诗句，点破了"灯光驱暗，可以白昼"；而《宋史·王次翁传》有"次翁……入太学贫，甚夜持书，就旁舍借光之"、"匡衡勤而无独，凿邻舍壁借光读书"的记载，成为妇孺皆知的典故。人们还把灯应用在日常的各种习俗之中，如观灯、张灯、放河灯、舞龙灯、划灯、勾灯、割鸡仪式、担灯、舞鹿子灯、送灯、舞鱼灯、点塔灯、放海灯、酒灯会、躲灯等，以寄予各种美好的祈愿，如祈雨求子、纪念亡者、护送亡灵、祈求平安、消病除灾、祈福丰收等；人们甚至把它演化成民间游戏，如猜谜灯、灯酒会等，在轻松的氛围中显现灯的内涵和象征意义；人们还把灯具与市井文化联系起来：耍鳌山灯的、卖灯支碗儿的、滚灯、换取灯儿等，都强化了灯的精神气质和实用功能；人们还制造了很多有关灯的民间艺术品，如灯船、面灯等，为的是让灯的象征意义在人们朴实的生活中熠熠生辉；中国古代的灯还飘洋过海，如越南点天灯的习俗，成为华人思念家乡的传统活动；有些灯具甚至还成为东西方文化或者是各地域文化交融的见证载物……人们围绕着灯，展开了一系列的习俗活动和物品的创造，其背后的驱使力量源于人们"对火的崇拜"与"对光明的追求"。灯是由"火"开始的文明演化的产物，它已经不再仅仅是作为"灯具"的实用物品，而成为人们寄予希望的精神物品！因而，本书的“灯艺术”除了描述、分析、阐释中国古代“灯具”的起源、发展及文化背景、思想内涵等，同时更着重描述分析了“灯”作为一种民族文化象征而存在的丰富内涵和文化表征。“灯”从诞生之日，便带上了很深的文化烙印及丰富的文化内涵。

本书的主要题材是集中在有关灯的形制演变、内外发展规律、文化象征和民俗意蕴等方面的探讨，通过有形的灯具及与灯有关的习俗来探讨其背后无形的文化内涵和象征意义。这部分题材既有具体可感的灯具，也有关于灯的艺术文化内涵、民俗礼仪和风俗习惯。本书通过图表的形式梳理了古代各时期、各地区的灯具发展概况、古代灯具的品类以及有关灯彩的习俗，以说明灯在古代的发展状况，同时佐证灯艺术的文化意义及其象征功能。通过对典型灯具的描述和分析、有关灯的民俗文化事象的研究，以阐释中国灯的艺术特征、文化内涵及其社会意义。

本书借古代文人的文学作品和古人相关的研究成果，进一步探讨灯在人们心目中的形象和人们寄予在灯中的希望，以佐证灯的文化内涵和象征意义。本书还借助灯与其他造物之间的关系，进一步阐述并论证灯自身发展演变的内外规律以及重点突出的研究意义。

（二）研究目的和研究意义

有关中国灯艺术的研究并非完全是一个新的课题。在过去的文献、专著和论文中，有过一些关于此课题的研究。这些相关的著作及其他研究成果中大多着重于关于古灯的收藏与鉴赏，以及关于地方灯具以及灯俗的介绍。本书在此基础上，把具体可见的灯具扩展到具象与抽象兼有的灯艺术，除了梳理中国灯具发展的历史及其自身的演变规律外，特别地要挖掘和阐释隐含在灯具中的造物文化精神。

前人对“灯”的研究一般都囿于具体可感的灯具，本书在此基础上有所突破。本书的“灯”艺术研究包括两个部分：一部分是关于物质形态的“灯具”的研究，另一部分是关于非物质形态的“灯”的研究。物质形态的“灯具”的研究主要是探讨中国“古代灯具”的形制、材料、燃料、结构等的发展演变过程以及由它而折射出来的中国各个时期的社会状况、人们的生活理念及造物思想。而关于非物质形态“灯”的研究主要是脱离了具象的灯具形态，而专门探讨人们附着在抽象理念中的“灯”上的情感意识和文化内涵。这两部分的研究相互交织，共同烘托了中国灯艺术的研究价值。

从美学的角度，本书主要梳理中国灯具在历史的演变过程中，其材料、造型、结构、燃料的演变过程。其中，重点探讨的是它自身的演变规律和特点，以及灯具与其他造物形制之间的相互影响。在此基础上，本书对中国古灯的分类、艺术特征和社会功能进行了较为详尽的阐述。

从文化学的角度，本书重点探讨中国灯艺术在民俗文化中的存在形态和象征意义，尤其是挖掘凝聚在灯艺术上的民俗心理和民间信仰。在这个层面更能看出：“灯”分为现实中的灯和意念中的灯。作者通过对“灯”这样一种能够体现族群民俗心理变迁的造物艺术的研究，试图探讨出一种民俗艺术的研究方法，并运用这一方法对其他类似题材加以研究。

从社会学的角度，探究了灯作为一种社会文化现象存在的社会价值及其功能。在这个方面，“灯”以一种无形的力量存活于人们的意念中，甚至成为喻志的文化对象或者联系族群成员的精神纽带。

综上所述，本书突破点主要体现在以下几个方面：

1. 对各时期、各地区的灯具艺术有一个较为完整的阐述。通过完整的图表（时代、材质、燃料、造型、纹样、重大突破）来总结归纳各个时代灯具的创造情况。通过这些图表，可以清晰地看到中国灯具艺术的演变过程、性格特征等。

2. 本书除了整理归纳现实生活中的灯具，也梳理总结了人们意念中的灯，并阐述它们的文化象征意义。这部分的研究恰恰最能显现出灯艺术作为一门独立的造物门类而特有的性格特征以及其存在的社会意义。

3. 本书重点介绍了一些鲜为人知的民间灯具及相关的灯彩习俗，并将之归纳为图表来予以说明，尤其阐释和挖掘了这些民间灯具中隐含的文化内涵和民俗意蕴，深入分析了这些灯具中所包含的社会价值和社会功能。

4. 本书对“灯”的分类作了较为详实的论述，并且从多个视角对“灯”进行较为科学的分类，这为归纳阐述“灯”的艺术特征、社会功能、文化内涵、民俗意蕴打下了坚实的基础。

5. 本书还对中国古灯艺术的发展规律和动力结构作了较为独特的分析。正如英国当代学者 W. H. 沃尔什所说的：“一个历史学家如果只能研究发生了什么事情，却不能说明那些事件何以会如此地发生，那就绝对没有完成他的任务。”[1]

6. 本书除了梳理阐述了中国灯艺术的过往历史、存在形态、文化意义，而且还对其现当代的设计及旅游开发进行了较为科学的分析和探讨。

因而，本书既有纵向的研究以阐释中国古代灯具自身发展的演变规律，也有横向的研究以阐释灯作为一门独立的造型艺术门类而展现的性格特征、文化意义、社会价值及其对现代灯具设计及有关民俗旅游应用的启示。

二、研究现状

关于中国灯艺术的研究，前人也有相关的一些著作和论文。这些著作主要有两类，其中一类是关于古代灯具鉴赏的著作，比如：吴少华的《古灯千年》、郭灿江著的《光明使者：灯具》、孙建君、孙和林编著的《民间灯具》、殷小林著的《古灯史话与收藏》、顾行伟编著的《古灯瓷话》、孙建君、高丰著的《古代灯具》等。这类著作基本上以年代为轴线，以历史的演变为基点而介绍中国古代各时代的典型灯具及其燃料和制作材质等。这为后人的研究起到了非常积极的作用。除此以外，并没有对古代灯具进行非常深入的阐释，尤其没有深入分析古代灯具发展演变背后的动力和内因，也较少剖析古代灯具中隐含的文化意蕴和民俗内涵。在这些著作中，吴少华的《古灯千

[1] W.H. 沃尔什：《历史的“涵义”》，引自《现代西方历史哲学译文集》，上海译文出版社 1987 年版。

年》显得较为深入一些，它介绍了一些鲜为人知的灯具及其文化内涵和社会意义。但总体来说，这本著作还是主要用叙述的方法介绍了中国古代及近代的灯具。

除了以上专门论述灯具的著作外，还有一些有关灯具研究的成果包含在某些著作之中。比如，在沈继光、高萍的《老物件——复活平民的历史》一书中，有一部分老物件介绍的就是古老的灯具，这些灯具非常与众不同，显现了民间艺人的高超智慧和技艺。在蔡利民和高福民主编的《苏州传统礼仪节令》中，两位作者特别地描述了苏州的地方灯彩艺术，成为苏州传统礼仪节令中有特色的一部分。在王树村著的《中国民间美术史》一书中，专门有一篇是“灯彩灯画篇”。在这一部分内容中，作者着重描述了自唐代以来的中国灯彩灯画艺术。尤其重要的是，作者把灯彩灯画艺术与其他艺术门类，比如中国画相比较，显现了各个艺术门类之间的联系。在卢兆荫的《满城汉墓》中，作者以考古的方式论述了汉墓中出土的几件灯具，如长信宫灯等。在刘晓春的《仪式与象征的秩序》著作中，有一节内容是：“游花灯：村落政治的仪式表演”。在这节内容中，作者重点探讨了“从源村的过灯缘起以及过灯的文化政治意义来看，过灯的意义与象征除了被民间广泛寓意的‘灯’与‘丁’之间的隐喻关系之外，还被村民赋予了认同家族统一体的文化政治意义，通过游灯仪式达到人丁兴旺的家族目的，使家族在人口数量上具有抵制外姓的实力”[1]。在其他一些著作中，我们还可以发现有关“灯”的文学成果，它们或以诗句的形式点饰了灯的喻志功能、古人寄予其中的各种情感，或以文学片段的形式描绘了古灯烘托下的繁华盛世、社会俗景。

关于中国古代灯具的研究，除了一些著作、古代的文学作品《金瓶梅词话》及一些风俗志，如《燕京岁时记》、《东京梦华录》、《梦粱录》以外，其他的一些古代文献，如《天工开物》、《京都风俗志》、《西湖游览志余 · 熙朝乐事》、《开元天宝遗事》等也有关于灯的描述。另外，也有一些论文则是

[1] 刘晓春：《仪式与象征的秩序》，商务印书馆2003年版，第50页。

专门研究中国古代灯艺术某一个方面的文章。比如，周星在论文《灯与丁：谐音象征、仪式与隐喻》一文中探讨了灯在民俗生活中的象征意义。还有以论文的形式而出现的一些零星的有关灯的研究成果。其中有一些论文在《考古》、《文物》上发表。

尽管前人的研究不尽完善，但它们的研究成果给我们的后续研究起到了关键的铺垫和启示的作用，尤其是为我们积累了丰厚的灯具图片，这为我们的研究取得了大量的资料。然而，从前的成果较少非常系统地去阐述灯具的形制、材料、燃料、发展演变规律、文化内涵和民俗意蕴、社会功能等。因此，本书试图以年代为纵向研究探讨灯具的历史发展演变，同时以文化的继承、发展及相互间的影响为横向研究，深入阐述中国灯艺术中包含的内涵和意义。

三、研究方法

从学术的角度来划分，研究方法一般分为四种：一为指导性的研究方法；二为形式逻辑的研究方法；三为各门学科能共同使用的方法；四是各自学科独立的研究方法。其中，形式逻辑的规律主要指论文的观点保持前后一致，互不冲突，因此，形式逻辑也是最基本的研究方法。而各门学科能共同使用的方法则有演绎法、归纳法、分析与综合的方法，历史的方法，观察的方法，比较的方法、实验的方法等等。对于艺术学架构中的民俗艺术研究，其科学性质、研究对象和具体任务，决定了较适合使用具有实践性或实证性的研究方法。中国古代艺术作为民俗艺术中的一个独立的造物门类，它既有作为民俗艺术的一些共性，也具有其自身的个性，因而，我们对于它的个别研究应该具有较为独立的研究方法。

本书的研究涉及许多图像资料和文献资料，主要通过两种方式来获取：一是文献资料搜求法，另外一种是田野采风法。

文献搜求法在性质上属于定量分析法，是利用第二手资料的一种重要研究方法，也叫历史资料法。它通过搜集历史上各种图像资料、地方志文献、笔记、小说等文献著作和其他历史资料，筛选与灯具有关的资料，并对这些资料进行分类、统计，从中归纳灯具的品类、发展演变规律，以及风俗文化的意蕴、象征意义等。有些资料不仅能直接从现存的文献资料中获取，可能通过网络检索而获得。

在文献搜求的过程中，最难的是筛选资料。面对洋洋大观的资料，首先要对这些资料通读一遍，通过一些辅助性的工具字典，考证这些既有成果的真实可靠性，然后再把其中能说服本书观点的资料选择出来。

关于灯具的资料，仅仅从文献中获取是不全面的，而田野采风法可以获取更多生动的实例。田野采风法主要是到收藏家中、博物馆、农村乡间、古董市场而进行实地考察，同时可以辅之现场采访的方式。在这个过程中，尤其重要的是要鉴别真伪，具有自己独立的判断力，以弥补文献的缺失、考证文献的真实性。

田野采风的过程主要有三个阶段。第一个阶段主要是准备工作。这个阶段的工作分：案头准备、选点、物质准备等多个方面。第二个阶段主要是调查阶段。这个阶段的工作分：与信息提供者合作、参与观察、现场访谈、绘画与照相、撰写等方面的工作。第三个阶段是资料整理的阶段。这个阶段主要有建立档案、编辑资料、电子典藏与属性描述等方面的工作。

面对庞杂而丰富的中国灯艺术，本书重点选择那些最能代表中国灯艺术创造的辉煌成就和最能展现时代面貌、最能体现中国古代造物精神、最能展示中国古代造物心理、最能展现中国古代造物内涵的例子来加以描述和分析。

本书对中国灯艺术的研究主要是从这几个方面着手的：一是对灯的起源及发展演变过程的考证；二是考证灯为独立发展的艺术门类而自身形成的性格特征，如分类、艺术特征、社会功能与价值；三是论述它与其他造物艺术门类之间的联系等；四是深度挖掘包含在中国灯艺术中蕴涵的文化内涵和民俗意蕴；五是阐释研究中国灯艺术研究的价值和意义。

因此，本书的研究序列为：一、“灯”的起源及发展概述；二、中国古灯演进的内外规律；三、中国灯的分类方法、艺术特征及社会功能；四、“灯”的文化内涵与民俗意蕴；五、中国灯艺术的研究价值与意义；六、结语。在这几章内容中，中国古灯演进的内外规律、中国灯的分类方法、艺术特征及社会功能、灯的文化内涵与民俗意蕴是本书的重点。

“张道一先生将民艺学的研究方法分为综合研究、分类研究、比较研究和专题研究四个方面。”[1]本书的研究也是基于以上四个方面，对中国灯艺术进行了较为深入的探讨：运用综合研究的方法，把灯放入特定的社会结构、经济结构之中，考察其文化的承传、习俗等因素以及民众的审美心理，探讨其文化意义、社会功能；运用分类研究的方法，将灯分类，并归纳其发展演进规律，探讨其艺术特征和象征意义；运用比较研究的方法，探讨其与其他造物之间的关系，并总结中国古代造物的规律；运用专题研究的方法，对灯艺术的造型特征、内在发展规律、文化内涵进行了深入的阐释。本书从各个学科，如图像学、考古学、民俗学、艺术学、社会学、文献学等多个角度，综合运用了以上各个研究的方法：从艺术学的角度对灯的艺术创作、艺术观念、艺术思想等几个方面进行整体的研究，由形象直观到抽象概括，归纳出蕴涵在中国灯艺术中独特的精神意蕴；从图像学、文献学的角度，总结出中国灯艺术的造物精神及其研究意义；从民俗学的角度来讨论中国灯艺术中包含的民俗文化和象征意义；从考古学、历史学的角度得以考证中国古代灯具自身演进的规律；从社会学的角度来阐释有关灯的仪式背后所隐含的社会象征和功用；从统计学的角度，归纳各个时代灯具的造型、材质、纹样、燃料等。

从内容到方法，本书所展现的内在思路是：通过对中国灯艺术的起源、分类、艺术特征、社会价值、文化内涵、民俗意蕴的阐述，得以考证灯艺术作为中国自古以来的一门独立的艺术造物形式的内外发展演进规律，以及它的性格特征、文化意义、精神特质、研究价值等。

---

[1] 潘鲁生：《民艺学论纲》，北京工艺美术出版社1998年版。

第一章

“灯”的起源与发展概述

第一节 “灯”的起源及其语义

一、火种发现与灯具的雏形

远古时期，原始先民茹毛饮血，手持简陋的工具，“日出而作，日入而息”，过着原始群聚的生活。那时，自然界中常有由于电闪雷击、火山爆发等自然原因燃起来的野火。野火给人类带来了灾难，同时也带来了启迪。火，使人类脑与手的功能逐步进化，开始向人类文明迈进；火，使人类有了战胜严寒的武器；火，使人类增强了制作工具、开垦土地、烧制陶器、冶炼金属的生产能力。那时候，古人用火除了取暖、照明、驱赶野兽以外，另一项最重要的用途就是烧烤食物。当猎物的油脂被烤出并滴洒到火堆上的时候，会引发出猛烈的燃烧和发光现象。这种发光现象引发了古人的注意：油脂除做食物以外，还是一种很好的燃料。就这样，每当茫茫黑夜来临之时，我们的祖先就燃起篝火，在火光的照耀下，或休息、或烤食、或舞蹈、或狩猎……

德国著名人类学家利普斯在《事物的起源》一书说：“在人意识中，火的重要性是如此之大，以致地球上没有哪个民族没有解释火的起源的故事。”而在希腊神话中，普罗米修斯从宙斯那里偷来火种被视为有罪，可见希腊人眼中火之珍贵。火由人发现、控制和使用，逐渐增强了人类对该介质的探询，并由此衍生出与时俱进的特定造物形态——灯。

灯由火而起。《左传》云：“饮桓公酒乐，公曰：‘以火继之。’”又，《左传·哀公十六年》：“良夫代执火者言。”《晏子春秋》：“晏子，饮景公酒。日暮，公呼具火。”罗颐的《物原》是一本探究中国古代事物起源的书，书中记载道：“燧人作火，神农作油，轩辕作灯，汤尧作灯檠，成汤作蜡烛。”1988年在宁夏海原新石器时代窑洞的遗址中，考古学家发现了将燃烧的松枝插于窑洞壁上的痕迹，据此推测，这些燃烧的松枝可能就是中国最原始的照明用具，由此表明，人们最早将火用于照明大约是在4000年前。

可以说，人类祖先用火的历史，可以追溯到将近两百万年以前，而人类使用灯的历史却只有一万年左右。但是为什么古人在一百多万年的漫漫长夜中，依旧日复一日地守着火，却关键没有迈出这一小步，制作出灯具呢？这除了人类在旧石器时代还未能更多地摆脱动物性之外，还存在很多其他的原因：比如：当时的生产力实在太落后，再比如，当时的人类还处于群居的状态，没有可以居住的房屋，也极少有生活的器皿。然而，到了原始社会晚期，生产力有了相当程度的发展。日益丰富的物质收获，改善了人们的生活。特别是从事畜牧和农业的人们，完成了从山地穴居到平原建“层”的巨大变迁。于是人们的生活资料前所未有的从匮乏变得逐渐丰盈起来。这是因为生产力的发展，推动了社会的进步。原始社会末期，私有财产和家庭的萌芽出现了，得到了温饱的人们，不再遵从自古以来“日出而作，日落而息”的生活方式，而开始注重他们业余的，即晚上的文化和娱乐生活。同时人们也要利用晚上的时间，多做一些工作，以获得更加丰厚的收入。此时，人们才有可能想到，用多余的油脂作照明的燃料，创造比火塘更方便、更先进的照明方式。

可见，人类发现和利用“火”是“灯”出现的前提，而用一些辅助设备来固定火源，则是“灯”被发明的重要起点。“灯具的发明与人们对火的认识和利用有着密切关系，人类认识和保存火是灯具发明的前提。黑夜自古以来就不是人类的朋友，它不仅限制了人们的各种活动，也为野兽活动和袭击人类提供了良机。试想，生活在原始森林的人类远祖，又是怎样诅咒黑夜的呢？数十万年前，随着人类对自然界产生的火的功用认识不断提高，火不仅成了人们美食的最珍贵的财富，也成了人们用来照明、驱逐黑暗的唯一工具。又经过漫长岁月的生活实践，人们掌握了人工取火技术之后，为满足照明方式的不同需要，逐渐开始有意识地借用一些辅助设备来固定一定的火源。这些用来固定一定火源的辅助设备经过不断的改进和演变，就出现了专用照明的灯具。”[1]“人类因火发生进化。火的使用使人类社会产生飞跃。170万年前云南元谋人开始用火，是发现最早的人类用火记录。50万年前北京人已能保留控制火源。风霜雨雪，长久不灭。由此开创人类历史新纪元。发现火，保留火，采撷火，夜不再暗。原始劳作拓宽了时空，火把将人类从原始社会引领进奴隶社会。人工取火，保留火种。用固定的工具保留火种，数代人的改进和演变，出现了早的灯。”[2]从灯的源流角度来说，人类所使用的第一堆篝火，也正是原始先民们发现的第一个照明光源——“灯”。“火，可看作是灯的祖先。明代罗颐在《物原》中谈到灯的起源和发展时有这样的记载：‘遂人作火，神农作油，轩辕作灯，汤尧作灯檠，成汤作蜡烛。’虽然这是传说，且没有确凿的证据加以有效性，但是依然可以从一个侧面大致了解中国古代灯具的源流和发展。”[3]本书所讨论的主角“灯”，便应运而生了。

二、“灯”字略说

灯具在没有普及之前，并没有一个通用的固定的专用名称，但它与“主”、“豆”、“登”、“镫”、“锭”、“烛”、“燎”等有着一定的互代关系。

[1] 郭灿江：《光明使者》，上海文艺出版社2001年版，第10页。

[2] 顾行伟：《古瓷灯话》，上海古籍出版社2002年版，第1页。

[3] 孙佳莹：《中国古代灯具与“神树崇拜”》，《历史月刊》2007年第3期。

(一)“灯”与“豆”、“主”

关于我国最早的灯具形制的起源，目前，考古界的一些专家比较一致的意见是：它可能是陶制的，而且与陶豆这种盛食器皿有些密切的联系。陶豆最早见于7000多年前的河北武安磁山新石器时代早期遗址，直到商周时期比较流行。尽管陶豆的造型因时代不同而略有变化，但其基本造型则大同小异，即它们有着共同的特征：上有敞口浅盘，中有高柄，下有喇叭形圈足。战国时已有不少豆形的陶灯和铜灯，显然就是高柄豆的造型；而其他造型的灯具，其灯盘也是豆盘的形式。到了汉代，豆形灯则更多，有的还自铭为“烛豆”。可见，早期人们是直接借用盛大羹的陶豆置些油脂来点灯，于是，豆就逐渐演变为灯具。

在甲骨文中，虽然不见“灯”字，人们却注意到了一个与“灯”颇有些关系的“主”字。

王延林先生编著的《常用古文字字典》中有“[illegible]”，这就是甲骨文“主”的写法。它是一个由上、下两部分组合而成的象形文字。上半部分：一件盛满燃油的器，一朵向上升腾的火苗，像一个点燃的灯盏；下半部分：一个象形的“木”字，似乎是一件用树枝制成的灯檠。（如图1-1）灯檠支撑起灯盏，稳定扩大了光照的范围。这似乎是组合式灯具的雏形，但这并不代表“主”就是“灯”。汉代许慎的《说文解字》注释说：“主，灯中火主也……今俗别作炷。”准确地讲：“炷”就是指灯盏中安置灯捻并承载灯火的部位。由此看来，它和灯的关系似乎只是一个局部和整体的关系。

清代著名文字学家段玉裁的《说文解字注》云：“其形如豆，今之灯盏是也。”他还形容“[illegible]”字的上半部如同一只盛着油膏的碗，点燃了就是“主”。又说“其形甚微，明照一室。”

黄约斋先生编著的《字源》解释得更加明白：“这是油灯盏的象形，‘主’像灯芯上的火头，是灯中的最要部分。故以为‘主要’的主。”我们从中也知道了“主要”这个词的来历。从这个词也可以看出，“灯”在古人的心目

图 1-1 ◀

原始石灯

自然形成“小穴”的原始石灯下面，安置了一个用树枝做成的支架，点燃后，俨然就是甲骨文的“主”字。

图 1-2 ▶

西夏黑釉高柱灯台

西夏黑釉高柱灯台去掉了所有的雕饰，就剩下满身的力量，散发着浓浓的彪悍之气。

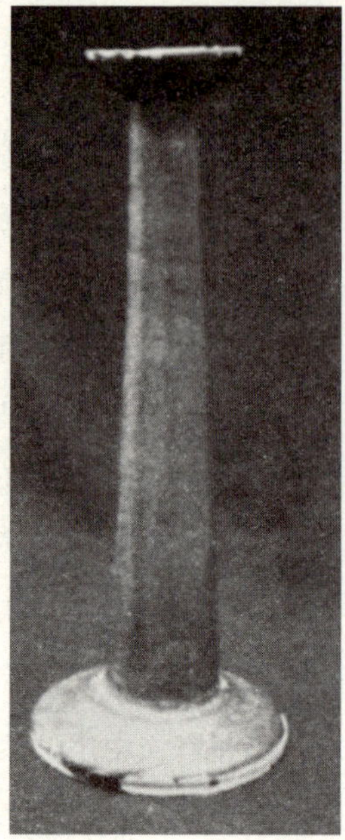

中，以及日常生活中占据着何等“主”要的位置。

有一件隋代的豆形灯（如图 1-2），其纵剖面恰好是一个小的“主”字。由此，展现在我们眼前的是：两条平行线。檠灯之台，由木制演变成了陶制，“主”字的下半部分，也由“木”变成了“土”。因此我分析，在远古的时候，灯具最初的名称，可能就是“主”。那么，“主”字顶上盛油脂的容器，应该是件什么器物呢？最初，它不会是某一种定型的器皿，可能是自然形成的，有穴的石头或贝壳。

“在甲骨文中，‘主’有若干个写法。如上所述，其中有‘𣎳’，还有‘、’。特别是这个最简单的，‘其形如啼’的灯中之火‘、’，在单独使用时，另有一个古音，读‘豆’（见《字源》122 页）。它与食器‘豆’的发音完全相同。能不能作这样一种假设：最原始的灯具名称叫‘主’，别名又叫‘豆’。我们还可以假设：随着制陶工艺的发展，木檠变成了陶檠。继而，灯檠与灯盏被‘合二为一’，烧制成更稳定、更美观的一体灯具。其名仍曰

‘、’(有“主”和“豆”两个不同的发音)。而食器‘豆’则是从陶灯‘、’(读:‘豆’音)演变而来的呢?这并不困难,只需扩大承盘与圈足的口径即可。不仅如此,食器‘豆’还假借‘、’音,又取自身相貌,而成象形‘豆’字。这样一个发展过程的推理,是否可以成立呢?若能成立,豆形灯是否应该叫‘主’形灯呢?真巧,我收藏的那盏隋代青釉灯具实在太像小书体的‘主’字了。故此,我就叫它‘主形灯’了。”[1]

(二)“灯”与“登”、“镫”、“锭”

商周时期的文献中并没有“灯”字,战国时期才开始用“镫”这个名称。《楚辞·招魂》有:“兰膏时烛,华镫错些。”周代“镫”“登”通用。《尔雅·释器》云:“木豆谓之豆,竹豆谓之笾,瓦豆谓之登。”《礼记·祭统》云:“夫人存豆执校,执醴授之执镫。”郑玄注:“校豆中央直者也,……镫豆下跗也。”贾公彦疏:“瓦豆谓之镫。诗云:于豆于登。毛传云:木曰豆,瓦曰登。”《尔雅·释器》第六:《说文》云:镫,锭也,从金登声。由此推断灯的开头是从生活器皿“豆”演变而来。到了汉代,不少铜灯自铭为“镫”或“锭”。“镫”之称谓是沿袭战国的叫法,“锭”可能是汉代的又一称谓,实际意思完全相同。《说文》中对“镫”和“锭”的解释是互训的:“镫,绽也”;“锭,镫也。”汉代灯具中,同样的一种造型,其灯铭有时作“镫”,有时作“锭”,如行灯,有的作“行镫”,有的作“行锭”;青铜豆形灯的灯铭作“铜登”、“铜镫”,亦有作“铜锭”的,可见两种灯名可以互用,概念并无区别。有文献载,“锭中置烛(指支钉)谓之镫”;“豆有足曰锭,无足曰镫”。[2]

综上所述,我们知道,灯具的形制与名称都是随着时代的发展而改变着。经历了由“主”、“豆”而“登”、“锭”的变化过程。但它是怎样才演变成现代“灯”字节的呢?

[1] 殷小林:《古灯史话与收藏》,百花文艺出版社2005年版,第7页。

[2] 孙建君、孙和林:《民间灯具》,湖北美术出版社2002年版,第6页。

汉代以后，陶瓷业发展迅猛。以陶瓷烧制的灯具进入了千家万户。不再是只有瓦“豆”和铜“镫”的局面了。由于灯具材质的多样化，不可能让“灯”字再从属于任何一种材质。于是，人们考虑到灯具有必须点燃这一共同的特点，令其从火。到此，“灯”字节的演变就完成了。但是，宋代的徐铉在校订《说文解字》时写到：“镫，今俗别作，非是。”可见他对民众约定俗成的文字改革是有抵触情绪的。而在清代《西清古鉴》中有：“膏镫也，今亦作”等文字。看来，直到此时才没有人再为灯字应该从“金”，还是从“火”而争论不休了。[1]

（三）“灯”与“烛”、“燎”

在商周时期的文献中，没有关于灯的文字资料，却有不少“烛”的记载。《诗经·小雅》云：“夜如何其夜未央，庭燎之光。”许慎在《说文》中解释：“烛，庭燎大烛也。”《仪·燕礼》云：“宵则庶子执烛于阼阶上，司官执烛于西阶上，甸人执大烛于庭，阍人为大烛于门外。”郑注：“烛，也者，古者无座烛而用荆。但在地曰燎，执之曰烛，于地广设之曰大烛，其燎亦大烛。故诗云：‘庭燎之光。’毛云：‘庭燎，大烛也。’郑云：‘夜示央而于庭设大烛。’毛、郑并指此。”《礼记·曲礼上》也云：“烛不见跋。”郑玄注：“烛，燋也。”贾公彦疏：“烛，燋也，古者无麻烛而用荆燋（荆燋：一种灌木名，种类多，多生原野，其枯木枝条易燃）。故《礼记·少仪》云：‘主人执烛抱燋’。郑云：‘未爇曰燋’。但在地曰燎，执之曰烛，于地广设之曰大烛，其燎亦名大烛。”《周礼·秋官·司烜氏》：“凡邦之大事，共坟烛，庭燎。”郑注：“坟，大也，树于门外曰大烛，于门内曰庭燎，皆所以照众为明。”《仪礼·士昏礼》云：“主人爵弁，……从者毕玄端，乘墨车，从车二乘，执烛前马。”郑注：“执烛前马，使徒役持炬火居前照道。”从现有文献来看，西周时在人们日常生活中出现的“烛”应是最早的照明用具的记载。

[1] 殷小林：《古灯史话与收藏》，百花文艺出版社 2005 年版，第 13 页。

古时候的“烛”，并非蜡烛，实际上是一种火炬。在古文献记载中火炬有不同的名称，没有点燃的火炬，通称为爇；用于执持的已被点燃的火把，称之为烛；放在地上的用来点燃的成堆细草和树枝叫做燎；立于门外的称为大烛，立于门内的称为庭燎，大烛和庭燎都是大火炬。这些火炬，都是用松、苇、竹、麻等材料做芯，外面用软植物纤维加以缠束，再浸以松脂或油脂做成。燃烧起来既明亮，又持久，移动也较方便，从照明意义上来说，比起火堆又进展了一步。但严格来说，古时候的火炬还不能称为灯具，只能说是灯具的原始形态。

其次，古代文献中所记载的燎、大烛、炬（就是火把）等照明用具，应该主要在室外使用。如：“置于庭院内的叫‘庭燎’，执于兵士手中的称‘烛’……”，插在大门外的叫“大烛”。这些器具显然不适合室内的照明。翻阅史料、文献，西周时期，帝王、诸侯所使用的照明用具也只是燎、炬或大烛，并没有灯。

以上关于“灯”的最初的文字形态饱含了“灯”的形制、形态逐渐初具成形的过程。

✤ ✤ ✤

第二节　中国古代灯具的演变

一、战国至秦代——华镫初上、器形初具

（一）战国至秦汉是我国古代灯具产生和初步发展的时期，青铜灯具和陶塑灯具是这一时期灯具的主体。“由于这一时期的灯具特别是青铜灯具多出土

图 1-3 ▲

汉代铜十二连枝灯

自《古代灯具》，第 63 页。

于王室和贵族大墓中，系王室贵族的实用器，故精美华贵是其最为突出的特点。从青铜灯具来看，无论是基本造型，还是其内容丰富的装饰附件和纹样，无不体现着精和美，并从不同方面反映了众多文化内涵。就灯的造型来看，有河北文物研究所收藏的树形铜灯，有银首人俑灯，而云南个旧市博物馆所藏裸体俑应是汉代某种宗教信仰在日常生活中的映射。就表面的装饰纹样来看，河南博物院所藏跽座人漆绘铜灯和河北省博物馆所藏长信宫铜灯上的满体漆绘和鎏金，平朔考古队发掘出的雁鱼铜灯彩绘纹样，以及南京博物院藏的错银饰牛形铜灯，其满身错银装饰，都为这些灯具增添了不少光彩。就表现镶嵌工艺来看，故宫博物院收藏的镶嵌云纹豆形灯柱体和银首人俑铜灯中人俑两眼中镶嵌的各色宝石，更是起到了点睛作用。”[1] 屈原在《楚辞·招魂》中的“兰膏明烛，华镫错些”的句子，就是描绘这类灯具。

（二）多枝灯具（图 1-3），是战国灯具的另一种形式。它仿照树形制作灯架，在错落有致的枝杈上，均匀分布着十几或几十个灯盏。点燃后，灯光灿烂，令人有“疑是银河落九天”之感。在河北省文物研究所，有一件出土自古中山国王室墓的青铜灯树。灯具通高约 83 厘米，树上 15 只灯盏分为 7 层，圆形灯座上盘踞着三龙六虎，每两只虎身共用一个衔环的虎头。“不但构思奇巧，

[1] 郭灿江：《光明使者》，上海文艺出版社 2001 年版，第 35 页。

而且使灯树也更加平稳。树下有人，树上有猴子和小鸟。静静地欣赏，似乎能听到猿啼鸟鸣之声。表现出一种人与自然和谐相处的情景。”[1]

（三）人俑灯是这一时期青铜灯最具代表性的器物。河北省平山县出土的银首人俑灯（图1-4），湖北省江陵望山出土的人骑驼铜灯（图1-5），山东省诸城发现的铜人擎双灯图（1-6），河南省三门峡上村岭出土的跽坐人漆绘灯（图1-7），这些灯的人俑形象有男有女，多为身份卑微的当地人形象。持灯方式有的站立两臂张开，举灯过顶，有的跽坐，两手前伸，托灯在前。一俑所持灯盘从一至三个不等。灯盘有圆与凹槽形和盘形两种形制，前者有三个支钎，后者多为一个支钎。“战国灯具中名气最大的，要算那盏同样出自古中山国王室墓中的银首人俑铜灯。这件灯具高约66厘米，由一个男俑和上、中、下三个灯盏组合而成。人俑的头为银制，所以叫银首人俑灯。人俑的眼睛里嵌入了两颗黑宝石，可以想象，当错落有致的灯盏点燃后，不同的材质在灯光的交相照耀下熠熠生辉，人俑也因此更显得神采奕奕，栩栩如生。灯具上有错金、银工艺，有各种纹饰彩绘，还有螭龙和猴子的造型，堪称实用美术的经典之作。”[2]

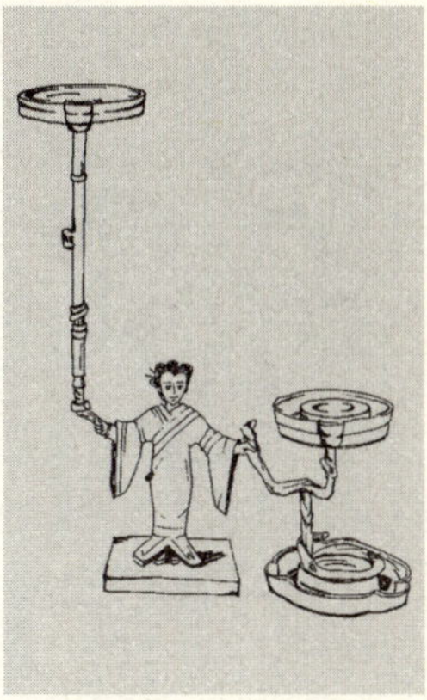

图1-4▲
银首人俑灯

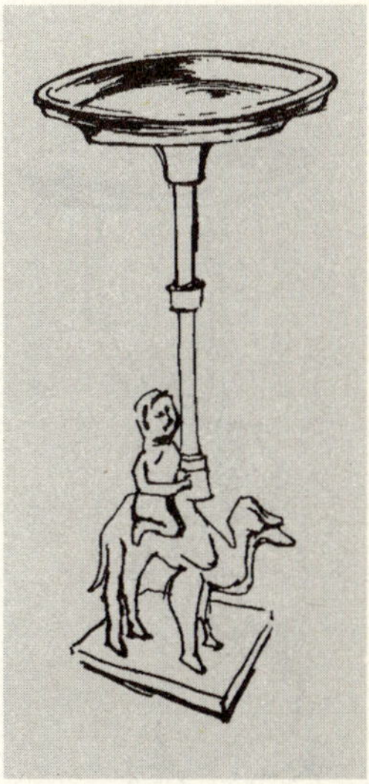

图1-5▲
人骑骆驼擎灯

仿日用器形灯基本上是一些生活实用器的演变，主要为仿豆、鼎和簋等较为常见的器皿，以

[1] 殷小林：《古灯史话与收藏》，百花文艺出版社2005年版，第41页。

[2] 殷小林：《古灯史话与收藏》，百花文艺出版社2005年版，第42页。

图 1-6 ▲

擎双盘人形铜灯

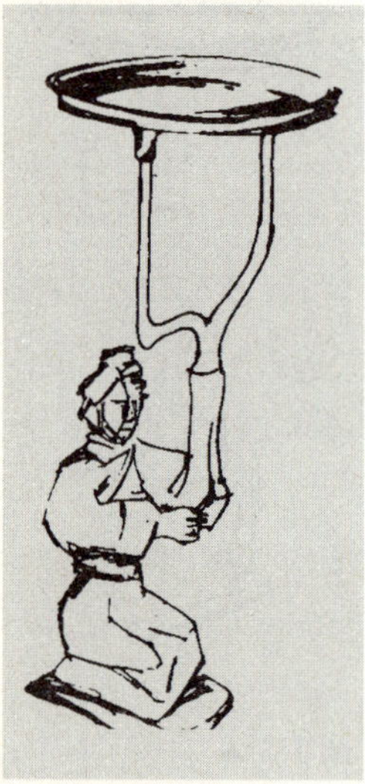

图 1-7 ▲

跽坐人漆绘铜灯

豆形陶灯居多，但也有一些仿鼎和簋形制的青铜灯，可开可合，器盖翻开即成灯盏，器身空腹，可存灯油。这种开合式灯具对后来汉代灯具发展产生了很大影响。“在豆形类灯中，故宫博物院的勾莲纹青玉灯应是突出代表，浅盘，细葫芦形或近葫芦形的把，喇叭形底座。鼎形灯以1974年甘肃平凉庙庄七号战国墓出土的一件铜鼎形灯为代表，全器由身、盖键、耳几部分组成。这盏灯具身呈鼎形，下有三蹄足，双附耳，耳上侧有键槽，两侧穿孔，中贯铁柱。双键一端销于耳上，键中部弯曲成半圆，合之成圆环，扣住顶托，其两端上翘各为圆，可合为上小下大的圆柱体。盖顶中心有一托，两侧两鸭头旋向状，盖反转，中心有锥尖凸起。上盖后，放下双键，旋动盖间双鸭头部即紧扣锁上，将鼎盖封闭，便为一鼎形，打开时，先旋盖，使鸭头离开双键，然后开键启盖，将双键顶端合拢后，盖孔扦入键顶，即成一灯。”[1]

（四）从陶塑灯具来看，在造型和装饰上，百花灯和母抱子座灯最具特色。“河南洛阳文物工作队所藏的一件陶百花灯，好似山峦叠嶂的灯座上动物漫步，灯枝上还雕塑有飞龙、羽人等，座上现实中的动物和灯枝上的飞龙和羽人相结合，是当时人们追求成仙的思想反映。母抱子座灯，把高筒状的灯盏设在头顶，便使作为慈母形象的女

[1] 郭灿江：《光明使者》，上海文艺出版社2001年版，第4页。

俑双手怀抱其子作了伏笔，母子一同作灯座造型，既体现了浓厚的家庭气氛，也可能是女奴悲惨生活的反映。”[1]

青铜时代的灯具有一个很显著的特点。就是它改变了过去灯捻搭在灯盏沿上燃烧的习惯。在灯盏中央竖起一根支钉，使灯捻在油池的中心燃烧。虽然不是所有的灯具，但大多数灯具确实被改变成这种形式了。

这种灯具燃烧方式的改变与中国古代帝王的统治思想有着某种直接的联系。

“自夏商以来，中国的帝王都谎称自己是‘真命天子’。宣称自己拥有至高无上的权位。并且在相当长的时间里，认为自己所统治的国土乃宇之中心。《尚书·禹贡》这本著于公元前五百年的书中有一幅‘五服图’，是最好的解释。

‘五服图’所示：帝都周围五百里范围内称‘甸服’，即王；甸服以外的五百里称‘猴服’，即诸侯的分封领地；侯服以外的五百里称‘绥服’，即已经接受了帝王的统治和中国文化的地区；绥服以外的五百里称‘要服’，指与中国结成同盟的外族；要服以外的五百里称荒服，则是未开化的蛮夷之地。这就是古代帝王对自己所统治的地区‘天下’，最初的地理概念。因此，也才有了‘中国’这个称呼。中国者，世界的‘中央之国’也。那么，中央之国的统治者，理所当然就是‘中央之君’了。统治者们还认为：需要治理的疆域不仅仅限于一个中国，整个天下都是属于帝王家的。在中国之外，那些未开化的‘蛮夷’之地，都需要中国文明的教化。

中国还有一个代名词，即中华。《说文》解释：‘华，乃荣也。’‘荣’是光荣的荣。在书中‘荣’字不是草字头。宝盖上是两个火字。《释名·释言》说：‘荣，照明貌也。’所以，中华，就是中央光明之意。

……

历代的帝王都以‘主上’自居。‘主’即我们所说的‘灯中之火’。‘有

[1] 郭灿江：《光明使者》，上海文艺出版社2001年版，第35页。

道之君’被奉为‘明主’，即明亮的灯。明代冯琪曾作《观灯篇》，最后两句‘但愿圣主光明烛，普照冰天桂海人。’直截了当就把皇帝比作‘普照天下’的明灯了。

所以，我以为古代帝王这种‘中央上国’和‘天下之君’思想的形成，与帝王们受到‘灯’字（准确地说，是灯具最古老的名称，甲骨文‘㞷’字）的影响是分不开的。

甲骨文‘㞷’字，上半部分为一形象的燃有灯火的灯盏。而且‘灯火’正好立在灯盏的中央。其实这并不说明当时的灯具已经采用了中央燃烧的方式，因为原始的天然灯具没有条件让灯捻稳稳地立在当中。这只是由于中国象形文字的构成，有对称、平衡和视觉稳定等方面的要求。如果让灯盏中的‘火头’这一个笔画偏向任何一侧，‘㞷’字在结构上都会产生‘一头沉’的感觉。灯盏下的木字也可以会因此支撑不住而‘倒下’。故此，只能令这一‘点’立在当中。或许就是这造字时无心的一笔，让帝王们从中得到某种启示。

因此，大约自周朝开始，中国（大部分）的灯具就被这种帝王的中央大国统治思想左右成‘灯池象征四海之内，火头象征统治者自己’、‘或者灯池象征天下，火头标志天朝’（即中国）这个模样了。我们想一想，在这种‘君主’思想的支配下，帝王们怎么能够容象征着文明进步的光明之火从偏远的‘异域’亮起，那岂不是要承认‘民主’了吗？”[1]

二、汉代——多姿多彩、造型生动

两汉时期，我国的灯具制造工艺有了新发展，对战国和秦代的灯具既有继承，又有创新。由于两汉盛行“视死如生，视亡如存”的丧葬观念，作为日常生活中的灯具也成了随葬品中的常见之物。众多出土实物表明，这一时

[1] 殷小林：《古灯史话与收藏》，百花文艺出版社 2005 年版，第 14 页。

期的灯具不仅数量显著增多，而且无论材质或是种类都有新的发展，这说明灯具的使用已经相当普及了。从质地看，在青铜灯具继续盛行，陶质灯具以新的姿态逐渐成为主流之外，还新出现了铁灯、石灯和陶灯。

两汉时期，铁质灯具的出现与当时冶铁技术的进步及铁器的普遍运用密不可分。但就全国来看，铁质灯具发现的并不多。河南洛阳烧沟一座东汉墓出土的一件铁灯，高达 73 厘米，下部有一圆形底座，中间有一灯柱，每个枝头都有一圆形灯盏，在灯柱顶上站立一展翅欲飞的瑞鸟，是当时铁质灯具的代表。

两汉时期的陶质灯多出土于中小型两汉墓中，范围较广，主要是中下阶层为先人作的随葬冥器。其造型以多枝灯和俑形灯为主。多枝灯以河南洛阳涧西出土的一件十三枝陶灯（图 1-8）最具代表性。“此灯由上下两部分组成，上部的底为一大圆形灯盘，盘中蹲一龟，龟上竖圆柱形灯柱，柱上分两级各伸四根曲枝以承托灯盏，灯盘上亦立有各承一灯盏的四根曲枝，灯柱顶端放置一朱雀形圆灯盏。在灯柱、曲枝、灯盏和盘沿上，有羽人、龙、以及花叶等立体雕饰。下部是一大喇叭状的圆足灯座，外形似群峰环抱的山峦，自下而上分层堆塑各种形象的人和动物。对这种有多种装饰的多枝灯，人们又称之为陶百花灯。俑形灯以河南灵宝张湾的东汉墓出土的一件俑顶灯为代表，下为一蹲坐抱子陶俑，一只高筒状灯盏立在俑的头顶，这类陶灯在河南济源、灵宝等地汉墓中有出土，河南、上海、安徽等地博物馆都有收藏。”还有一座人佣灯，此灯 1972 年出土于灵宝市张湾二号东汉墓中。灯座为模印的一主体俑，作踞坐状，深目高鼻，神态沉静，头顶一圆筒形灯盏，胸前怀抱八个小人，其右肩还伏有一个小人，显示了儿童活泼可爱的天性。这件绿釉人俑灯造型简练，形象生动，充满了活力，使观者倍感亲切。汉代人俑灯出土较多，但在一件灯上塑出十人，极为少见。汉代的陶灯分灰陶和红陶。没有釉的基本上是冥器。挂釉的陶灯有冥器，也有实用器。铜灯的数量很多，除造型美观、工艺精湛以外，设计上还增加了许多功能。如带可调节的遮光罩、排烟管和滤烟水缸等等。这一时期的灯具代表当属“长信宫灯”。（图

1-9）这款灯具较以往相比，技术上有了重大突破，产生了带烟道式座灯。这类灯具由灯盘、灯罩、灯盖、烟道和搜集烟灰的灯座组成，使用时可保护室内环境，减少油烟污染，可为最早的环保灯。

图 1-8 ▲

汉代十三枝陶灯

汉代灯具的造型丰富多彩。常以人物、动物、器物等各种造型来制作灯具。人物中常见的有童子、战俘等，名曰：灯婢、灯奴。动物中常见的有牛、羊、熊、龟、水禽等，体现出人与动物的和谐相处。仿器物造型的灯具有豆、卮、簋等，战国时期的多枝灯在汉代也是常见的种类，这些灯具从不同的侧面反映出了当时人民的现实生活。从功用上来看，除原有的座灯外，还出现了行灯和吊灯。

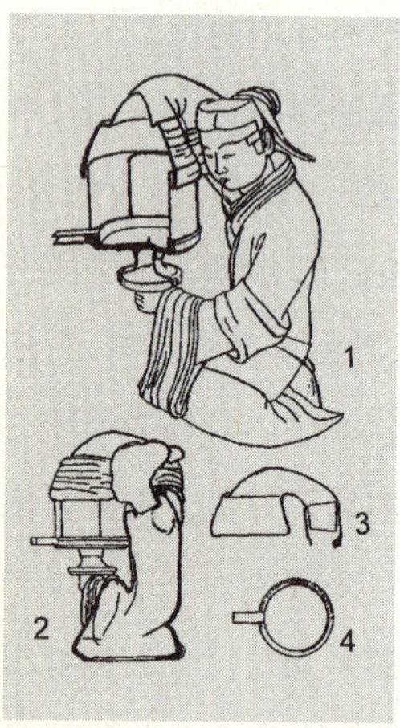

图 1-9 ▲

西汉长信宫灯

1. 灯 2. 剖视 3. 右臂剖视 4. 灯盘剖视

行灯是一种没有底座和立柱，只在灯盘下设三矮足，而在灯盘一侧装有扁的器形灯，也有人称为拈灯，拈与行用意相近，都是说它可以在行动中持之照明。山东、河北、河南和湖广等地都有这类灯的出土。吊灯是一种用来悬挂的灯具，这类灯发现较少，主要集中在湖南、江西两地，以长沙出土的人形吊灯为代表，由灯盘、“人体”和悬链三部分组成。圆盘中有一烛扦，旁有一输油口与“人体”相通。“人”双掌前伸捧起灯盘，“人体”中空，背部设盖用来集取灯液，在“人体”的双肩、臂部设三环钮，与三条活链相结，系于一圆盖上，盖顶立一凤鸟，其上用于悬挂活链。整座器物造型新奇，重心平稳。

除此以外，“灯烛”也是汉代的一大特色，它形成了“盏中立柱”的造型。魏晋以前，我国传统的古灯，不论采取何种外形，就点灯的方式，即灯蕊（炷）和灯盘（盏）的关系而言，都是“盏中立炷式”。两汉最常见的豆形灯，其圆形灯盘正中，常有一枚支钉，又称“烛扦”，根据它的有无，人们将灯分为油灯（图 1-10）和烛灯（图 1-11）两大类。其实在汉代除单独点的烛以外，油灯的灯炷也叫烛。更确切地说，前者叫麻烛，后者包括灯在内的整体叫膏灯。麻烛是将麻去皮后的麻秸缚成束点燃照明，膏烛的灯烛也是由麻秸等成分束而成，但比麻烛的束要细小得多。由于作为油灯的灯炷的烛，本身就是灯的组成部分，所以有些铜灯在铭文中把烛灯连为一词。桓谭，在《新论·祛蔽篇》说：“余后与刘伯师夜燃脂火

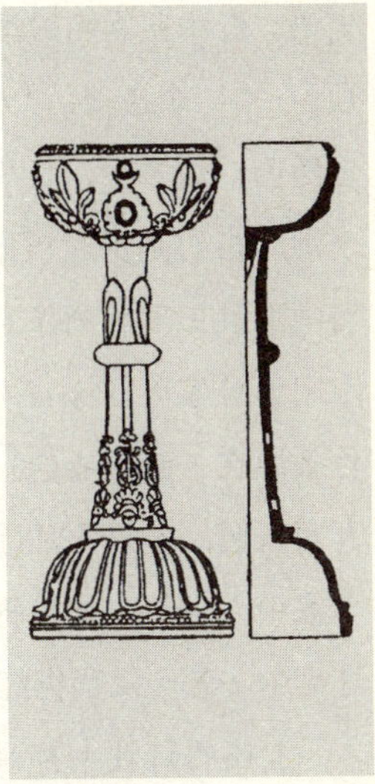

图 1-10 ▲
北齐瓷油灯

图 1-11 ▼
西汉朱雀铜烛灯

坐语，灯中脂索而炷燋秃，将灭息。……伯师曰：‘灯烛尽，当益其脂，易其烛……。’余应曰：‘人既禀形体而立，犹彼持灯一烛，……恶则绝伤，犹火之随脂，烛多少，长短为迟速矣”，这里说的燃脂火为点油灯即膏烛。“持灯一烛”指的是用麻秸作的烛灯即麻烛，它一般插在灯盘中的支钉上，沂南与河南邓县长冢店画像石、山西省大同司马金龙墓所出漆屏风上刻画的灯、云南昭通桂家院子东汉墓出土的一件铜灯，（在灯盘内残存的灯炷是用数根细竹条缠在一起做成的）其灯火皆立在灯盘当中，即是“盏中立烛式”之灯的真实写照。不过火炷除呈支钉形外，还有的做管形，将灯炷插入内，也可立于盏中。当然，如果将麻秸束成下粗上细之状，不用火炷，似亦可直接立在灯盘中，若干汉代铜灯中未见火炷，或许就是这种做法的反映。

上述的灯炷大都是用麻秸等硬纤维做的，所以能直插在火炷上。此外，当时也有用软纤维做的灯炷。软炷立不起来，本不合乎“盏中立炷式”的要求。但在此法盛行期间，狃于积习，并不像后世那样，将软质灯炷搭在盏唇上，使灯火在灯盘的口沿处燃烧，而是在灯盘中央立一小圆台，将软灯炷架在台上点燃。自战国以迄隋代，都能见到这种灯具的实例。

由于汉代多姿多彩、造型生动的灯彩的出现，也开始逐渐形成元宵灯会。东汉明帝时，佛教传入中国，朝廷号召百姓于上元夜放灯，以示对佛的尊重。此风俗历代相沿，到唐宋时期，达到极盛。

三、魏晋南北朝——烛台流行、走向世俗

魏晋南北朝时期，原先铜灯、铁灯、陶灯等逐步衰弱，尤其是青铜灯走向没落，瓷灯开始普及，石灯继续发展，由于蜡烛的逐步推广，这个时期的灯具发生了重大的变化，油灯和烛灯并列为灯具的两种主要的形式。在造型上，大型的如多枝灯、多盘灯不如从前流行，人物形象减少，代之的是单体灯和动物造型灯。蜡烛开始广泛应用，烛台流行起来，并且由照明逐渐向祭祀和喜庆文化领域渗透。烛台也由单管向多管发展。

魏晋南北朝时期的灯具造型特别生动多样。从造型上来看，以温驯和威严两种不同的动物形象作为瓷灯柱座和烛台，是这个时期最为鲜明的特点。如中国历史博物馆所藏的青瓷熊形灯，灯柱就是一呈蹲坐的熊仔形象。另外，“浙江余姚市文管会所藏的卧羊烛台，通过安静沉稳的羊的造型，配以细线毛纹，把绵羊温柔的性格刻画得栩栩如生。熊仔的憨厚和羊的温驯都代表了世俗人们对美好生活的向往，这类灯和烛台的造型具有吉祥寓意。故宫博物院所藏青釉人骑兽烛座，把盖塑成了一两眼凸起，张嘴龇牙，一副欲怒发狂的狮形象，使人无形中便感到了威严之气。浙江绍兴文管会所藏黄釉狮形烛座，把作为烛座的狮子那瞪眼张口露牙，好像在极力忍耐烛火灼烫，并准备咆哮而起的神态刻画得淋漓尽致。这些怪兽和雄狮以其威严的神态，令黑夜中的妖魔鬼怪避而远之，这类烛座主要是满足了世俗人们夜间避邪壮胆心理的需求”。[1]

烛台、蜡扦儿，都是承载蜡烛的器具，亦属灯具。汉代已经有烛台出现，这时期的烛台多为铜制，其与普通灯具的区别是在灯池的中心没有支钉，取而代之的是一个插蜡烛的管状物。这与当时使用蜡烛仅限于皇家和达官贵人的情况是一致的。到了西晋，蜡烛开始普及。所以从西晋到南北朝，各种各样的烛台大量出土，此时的烛台，则多为瓷制。[2]自元宵节张灯之俗形成之后，历朝历代都以正月十五张灯、观灯为一大盛事。对汉代张挂之灯由于无实物和文献资料可考，对当时灯的情况我们知之甚少。但在魏晋南北朝时，已出现以纱葛或纸为笼，燃烛其中的灯笼，如《南史·宋武帝纪》中就有“壁上挂葛灯笼”的记载。灯笼的出现，不仅保证了在有风情况下室外张灯正常举行，也为灯外装饰开辟了新的天地。在南朝梁武帝时，已能用纹饰华丽的锦加绘佛教、天人和神鬼故事等制成幻妙、奇特的藕丝灯了。[3]

[1] 郭灿江：《光明使者》，上海文艺出版社 2001 年版，第 103 页。

[2] 殷小林：《古灯史话与收藏》，百花文艺出版社 2005 年版，第 74 页。

[3] 郭灿江：《光明使者》，上海文艺出版社 2001 年版，第 31 页。

四、隋唐宋——彩灯显现、灯市繁华

隋唐时期，灯具走出居室，出现灯彩，宫灯以及正月十五闹花灯的元宵灯会。《随书》记载："正月十五日夜，充街塞陌，聚戏朋游，鸣鼓聒天，燎炬照地，高棚跨路，广幕陵云，竟此一时。"同时，从隋炀帝的"灯树千光照，花焰七枝开"诗中也可见一斑。大唐盛世，上元燃灯，观灯更为兴盛，皇帝皇后隐姓改装出行观灯。当时的情景是：灯楼灯树，一连三夜，寺观街巷，灯明若昼，伴随踏歌，欢乐之极。这在唐诗中多有记载。唐代丝绸之路开辟了东西方交流的通道，这也影响到了灯具的变革：由原先"盏中立炷式"燃灯方式转为"盏唇搭炷式"，从西亚各国通过新疆传入内地，为宋以后普遍应用。

唐朝的韩国夫人制作了百枝灯树，高八十尺，竖在高高的山上，上元夜点亮。据说站在百里之外，都可以看得见。可谓"光明夺日月矣"(《开元天宝遗事》)。由于皇家的重视和直接的参与，元宵张灯出现空前的盛况。据史料记载，当时的工匠们创作了许多巨型彩灯。如先天二年（713）正月十四、十五、十六日夜，皇家在京师安福门外制作了一个巨大的灯轮，高约二十丈，灯轮上披装着锦缎和绮罗，并且饰以金银。入夜，灯轮上点燃起五万盏灯，远远望去，犹如一棵高大的花树。上千名年少妇女于灯下随着乐曲踏歌三天三夜，欢乐的节日盛况，是此前所没有过的（《朝野佥载》)。除此之外，唐明皇也在"正月望夜，移仗上阳宫大陈灯影设庭燎"，并且命工匠"结创绘彩为灯楼二十间，高一百五十尺"。这里所说的灯影，其实就是我们今天仍然可以见到的"走马灯"。关于走马灯，《燕京岁时记》有这样的记载："走马灯者，剪纸为轮，以烛嘘之，则车驰马骤，团团不休，烛灭则顿止矣。"宋人有诗道："飙轮拥骑架驾炎精，飞绕人间不夜城。"走马灯发明在一千多年以前，原理看似简单，实际上却包含着一些科学道理。它是热动力机械的始祖，英国的李约瑟博士在他所著作的《中国科学技术史》中认为这项发明较西方早了至少一千年。

宋代沿袭唐代灯火，宋太祖乾德五年（967）下诏将元宵观灯时间由三天延长至五天，宫廷灯尤为兴盛，光皇宫正门前就有灯烛数十万盏，数量多，形体大，华丽新奇。灯市由此发展，灯具城也应运而生。由灯兴市，灯市互动，灯球，诗牌灯，水灯，影灯，万眼罗，珠子灯，无骨灯，羊皮灯，五色琉璃泡灯，竹丝灯……

《燕翼诒谋录》记载：宋太祖赵匡胤曾于乾德五年正月甲辰颁布了一道诏书。诏书上说：上远节张灯以往只有三夜，现在国家平静，百姓安乐，又赶上今年五谷丰登，正宜举国欢庆，纵士民行乐。遂令开封府延长节期，再放十七、十八两夜灯，后遂为例。从这个时候起，就把唐朝每年元宵节的三夜灯期改成五夜了。

宋代宋敏求在《春明退朝录》中记载："上元观灯……本朝太宗时，三元不禁夜，上元御乾元门，中元、下元御东华门，……游观之盛，冠于前代。"从中可以看出，宋代时不但上、中、下三元灯节均张灯，而且这不只是民间自发组织的，连皇帝在灯节登临哪座城门楼观灯这样的细节，都有明确的规定。这说明官府有很大程度的参与，可以认为它已经成为官制。

同时，宋代还出现了省油灯（如图1-12）。通常称为夹瓷灯和清凉盏：

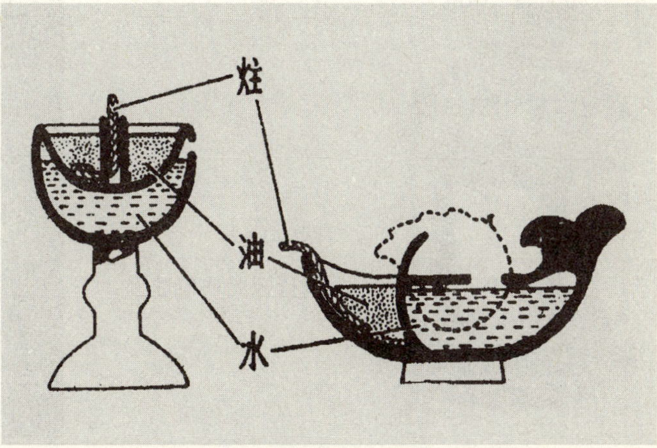

图1-12 ▶
省油灯结构

"一端作小窍，注清冷水于其中，每夕一历之。寻常盏为火所灼而燥。故速干，此烛不然，其省油几半。"宋代的省油灯应该说是中国最早的节能灯。

五、明清——烛灯齐放、宫灯独尊

明清的灯具和烛台的质地和种类更加丰富多彩。在质地上除原有的金属、陶瓷、玉石灯具和烛台外，又出现了玻璃（图1-13）和珐琅（图1-14）等新材料的灯具，同时，种类繁多和花样不断翻新的宫灯的兴起，更开辟了我国灯具史上的新天地。民间的创作更是应接不暇，浙江的纸灯、麦秆灯、福建的玻璃球灯、云南的料丝绸灯、丹阳的上料丝灯、南京的夹纱灯和羊角灯、杭州的羊皮灯、河北的云母球瓶灯等。陶瓷灯具仍然是明、清两代实用灯具的主流，间有陶灯。明代，除了黑釉、白釉、青瓷等大路灯具以外，有了更多的青花、五彩瓷灯。明三彩陶灯沿袭了唐、宋、辽三彩的某些风格，且自成面目。灯具的色彩比以往任何一个朝代都更加丰富绚丽。"瓷烛台在明、清两代十分盛行。明永乐流行八方烛台，烛台上置蜡烛插柱；正德的烛台常饰

图 1-13 ◀
铁皮玻璃灯

图 1-14 ▶
清代锤胎珐琅烛台

青花回文，这是一种佛前供器；嘉靖的烛台常用宽把豆托底；尤以万历的烛台最为精美，造型分大两承盘、支柱及镂空底座，柱顶烛盘内有一满面春风状高烛插，在装饰上彩绘与镂空并用，显得十分繁复。明清的金属灯具亦较发达。有铜、银、锡等质料制成的，也有做成景泰蓝的。”[1]

而陶灯大部分用于冥器或礼器，民间日用的比较少。青铜灯具与石制灯具几乎绝迹。取而代之的，是用铜皮打制的红铜或黄铜灯和锡制灯具。

明、清瓷灯流行的式样是书灯，即在室内阅书时所用灯。书灯，其实在元代已出现，明、清瓷书灯的造型为：灯盏做成小壶形，壶直口，带圆顶盖，短颈，腹扁圆；前带管状平口长流，后有一弓形，壶底连接一圆珠笔形柱，立于带矮圈足的宽边圆盘的中央，灯芯从壶嘴插入壶中，具有美观、实用、省油、清洁的特点。

明代的灯台，大多是从豆形灯变化而来的。“其特点是：顶部灯盘的大小，与宋代相仿；盘口处多出了三颗等距离的支钉，刚好置一灯盏；腰间的凸轮消失，承盘下移，灯盏则越来越像我们日常使用的餐具‘小布碟’”。[2]

清代的宫灯发展到了登峰造极的地步。每年元宵，宫廷征集天下良工精心制作，乾清宫前安万寿灯十六盏，大小灯一百二十八盏，灯名诸如“天下太平”，“普天同乐”，“万寿无疆”，“福”，“寿”，“双喜”，“大吉”等。宫灯基本上代表了明清两代灯具的最高水平。

明清时期，由于封建帝王都十分重视元宵节，故彩灯的品种和样式都有了新的发展。明太祖朱元璋建都南京后，为庆贺元宵节，曾在秦淮河上燃放水灯万盏。明成祖朱棣迁都北京后，除在现今的灯市口大街设立了当时最大的灯市外，还在永乐七年（1409）诏令元宵节自正月十一日起，给百官放假十日，以度佳节。《西湖游览志·熙朝乐事》：在腊月后春节前，从寿安坊下至众安桥，谓之灯市，出售各色花灯。如人物类灯有老子、美人、钟馗打

---

[1] 孙建君、孙和林：《民间灯具》，湖北美术出版社2002年版，第24页。

[2] 殷小林：《古灯史话与收藏》，百花文艺出版社2005年版，第24页。

鬼、月明度妓、刘海戏蟾等；花草灯类有栀子、葡萄、杨梅、橘柿之类；禽虫类有鹿、鹤、龟等。奇巧的则有琉璃灯、云母屏水晶帘、万眼罩等各种花色。富家豪门制灯则用料丝、彩珠、明角和镂画羊皮等物。清兵入关后，除接受汉人元宵节张灯之俗外，又把满人的冰灯之俗引入元宵节之中，使冰灯成为元宵节中新的种类。

烛灯的兴盛、宫灯的流行、灯彩的繁华，正是这一时期太平盛世中民间文化活动的真实写照。正是由于元宵张挂灯彩这一习俗的存在，使得在电子灯具迅速发展的今天，我国一些传统灯具仍得以存世。

小　结

“火”的发现是“灯”发明的基础和源头，人们从发现“火”到有意识地保留火种，则使得“灯”的创造成为了可能并变成现实。“灯”在创造伊始，并不叫“灯”，而是有其他的一些名称，如“主”、“豆”、“登”、“镫”、“锭”、“烛”、“燎”等。这些名字的出现，与“灯”被创造伊始的形态、材料、规模等有关，同时，生动地反映了“灯”初具形制的文化背景及起源。

这一章内容还重点阐述了中国古代灯具发展演变的历史时序。从历史时序的角度来说，中国古代灯具经历了战国至秦汉的华镫初上、器形初具，汉代的多姿多彩、造型生动，魏晋南北朝的烛台流行、走向世俗，隋唐宋的彩灯显现、灯市繁华，明清的烛灯齐放、宫灯独尊等几个重要的时代。它们彰显了中国古代灯具的动态活力，同时影射出我国民族文化艺术的更迭演变。灯作为照明工具，实际上只要有盛燃料的盘形物，加上油和灯芯就能实现最原始的功用。而具有一定形制的灯的出现，则是人类将实用和审美结合的成果。早期的灯，类似陶制的盛食器“豆”。“瓦豆谓之登（镫）”，上盘下座，中间以柱相连，虽然形制比较简单，却奠立了中国灯具的基本造型。此后经青铜文化的洗礼，灯和其他器物一样，在造型上得到了重要的发展，象生形灯具的造型生动多样。从春秋至两汉，灯已经脱离了实用的具体要求，成为特定时代的礼器，“兰膏明烛，华灯错些”，折射了当时所在社会政治的规章法度。两汉盛行“事死如生，事亡如存”的丧葬观念，作为日常生活中的灯具也成了随葬品中的常见之物。魏晋南北朝时期，青瓷灯开始取代了此前的青铜灯。而由于青瓷灯造价低廉易于普及，具有一定造型和装饰的油灯开始为民间广为使用此后直至隋末唐初，同时，新材质不断运用到油灯的制作中，铜、铁、锡、银、玉、石、木、玻璃等，而且品种繁多。由于隋唐经济的繁荣，实用兼装饰或纯装饰性质的灯彩开始大量出现在宫廷和灯节之中，像灯树、灯楼、灯笼、走马灯、松脂灯、孔明灯、风灯等。而至宋代，中国又出现了著名的“省油灯”。省油灯的灯盏为夹层，中空。可以注水降低灯盏热度，减少油的过热挥发，以达到省油的目的。元代，出现了名为“气死猫”的灯盏，这是为防老鼠偷吃油而设计的内藏式灯。明清时代，中国的灯具结合当时的室内装饰风格，具有了丰富多彩的造型，宫灯艺术发展到极致，灯彩艺术也颇为辉煌。明清的灯具和烛台的质地和种类更加丰富多彩。在质地上除原有的金属、陶瓷、玉石灯具和烛台外，又出现了玻璃和珐琅等新材料的灯具，同时，种类繁多和花样不断翻新的宫灯的兴起，更开辟了我国灯具史上的新天地，民间的创作更是应接不暇。

第二章

中国古灯演进的内外规律

第一节　古灯演进的内在规律

一、自然成形

灯者，照明也；灯具者，发光器具也。前面的论述表明："灯"在最初被发明时，并没有正式的固定的样式，它往往以一种纯天然的样式存在。根据美国不列颠百科全书的记载：原始灯具是在石头上挖一小穴，穴中置苔藓或其他能浸以动物油脂的物质，经点燃可以发光。这种灯至少产生于公元前七万年，因而考证：在人类制作原始灯具之前，一定还有一个使用自然形成的灯的漫长过程。比如：1988年在宁夏海原新石器时代窑洞的遗址中，考古学家发现了将燃烧的松枝插于窑洞壁上的痕迹，据此推测，这些燃烧的松枝可能就是中国最原始的照明用具，也是自然成形的灯的样式。石灯也是一种原始灯具的自然形态（如图2-1）。

二、象类器形

关于专用灯具的起源，目前主要存在两种观点：一是建筑家具带动说，即建筑、家具的不断完善，促使专用灯具的产生；二是生活方式改变说，即

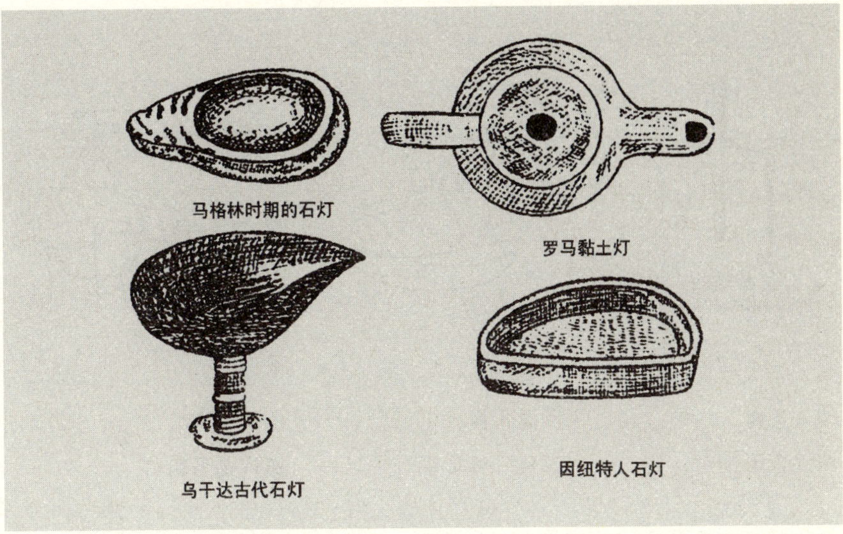

图 2-1 ▲

外来石灯

摘录于德国考古学家利普斯《万物的起源》插图。

随着生产的发展，商业、手工业日趋繁荣，人们生活水平不断提高，也不再是日出而作，日落而息。同时由于一日三餐之形成、富足家庭夜间娱乐的需要、手工业者晚间劳作的要求等，促成了专用灯具的出现。然而，专用灯具的出现不应只是简单几个因素促成的，也并非短时间内能够形成。《管子·弟子职》记载道："昏将举火，执烛隅坐"，"捧碗以为续"，《礼·少仪》："凡饮酒，为献主者，执烛抱樵。客作而辞，然后以授人。"这些都从侧面说明了原始的照明用具为薪，也就是小火把。其火焰大，不易放置，且较危险，所以只能靠专人于屋角处手持；因其燃烧快，所以须"执烛抱樵"。由于认识到这些原始照明用具的不足，以及受生活中豆、簋等器具的启发，专用灯具应运而生。象类器形灯具就是这一产物。

象类器形灯也可称为原母型灯具。象类器形灯具是指灯具在其发展过程中，不断借鉴别的器皿造型或者取象人物造型、动物造型而形成的灯具造型。

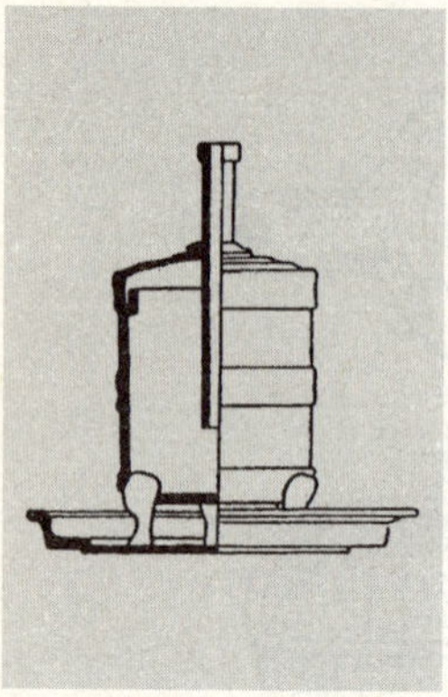

图 2-2 ▲

东汉奁形铜灯

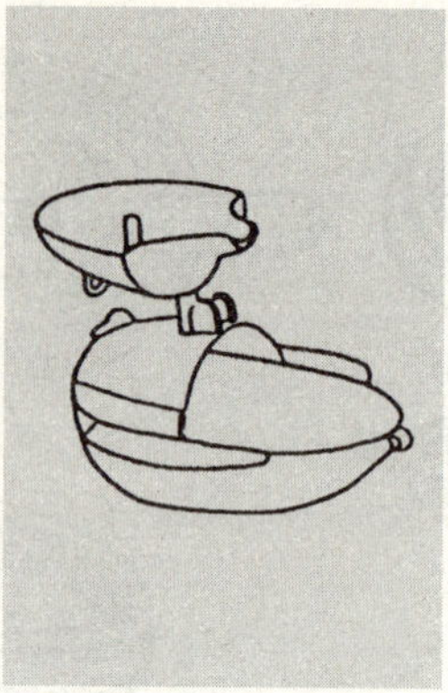

图 2-3 ▲

汉代耳杯形铜灯

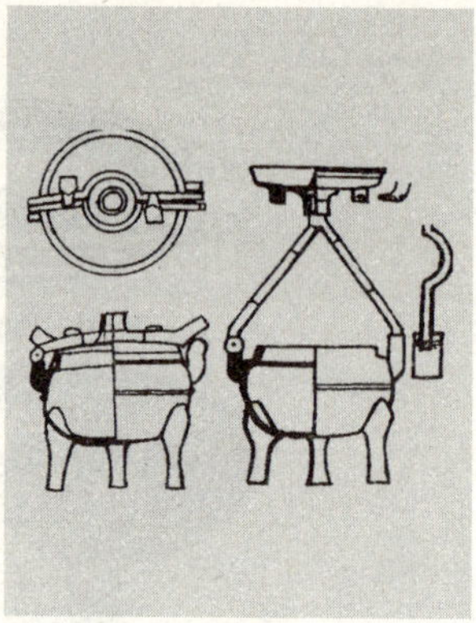

图 2-4 ▲

秦代鼎形铜灯

这也是古代造物中“相互借用”的方法。在我国古代器物造型演变的过程中，一些生活中的用器，往往是你借鉴我，我借鉴你，你中有我，我中有你。博山熏炉与带罩灯就是这样的关系。博山炉贴近于带罩灯的一个重要原因是，带罩的构造原理及使用方式都一样，不同的是，一个通气，而另一个是透光。

（一）类物形灯具

类物形灯具也叫仿日用器形灯。在古代的灯具中，有相当一部分的造型，仿照生活中的其他用器，如：簋、豆、杯、盘、卮、碗（如图 2-2、2-3、2-4）等。它们常常被用来仿制灯具。“再往后，人类发明了陶。这是人类历史上的第一种人工材料。人们用它制作出各种不同的器物，以供生产和生活使用。那些形状各异的容器，都有可能被置于灯檠之上。但是作为灯具，它们有的好用，有的则不好用。经过优胜劣汰，那些适合做灯具的容器，如碗、盏、盆等就保留下来。在不同的场合，人们会选用不同的容器。富裕点儿的，用‘碗’。一次可以多装些油，省事。困难些的，用‘盏’为的是少放点灯油，节约。遇到有众人集会，就改用‘油盆’。可以多置捻，令满堂生辉。”[1]

[1] 殷小林：《古灯史话与收藏》，百花文艺出版社 2005 年版，第 7 页。

仿日用器形灯基本上是一些生活实用器的演变，主要为仿豆、鼎和簋等较为常见的器皿，以豆形陶灯居多，但也有一些仿鼎和簋的形制的青铜灯。在豆形类灯中，故宫博物院的勾莲纹青玉灯应是突出代表，浅盘，细葫芦形或近葫芦形的把，喇叭口形底座。鼎形灯以1974年甘肃平凉庙庄七号战国墓出土的一件铜鼎形灯为代表，全器由身、盖键、耳几部分组成。这盏灯具身呈鼎形，下有三蹄足，双附耳，耳上侧有键槽，两侧穿孔，中贯铁柱。双键一端销于耳上，键中部弯曲成半圆，合之成圆环，扣住顶托，其两端上翘各为半圆，可合为上小下大的圆柱体。盖顶中心有一托，两侧两鸭头旋向状，盖反转，中心有锥尖凸起。上盖后，放下双键，旋动盖间双鸭头部即紧扣锁上，将鼎盖封闭，便为一鼎形。打开时，先旋盖，使鸭头离开双键，然后开键启盖，将双键顶端合拢后，盖孔扦入键顶，即成一灯。汉代，用单体的碗、盘和钵用作灯盏和烛托现象逐渐增多，在宋代则较为普遍。在苏州文物商店所藏的一件南朝羽人青铜灯架，在羽人的胸前和两膝前各有一灯圈，这应是为承托单体碗和盘形灯盏所置。河南安阳张盛墓出土的一组仆侍女俑群中，就有一手托一烛盘的女俑。到了宋元时期，这类灯盏更多，特别是一些砖室墓的墓室壁上砌出的灯擎上，所托的灯盏也多是一件小瓷碗或瓷钵，显然这些碗或钵就是作为点燃灯盏用的。由此推之，在宋代民间有可能是大量采用小碗或小钵作灯盏的。在这种单体碗、碟类灯盏基础上，宋代还出现了一种省油灯，这种灯通常称为夹瓷灯或清凉盏。

直到清代，有些灯盏还模仿日常器物（如图2-5、2-6、2-7、2-8、2-9）。

1. 豆形灯具

据现存最早的灯具实物看，我国的灯具源于古陶器中的豆。在所有的陶器形制中，像壶、盘、杯、鼎、钵、罐、瓮、鬲、觯、觚、尊等，没有哪一样器物比豆更适用于作灯具了。豆是一种最古老的盛食器，陶器豆的形象像一个高足的碗，上部的盛器像碗一样，下部的足成喇叭形足座。底部又分为高柄足与高圈足两种，浅盘高柄足演变成灯具。豆形灯盘中突出

图 2-5 ▲

清代铁质碗形灯

图 2-6 ▲

青瓷龙柄灯

图 2-7 ▲

清代绿釉壶式油灯

图 2-8 ▲

青花钟式烛台（高 12 厘米　传世　江西）

图 2-9 ▲

蓝釉鼓形烛台（高 9 厘米　传世　江西）

图 2-5　铁质碗形灯（清代）清代流行的铁质碗形灯，古朴而不笨拙，因为铸有镂空花边把手。它可放可挂，成为农家的必备用品。

图 2-6　青瓷龙柄灯（高 23 厘米　1991 年出土湖南安乡西晋刘弘墓）瓷质带把灯具，是在晋代出现的。1991 年湖南安乡西晋刘弘墓出土了一件青瓷龙柄灯，高 23 厘米，是一个承盘式灯具，上细下粗的灯柱，站于承盘中。顶有灯盏，在灯柱的中部塑雕着一只龙首，触角引颈，造型古朴而生动，它不仅装饰了灯具，更成了灯具的把柄。

图 2-9　蓝釉鼓形烛台（高 9 厘米　传世　江西）造型似鼓，上下边沿均装饰乳灯，器身施蓝釉，顶面中心留一小孔，为插蜡用。器物虽小，但造型饱满，很有力度，颇有大型器物之风范。

的支钉，古人称为炷，故有人叫它“烛扦”。陶豆灯朴实而简洁，然而却是它开创了中国古灯具光辉灿烂的历史。豆形灯应该是古代灯具发展的基石，也就是从那时起，灯具与陶瓷结下了不解之缘。

豆形灯从它出现伊始，自身就一直在演化。据考古与传世的灯具实物看，豆形灯出现于战国时期，我们的祖先为了晚间能更好更方便于照明，他们从盛放食物的瓦豆中受到了启迪，在豆盘里盛上植物油或低熔点的动物脂肪油，又用麻、草纤维浸在油中，然后点燃纤维物灯芯，于是就将原先使用的大火把浓缩于豆秀中，为“烛”找到了一个安全的“窝”，这个“窝”既便于移动摆放，还能节省燃料。于是，生活中的“豆”，派生出一种崭新的器物——“灯”。汉代豆形灯的造型源于战国；汉代的陶豆灯又多明器用于墓葬之中；唐朝后，灯柱变短，灯盘的口沿变宽大，灯座常呈例喇叭形，变得更为实用；明清两代的豆形灯，仍以陶瓷质地居多，铜质的也不少。在造型上又受到蜡烛台的影响，呈高足形，另外，还融进了灯（承盘灯）的一些特点。

图 2-10 ▲

西晋堆塑人物青瓷灯

残高 26.5 厘米　底径 14.2 厘米　浙江上虞县文管会藏

2. 堆塑罐形灯具

堆塑罐形灯具（如图 2-10、2-11）起源于堆塑罐。堆塑罐又称为魂瓶。魂瓶是我国古代农耕民族特有的一种随葬明器，也是中国古老的灵魂观念的外化。灵魂观念认为，人死是长

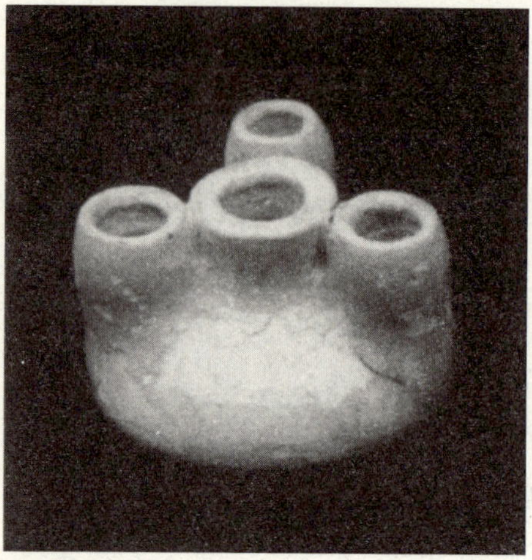

图 2-11 ◀

西晋插管式烛台

眠，肉体可以死亡，但是灵魂还在，在另一个世界中和生人一样生活。在古人的眼里，魂瓶是为亡魂准备的器皿，是灵魂栖息之所，是人与亡魂沟通的桥梁，又是亡魂返祖升天的通道。所以，魂瓶是灵魂世界的象征和模拟。

汉代的陶谷仓与五联罐是魂瓶的早期形态。陶谷仓上的文字有“百石”、“五百石”，一石是一百斤，这些文字具有象征意义，表示供亡魂使用的陶仓所藏谷物十分丰富、取之不尽的意思。墓中有殉葬的“铜器”鼎鬲等，在这些铜器中放些食物，以备死者食用。

近来，考古学家发现陶谷仓中多有谷物。谷物是生命的象征。谷子具有生命延续和孕育新生命的功能，因为种子发芽象征孕含着再生的生命力。因此，往亡魂的归宿地、祖先的象征物魂瓶中放入谷物，并把魂瓶随亡者入葬，埋到土里，希望死去的人像谷种一样，植株虽死，生命却保存在种子之中，以便获得再生和繁殖，就像每日一落一升的太阳，每月又圆又缺的月亮，也像每年一枯一荣的谷物一样，死而复生，获得新的生命，从而使家族的生命之链得以延续，永不中断。另外，魂瓶上还常出现鸟的形象。这是由于许多古老的民族都普遍存在着人虽死，但其魂化身为鸟的观念和信仰。因此，魂瓶上的鸟既是祖魂的化身，又是引魂、护魂、安魂的使者。这个小小的谷仓罐中凝聚了古人关于“生与死”的阴阳观念。死没有什么可怕，关键是获得新的再生。

汉代，在堆塑罐的影响下，灯具的造型出现了大量的堆塑罐灯具，它应该是明器的一种。“灯”与“火”相通，“火”是“阳”的象征，于是，作为明器的堆塑罐灯具更加添上了一层“趋阳避阴”的色彩，为的是“安魂佑生”。这种形制的灯具在我国灯具史上并不少见。

（二）象生形灯具

象生形灯具也叫仿生形灯具。在古代灯具中，长信宫灯、凤灯、鼎行灯、牛形灯（如图 2-12）、雁鱼灯、鹅鱼灯等都属于象生形灯具。象生形灯具常常巧妙地利用生物本身的有机部分，如人的手臂、牛的双角、凤、雁、鹅的颈等作为导烟管。象生形灯具可以分为动物形灯具、植物形灯具和人物形灯具三种。

图 2-12

黑釉牛头油灯 ▶

（高 11 厘米　传世　山西）油灯主体造型似一小罐，有口有颈有腹有底。但在罐的腹部一侧安装上一个水牛头造型的嘴，从似罐的造型转为似壶的造型。这是一件抽象造型与具象造型相结合的作品。作为局部的水牛头形嘴并没有破坏整体，反与主体造型融为一体；作为主体的罐身恰似牛的身子，与水牛头的嘴组成一个完整的蜗牛造型。

1. 动物形灯具

汉代就出现了众多的动物形灯具：朱雀铜灯（如图12-13、12-14、12-15）陶熊灯（如图12-16）、兔形灯、雁足灯、猴灯（如图12-17）、猫形灯（如图12-18）、蛙形灯（如图12-19）等。这些动物形灯有的是取像整个动物的形态，有的则取像动物的某个部位（如图12-20）。而这些动物形灯中的动物，或是取自神化或是取自现实，但都是以比较完整的形象表现出来的，其间已经开始富有美好的寓意。汉代铜灯刻铭文者有一羊灯。《说文》：“羊，祥也。其时以羊为吉祥

图 2-13 ▲

铜朱雀灯 1

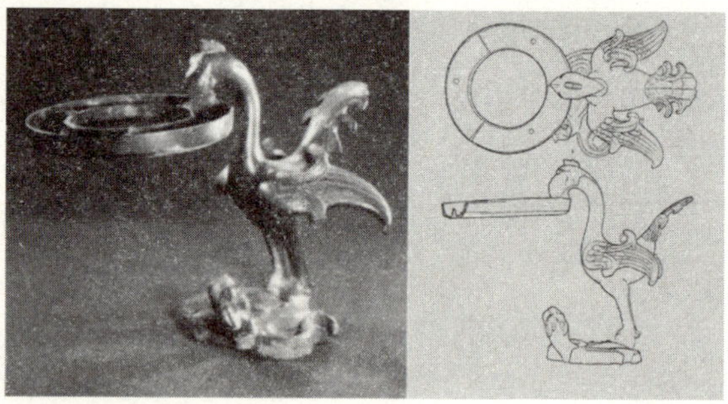

图 2-14 ▲

铜朱雀灯 2

图 2-15 ▲

朱雀铜烛灯

图 2-16 ▲

西汉熊形青瓷烛座

图 2-17 ▲

釉彩猴献桃油灯

图 2-18 ▲

褐彩猫形烛台

图 2-19 ▲

三彩蛙形灯

图 2-16　西汉熊形青瓷烛座　西晋（265—316）高 8.5 厘米　南京博物院藏

图 2-17　釉彩猴献桃油灯（高 8.5 厘米　传世　山西）猴子生性好动，行为敏捷，外形在动物中最与人相像，行为举止亦与人相仿，故人们将其视为聪明伶俐的象征。有观点认为猴与人类出于同一祖先，是同一族类。今河南淮阳每年一度的“人祖庙会”上所供祭的“人祖”伏羲女娲，就是猴面人身、亦猴亦人的“人猴”。由于猴与人的这种亲缘关系，对猴子的感情自然体现在福佑、吉祥的寓意之中。古典小说《西游记》塑造了美猴王孙悟空后，猴更被人们认为是最为精巧灵性的动物。民间日常生活用的灯具塑造成一只猴子，既用来照明，又表达了老百姓美好的愿望，具有深厚的文化意蕴。

图 2-18　褐彩猫形烛台（高 20 厘米　传世　山西）人们对猫的喜爱，主要在其窜条，善捕鼠。《礼记》云：“迎猫，为其食田鼠也”。又因猫外形似虎，只是体积小，故常把猫作为虎的象征。以猫形做灯，夜晚既可照明，恐怕还有警惕鼠患、驱邪的意思。

图 2-19　三彩蛙形灯　明代（1368—1644）高 10 厘米　个人收藏

图 2-20 ◀

青瓷龙柄灯

图 2-21 ▶

大汶口文化的猪形鬶

图 2-20　青瓷龙柄灯（高 23 厘米　1991 年出土湖南安乡西晋刘弘墓）瓷质带把灯具，是在晋代出现的。1991 年湖南安乡西晋刘弘墓出土了一件青瓷龙柄灯，高 23 厘米，是一个承盘式灯具，上细下粗的灯柱，站于承盘中。顶有灯盏，在灯柱的中部塑雕着一只龙首，触角引颈，造型古朴而生动，它不仅装饰了灯具，更成了灯具的把柄。

图 2-22 ▲

铜灯

物，故造其形为灯”。在古代，以动物为造型是一种常见的造物方法（如图 12-21）。

2. 植物形灯具

植物形灯具是古代象生形灯具中常见的一种灯具，（如图 2-22）古代灯具中常出现“多枝形灯具”，它的造型取自“树”的造型。在古人的哲学观念中，“树”是通天的阶梯、日月出入的宇宙之树的象征。古人的宇宙之树有建木、扶桑、若木等。《淮南子 · 地形训》曰：“建木在都广，众帝所自上下，日中无景，呼而无响，该天地之中也。”《山海经 · 海外东经》：曰：“汤谷上有扶桑，十日所浴，在墨齿北，居水中。有大木，九日居下枝，一日居上枝。”《十洲记》曰：“扶桑在碧海之中，……长者数千丈，大二千余围，树两两同根偶生，更相依倚，是以名为扶桑。”树是“宇宙树”、“通天树”的说法应与树本身的形态特点和太阳崇拜说有关。树根植于地下，树叶伸向天空，因此古人普遍认为树是天地之间的纽带。神话中的“九日居下枝叶，一日居上枝”、“末有十日”、“十日所浴”等，均明确地点出了神树与十日的关系。日为阳，阳表生，故树为生命之树。生命之树不断长高，向上伸展，具有“就日得阳”的特性。多枝形灯具也应该是明器的一种。它也应富有“趋阳避阴”、“驱邪得吉”的意味和观念。在汉代的灯具中，还出现了“堆塑罐”和“宇宙树”合体的造型。这应该是“趋阳避阴”、“驱邪得吉”观念的双重叠加，强化了这类灯具自身具有的“安魂佑生”的功能。

古代多枝灯的造形有很多种，其中，尤以河南洛阳涧西出土的一件十三枝陶灯最具有代表性。此灯由上下两部分组成，上部的底部为一大圆形灯盘，盘中蹲一龟，龟上树圆柱形灯柱，柱上分两极各伸四根曲枝以承托灯盘，灯盘上亦立有各承一灯盘的四根曲枝，灯柱顶端放置一朱雀形圆灯盘。在灯柱、曲枝、灯盏和盘沿上，有羽人、龙、蝉以及花叶等立体雕饰。下部是一大喇叭状的圆足灯座，外形似群峰环抱的山峦，自下而上分层堆塑各种形象的人和动物。对于这种有多种装饰的多枝灯，人们又称之为陶百花灯。

3. 人物形灯具

人俑灯是战国时期青铜灯最具代表性的器物。河北省平山县出土的银首人俑灯，湖北省江陵望山出土的人骑驼铜灯，山东省诸城发现的铜人擎双灯，河南省三门峡上村岭出土的踞坐人漆绘灯，这些灯的人俑形象有男有女，多为身份卑微的当地人形象。持灯方式有站立两臂张开，举灯过顶；有的踞坐，两手前伸，托灯在前。一俑所持灯盘从一至三个不等。灯盘有圆环

图 2-23 ▲

铜“当户”灯

图 2-24 ▲

木雕人物烛台

（高 15 厘米　传世　陕西澄县）

凹槽形和盘形两种形制，前者有三个支钎，后者多为一个支钎。

汉代的人物形灯的种类非常之多，有跪姿人形铜灯、当户灯（如图 2-23）、

匍匐人形吊灯、羽人铜灯、头顶盏人形陶灯、手托盏人形陶灯等，尤其出现了大量的佣灯。在这些种类繁杂的灯具中，当户灯和佣灯应该是最为突出的形态。“当户”是匈奴官名，表明举灯者是匈奴官吏，亦属当时的少数民族形象。这件灯的重要性不仅在于自名“当户灯”，说明当时以托灯佣的身份取名，而且也反映了汉王朝与匈奴的关系。一般按理说，持灯者身份低下，为侍仆之类，将匈奴的官吏作为托灯者，以示匈奴对王朝皇帝的臣服。佣灯也反映了民族的阶级差别。

其他的朝代，也多出现人物形灯具（如图 2-24）。

三、自成物象

（一）自身的自循演变

1. 整体的演化

A. 从豆灯到行灯，从行灯到烛灯再到承盘式灯

我国灯具的最初形态取自于“豆”（如图 2-25），于是形成“豆形灯”，然后，“豆”又向“镫”（如图 2-26）演变。从战国、两汉时期的墓葬中的各种陶、铁质豆形灯的造型来看，它们和最早的陶豆并没有明显的差别，但是，这些豆形灯具随着时间的推移，在其平坦的浅盘上逐渐出现了凸起的乳头状，这就形成了“镫”。

在汉代出土的豆灯中，有一种带柄豆形铜灯，它是在它的盘沿上装上把

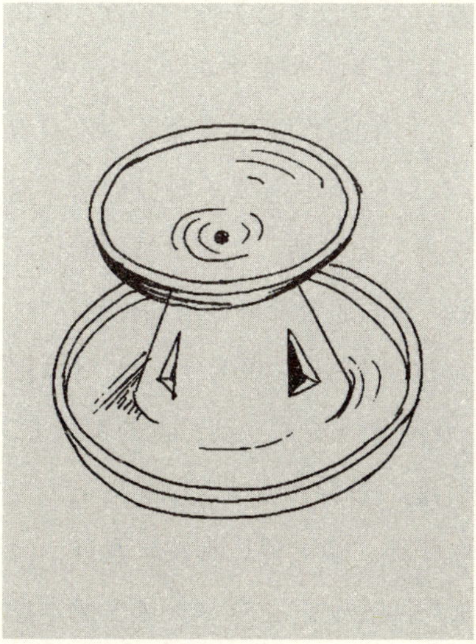

图 2-25 ▲

豆形灯

图 2-26 ▲

镫

图 2-27 ◀

行灯

手。这可能就是最早的行灯（如图 2-27）。行灯，就是携行之灯，它是一种没有底座和立柱，只在灯盘下设三矮足，而在灯盘一侧装有扁把手的器形灯，也有人称之为拈灯，拈与行用意相近，都是说它可以在行动中执之照明。这是我国古代灯具中的重要款式。追溯行灯的由来，可以发现，行灯脱颖于战国青铜豆灯，它取其细把浅腹的灯盘，而舍去了它下面的灯柱，再在盘沿上安置可供提行的把手。据考古发现，行灯盛于两汉之间。其实，行灯的踪迹，一直贯穿着我国古代灯具历史，它们的制作材质有金属，也有陶瓷。所点燃料，有液体油，也有固体蜡。行灯的基本造型，敞口灯盘，浅腹、直壁、平底，灯盘中间置灯钉。在盘壁外一侧有柄，柄通常被做成长叶形、成首形、箭头形、珍禽形。行灯为平底，有的还置蹄形足与独柱足。

如果在承盘上的行灯是圆柱高足的，这种灯便称呼为“槃灯”(如图 2-28、2-29)。槃灯的来历也源自于灯铭，在河北满城刘胜墓出土的铜灯上，盘外壁刻有“御铜锭”的铭文。槃，即承盘，亦特指承水器，《礼记·内则》：“进，盥少者奉槃。”以承水器名来称灯具，除这种灯具有承盘外，恐怕更多的是出于古人防火的意识，常言道：“小心火烛”，这“火烛”的本意就是泛指灯火，弄不好，小小的灯火之星就会酿成大祸。用承水器来命名灯具，则体现了古人掺水克火的安全意识。

图 2-28 ▲

檠灯 1

图 2-29 ▲

檠灯 2

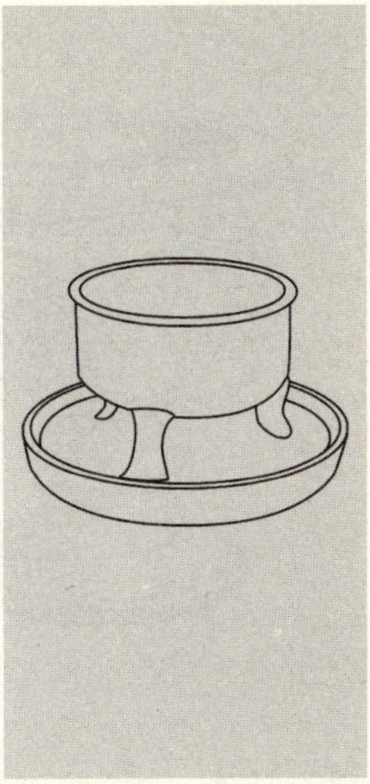

图 2-30 ▲

承盘灯

灯在流传过程中，人们发觉上部灯盘沿上的把手已形同虚设，因为人们在取拿它时，主要是在承盘上，于是就将灯盘上的把手取消。这种没有把手的灯具，后来被称为承盘灯（如图 2-30）。承盘灯比烛台的造型更为活泼多姿，成为中国古代灯具中最重要的形式之一，一直沿袭到民国时期。最初的承盘灯，多为平底形，后来随着蜡烛的兴起，大约在两晋南北朝后，承盘灯的底足向高发展。

在漫长的灯具发展史上，从豆形灯到行灯，从行灯演变成烛台，又由烛台演变成承盘灯，这一过程是中国古代灯具从碗灯到灯盏的动态演化的过程。这使中国的灯具从仿照生活用器（豆、簋、卮）外形到形成了自己的独特形象，并一直持续到西方煤油灯的闯入，显示了我国造物的独特内涵和造物者的智慧。它与豆形灯一样，同为我国古代灯具的基本造型。

B. 从碗灯到灯盏的演变

在古代的灯具中，有相当一部分的造型是仿照生活用器的。碗，也是

图 2-31 ▲

宋三彩帖花莲瓣纹灯

图 2-32 ▲

陶制的碗灯

图 2-31 宋三彩帖花莲瓣纹灯，先藏北京故宫博物馆。此灯的灯盏敛口折延，深腹，其实它就是碗灯的造型。

图 2-32 陶制的碗灯，碗中站着灯柱，柱上还蹲着一只小鸟，它正注视着前方。当夜幕降临时，点燃起这盏灯，主人肯定不会寂寞。

日常使用的器皿，它也常常被用来仿制灯具（如图 2-31、2-32）。在湖南长沙出土过一种长沙窑陶瓷器，它形状像碗，在碗壁外装了一个空心的手柄，跟现代生活中的砂锅近似。这就是古代的一种灯具，叫“碗形灯”，或“碗灯”，又称“钵形灯”。灯具通常是由三部分组成的：底座、柱杆与灯盘。这三者中，真正点灯之处是灯盘，而碗就最具有灯盘的功能，只要在碗中倒上油，再放上灯芯，便可以点灯了。所以说，碗是天然的灯具。

碗形灯，虽然源于碗，但是它已经脱离了原来意义上的碗了。通常，碗灯的腹壁较直，壁也较厚，口沿外还要装上短柄，也有无短柄的。碗形灯的流行期大概在汉至唐宋之间，它的制作材料有陶瓷和铜铁。在汉代，碗形灯是民间比较流行的一种简易的灯具，一般都没有手柄，以陶制作而成。有的

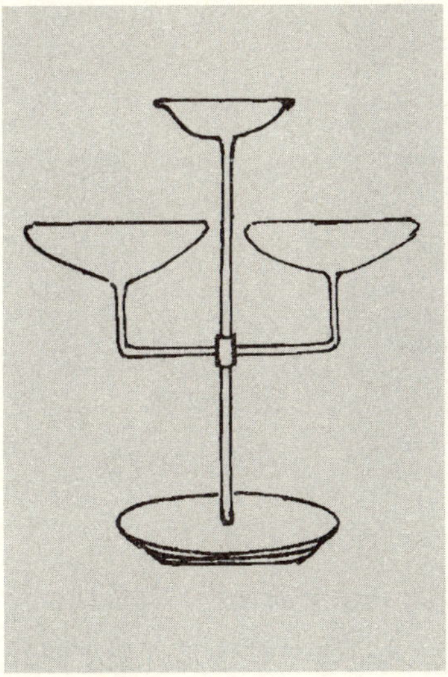

图 2-33 ▲

铜制碗形灯

脱形于小型的瓷碗。

图 2-34 ▲

碗形灯

古墓内出土的青釉褐彩云纹“碗”，其实这是一件碗形灯，因为在“碗”内留有许多凝固的油脂，从考古学的角度看，应该是墓中的长生灯。

碗形灯在口沿上做成流，这样可以便于放置灯芯，有的为了摆放平稳则做成高足。到了两晋，出现了铜碗灯（如图 2-33）。

唐宋是我国古代造型与装饰的鼎盛时期，碗形灯也很艺术化。有些放在墓室之中的“碗形灯”，是墓中的长生灯（如图 2-34）。在唐代后期，从碗形灯中分离出一种新颖的品种，那就是碗形灯盏，这种灯具的“碗”形取之于斗笠碗形，口径在 10 厘米以上，高度近 4 厘米。碗形灯盏的材质为青釉褐斑瓷，它的造型有很大变化，在内壁一侧至底部置有一个弧形的把手。这种碗形灯盏至宋代，变成了一种小型的灯具，口径一般几厘米以内，最常见的品种是黑褐釉灯盏，黑里透亮，古朴而大方。[1]

明清时候，随着油灯制作的多元化，灯盏已经不是独立的灯具，而成为灯具一个组成部分，成为可以活动的灯盏（如图 2-35）。配有活动的灯盏的

[1] 吴少华：《古灯千年》，百家出版社 2004 年版，第 22 页。

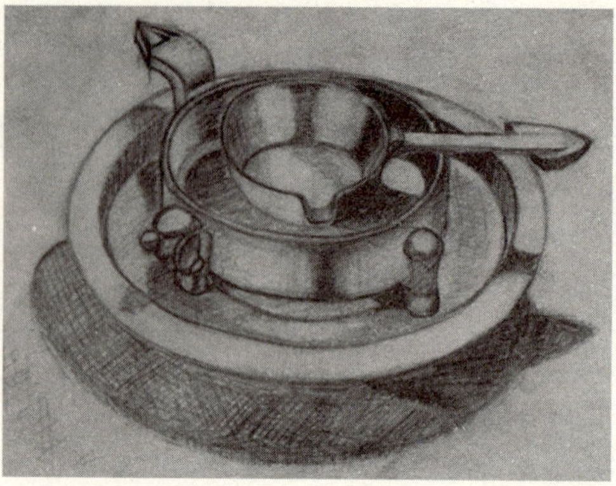

图 2-35 ◀
可活动的灯盏

灯具品种繁多，有青花油灯、青釉油灯、木盘灯、金属高足灯、竹椅灯、竹厨灯、铁质挂灯、锡盘灯、陶瓷双盘灯等。这些油盏已经成为灯架上的灯盘，通常是由黄铜所制，碗形已经变成锅形，口沿焊以花式把手，便于主人取灯行走。有的灯背上制有花边把手，铸有镂空吉祥纹饰，增加了碗形灯的装饰性，也增加了它的功能性，可放可挂。还有一种碗形灯，灯的把手无花纹，只是一个半弧形的灯柄，但却保持了原始碗形灯的风貌。另外，灯盏基本是可以通用于各种灯架的，它往往附属于灯架。

C. 陶瓷灯具的日益主流化

中国古代的灯具，虽然其质地有多种，但是，陶瓷灯具一直是我国灯具的主流，同时，它自身也经历了诸多的演变。

晋代郭璞注《尔雅·释器》有"瓦豆谓之登"，《楚辞·招魂》有："兰膏明烛，华镫错些。"古代称灯为"镫"，"镫"、"登"通用。最早的镫由豆发展而来，豆是新石器时晚期至战国时期的一种陶制餐具。豆是一种最古老的盛食器，陶器豆的形象像一个高足的碗，上部的盛器像碗一样，下部的足成喇叭形足座（如图 2-36、2-37）。底部又分为高柄足与高圈足两种，浅盘高柄足演变成灯具。陶豆是最早出现的原始古陶器形，早在公元前 5000—6000 年的黄河流域的磁山——裴李岗文化中，就出现新石器时代的陶豆。考古发现又告诉我们，新石器时代的黄河流域，长江中下游与东南、西南、北

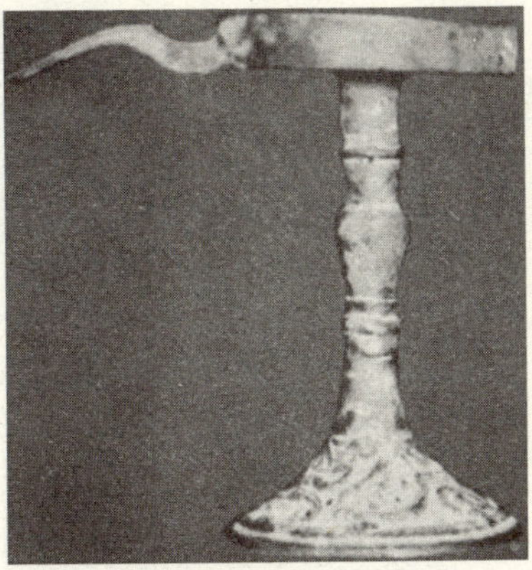

图 2-36 ◀

有扳豆形灯图

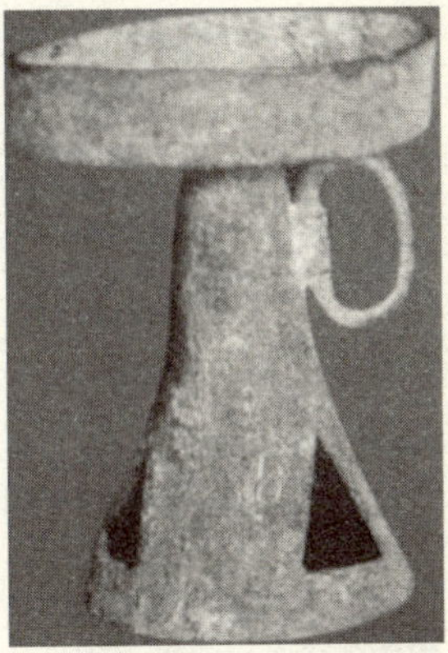

图 2-37 ▶

喇叭口高足环柄豆形灯

部的文化遗存中，都有高足豆的出土。

各种材料的油灯中，以陶瓷材料最低廉，制作也比较方便，可以根据不同的使用要求，制造各种结构形式的灯座和灯碗。陶瓷油灯主要考虑实用，很难做更多的装饰。

两汉时期，灯具的制造得到了迅速发展，青铜灯具虽然继续盛行，然而，陶质灯具以新的姿态逐渐成为主流（如图 2-38、2-39、2-40、2-41）。原先，考古界认为这时期的陶质灯多出土于汉代中小型墓中，主要流行于中下阶层，尤以豆形陶灯、俑形陶灯最为常见。

图 2-38 ◀

西汉回纹泥质灯盏

图 2-39 ▶

汉代陶九挂灯

图 2-40 ◀

西汉灰陶抱九子俑灯

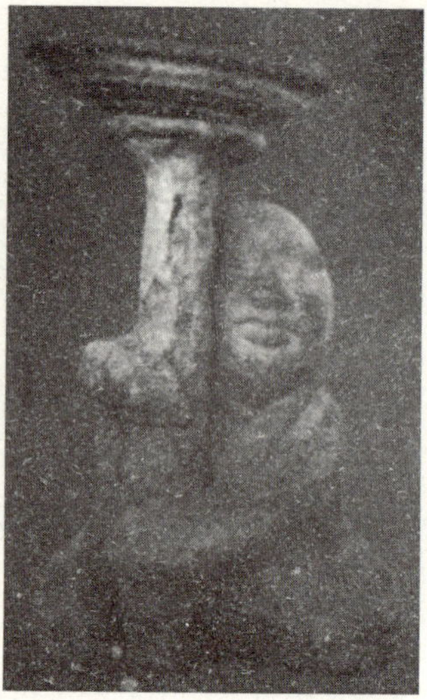

图 2-41 ▶

汉代胡人俑灯

魏晋南北朝至宋元时期，青铜灯具基本消失，陶瓷灯具主要是瓷灯占据了主导地位（如图 2-42、2-43）。

唐宋也出现了许多石灯（如图 2-44、2-45），唐代制造了很多唐三彩灯、白瓷灯。宋代的青花灯是我国历史上青瓷灯具的最后一抹华彩。当时南

图 2-42 ▲

东晋酱褐斑青瓷油灯

图 2-43 ▲

南朝洪州窑黄釉油灯

图 2-44 ◀

晚唐黑釉灯盏

图 2-45 ▼

宋代磁州窑白釉油灯

北各窑均有制作，南方以龙泉窑为佳，北方以耀州窑成就突出。明清两代是中国古陶瓷发展最辉煌的时期，灯具和烛台的种类和质地更加丰富多彩。富丽堂皇的官窑灯具开辟了我国灯具的新纪元，这也在很大程度上影响着民间灯具的发展。这一时期的灯具可以说是五花八门，各式各样，不仅是照明工具，同时也是供人欣赏的工艺品。青瓷，又称青花瓷，它是中国瓷器中最重要的品称。从 14 世纪中期起，景德镇的青花瓷器（如图 2-46）就占据了中国瓷器生产的主流，景德镇也由此一跃成为中国的瓷都。中国的瓷器在唐以前，青瓷居主导地位，唐以后，形成了南青北白的局面。宋代，瓷器生产呈现百花争艳的景象。至元代，江西景德镇的青花瓷烧制工艺成熟，青花成

图 2-46 ◀

南宋景德镇窑影青莲花纹省油灯

图 2-47 ▲

明代正德年间青花缠枝莲灯盏

为外销的瓷种，主要输往中东地区，从此，也揭开了青花瓷的辉煌历史（如图 2-47）。可见，陶瓷灯具随着时代的发展，日益成为主流化的灯具。

D. 从宫灯到民间灯具

我国灯具的发展与演变在一定程度上显示了我国官方与民间灯具的分流与汇合，从宫灯到民间灯具就显示了这一分流的过程。

宫灯是一种兼有照明与装饰双重功能的彩灯（如图 2-48），因它诞生于皇宫，故称“宫灯”，即宫里的用灯，后泛指节日花灯。

组图 2-48 ▲

宫灯与花灯

宫灯在汉代已经出现（如图 2-49），蜡烛也是出现于汉代，两者在时间上最同步的，隋唐时，宫灯得到迅速发展，它与原先的实用灯具，形成了中国古代灯具两条发展主线。

组图 2-49 ▲

汉代宫灯

从隋唐以后，灯笼传入民间、并成为使用与流传最广的灯具（如图 2-50、2-51）。因而，宫灯走向了民间，成为民间灯彩中一个重要的组成元素。

灯笼（如图 2-52）传入民间，从最初的彩灯演变成多功能的灯具，这跟灯笼的制作简便、成本低廉与防风性能强有着较大的关系。同时，用根直杆

图 2-50 ◀

民间彩灯 1

图 2-51 ▶

民间彩灯 2

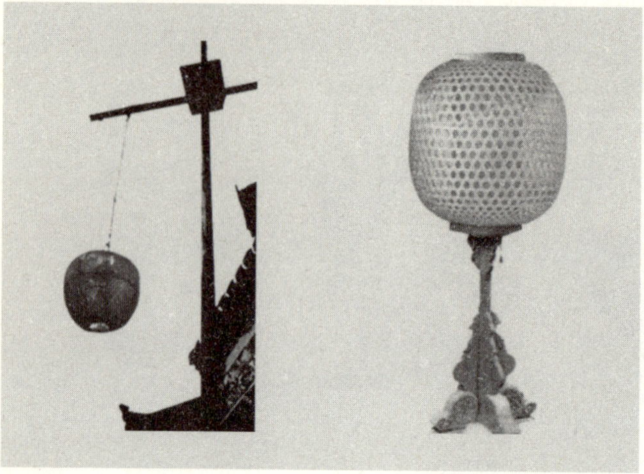

组图 2-52 ◀

行灯与灯笼

子提着它，就成了夜间行路的行灯；将灯笼高高挂起，让远处的人能看到，它就成了信号灯、门楼灯。

进入民国时期，由于外来的制作材料，如铁皮与玻璃的涌进，传统的灯笼再也不是竹扎纸糊的，然而，它一直成为中国民间传统节日的重要装点灯具之一（如图 2-53、2-54、2-55）。

图 2-53 ▲

近代民间灯具 1

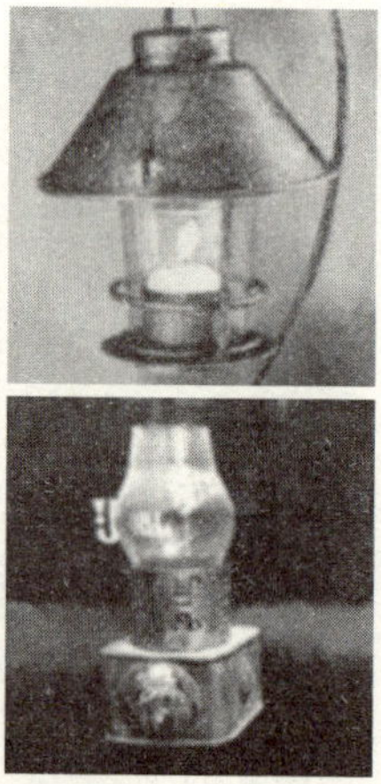

图 2-54 ▲

近代民间灯具 2

图 2-55 ▲

近代民间灯具 3

在宫廷，宫灯和烛台基本上用的都是蜡烛，蜡烛是宫廷的重要照明材料。明清时期，人们在长期总结制蜡和用蜡中的经验，使蜡烛的取材更为丰富，随着大量植物油成为制造蜡烛的原料，蜡烛也逐渐走向了中下层社会。

2. 局部的变迁

A. 古灯的把手变迁

古代的灯具，为了便于把持，在灯具把手的造型上大致有三类模样：把柄、提环（梁）握柱。三种模式各有长处，把柄式又称带把柄，它是最常见的灯具。战国青铜人佣灯可能是最早带把柄的灯具（如图 2-56）。它们有的双手拱于胸前握灯柄，有的左右手各擎一灯柄。虽然说，这些并不是真正意义上的带把柄，但是它向我们折射出这样的信息，最初的灯具应该是带把柄的，只不过这种把柄设计在灯盘上。

最早带把柄的灯具，是汉代的卮灯（如图 2-57）。此种灯具的造型呈直筒杯形，由杯身与灯盏组成，这个灯盏覆盖过来几成了杯子的盖子。这个灯盏的边沿有菱形把手。在灯盘上安置把手，是汉代灯具的特色。以后的行灯

图 2-56 ▶

擎双盘人形铜灯

图 2-57 ▲

卮灯

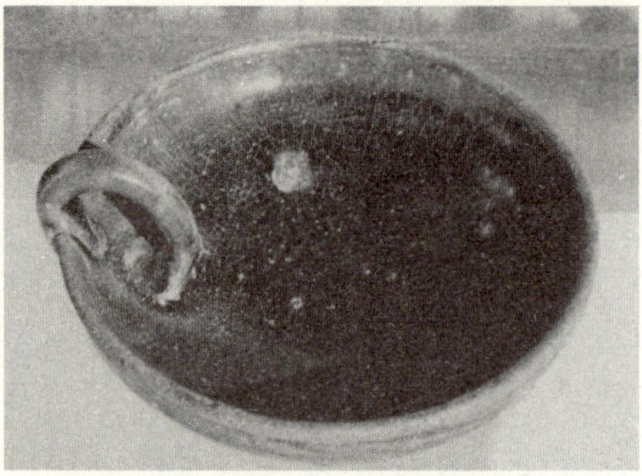

图 2-58 ▲

德清窑黑釉灯盏

与拈灯，也是具有持灯行走的意思，它们的把柄更长更大。

在晋代，出现了瓷质带把灯具。到了唐代，瓷灯的把手又发生了变化，变成了灯盏内壁上沿的半圆弧形把手（如图 2-58）。有的把手被做成了麻花形。内壁半圆弧把手灯，最大的长处是节约用料，造型轻巧，使用灵活。

明代出现了壶形把柄，最为典型的是书灯。执壶形把柄，也叫弓形，把柄的两端分别连接着灯壶与承盘，造型美观而实用（如图 2-59）。有的执壶柄装在灯柱上，它具有不易被碰坏的优点。还有一种执壶柄连着灯柱与承盘。

图 2-59 ◀

青花瓷书灯

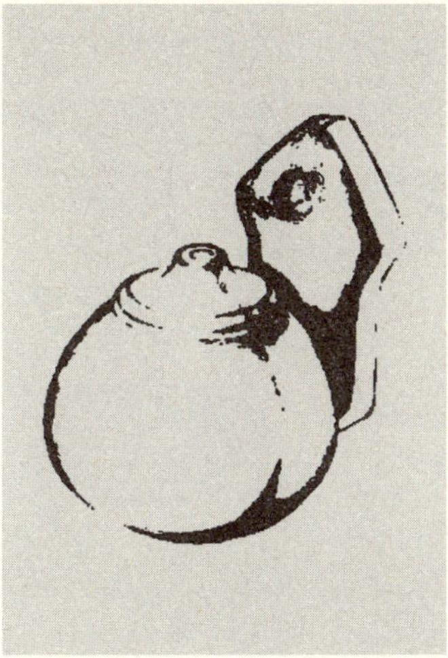

图 2-60 ◀

酱釉壁挂灯盏

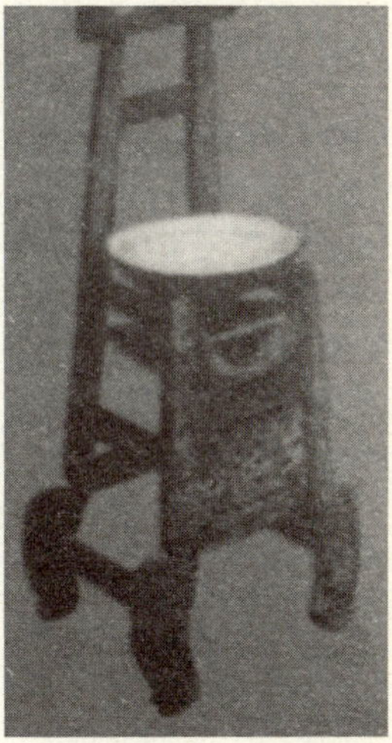

图 2-61 ▶

竹灯

明代以后，椅背式把手开始流行，清代最为盛行。椅背式把手，从灯盏壁延伸出来，像椅背一样的把手。这种把柄造型非常实用，因把通常为镂空式，可拿也可挂于壁间（如图 2-60）。

清代至民国初期，油灯的造型丰富多彩，用来制作灯具的材料也非常多样，灯具的把手也 千姿百态。如提梁式把柄，这种灯具通常用竹木制作（如图 2-61），并没有一定的形制，它们大多模仿椅子的形状，椅面作灯盏的承托，有着较为浓郁的生活气息。

北方有一种手指灯，材质为铜皮，它的造型别具一格。在这个灯具的底部有一个指套，原来这个指套就是把柄，使用时，只要将食指伸进指套里，就能持灯行走。民国以后，西方的煤油灯涌进中国，油灯的造型基本定形为圆柱式，把手从灯具上隐退，而那灯柱就成了“把手”（如图 2-62）。

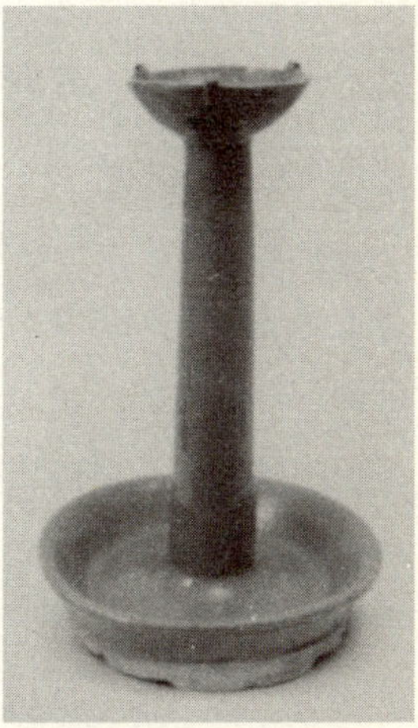

图 2-62 ▲

绿釉支柱式烛台

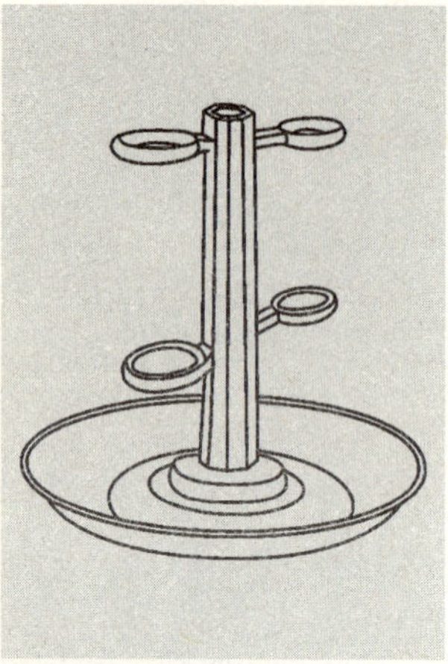

图 2-63 ▲

插环

图 2-64 ▲

插管

图 2-65 ▲

蜡扦

B. 从插环到插管再到蜡扦

烛台是我国古代灯具中一种重要的形式，烛台承接蜡烛有三种形式，它们在烛台上的体现是插环、插管与蜡扦（如图 2-63、2-64、2-65）。最初的烛台以插环形式为主。插环式，又称箍环式，这种烛台具的灯柱装置圆环，有的还在圆箍下方配有一个托座。托座起到安全稳固的作用。插环式烛台简便实用，又便于移动。

插管烛台，即在灯柱上装有管套，用以插烛。由于插管比插环使用起来更简单方便，所在漫长的历史长河中，一直是以烛台插烛的主要模式。插环和插管烛台的设计是为了承接平底的蜡烛。最早的插管，出现在东汉，但大量的出现则在三国两晋南北朝时期。这个时期的青瓷灯具兴盛。青瓷插管烛台也继而崛起。此类烛灯的台座多采用狮形（如图 2-66、2-67），狮形都作蹲伏状，有的侧首翘尾，有的挺胸垂尾，四肢较短，异常威武，而插管多置于狮背上部，插管的数量从单个到四个，制作相当精美。单枝插管的部位，有的在兽头，有的在背上，还有的在瑞兽上骑一人，插管就置于人头部。而多管的常常在兽背上做一板状的托承，然后将插管做在板上。插管烛台，自

图 2-66 ▲

狮形烛台

图 2-67 ▲

骑狮烛台

两晋兴起，越过隋唐，一直流行到元代，是我国古代流传时间很长的灯具。有的烛台是既可吊挂，又可以摆放的两用烛灯。

明代时，插管式烛台淡出，出现了蜡扦式烛台（如图 2-68），所谓蜡扦，就是在烛台顶端装有扦针，靠扦针来承插蜡烛。这时，不仅承插蜡烛的形式变化了，而且蜡烛工艺与烛台也发生了很大变化。以往蜡烛的烛芯是麻绳之类的细纤维拧成，而明以后的蜡烛的烛芯改为了空杆形的硬纤维，外缠绵纱，空心杆常用植物的天然茎秆，如芦秆等。实心的烛芯改为空心，是为了便于插入蜡烛。另外烛的外表颜色改为红色为主，这主要是适应皇宫与民间喜庆活动的需要。明以前，

图 2-68 ▲

明代蜡扦

烛台的形状千姿百态，没有统一的形制。到了明代，烛台演变成高足承盘式，即它有高高的足部，中间为大承盘，以承接蜡烛燃烧时流下烛泪，顶部是小灯盏，盏中为蜡扦，整个形状像宝塔模样。当然也有的没有中间的承盘。蜡扦式烛台，是我国古代最后一代烛灯，在民间广为流传。

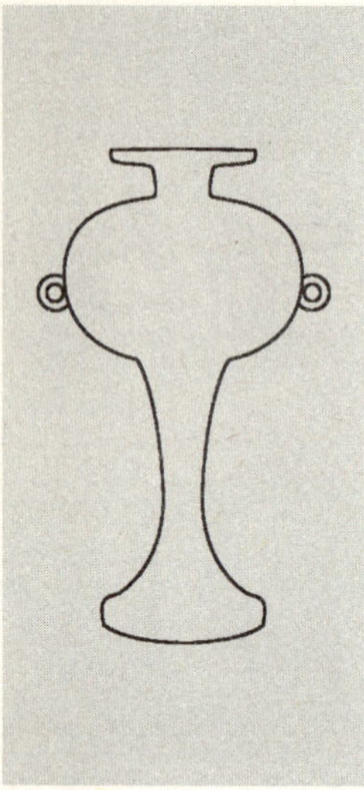

图 2-69 ▲

豆形器皿

C. 装饰纹样的演变

古代灯具除了在自身形制上不断地演变，在装饰纹样上也不断地演变着。装饰纹样的变化在某种程度上，反映着时代的文化变迁、审美观念、社会意识的转化。

灯的源流角度来说，最早的篝火就是我们先民发现的第一盏灯。我国的灯具，发展甚早，可能与陶豆这样的盛适器皿分不开的（如图 2-69）。其理由为：一、从豆与灯的器形上看，陶豆自新石器时代晚期开始出现。直到战国时期虽然它的形制上随着时代的发展而变化。但它基本上相同，是一种盏盘，内底平坦，有高柄的器皿。

在周代“镫”、“登”通用，指的是瓦豆。《文字流源浅说》：登的甲骨文写法是双手捧豆，上面表示向上高举，以示升高，后随时间的推移，把双手去掉，就成为“登”。这说明灯放在适当的高度它的亮度最佳，如：宁夏海原县菜园新石器时代遗址中发现原始人的居住，在居室内的墙壁 130 厘米处打孔构成了最原始的照明设备，可谓是壁灯的鼻祖。战国时期新旧交替，万象更新，呈现出诸子百家，文学艺术出现了比较活跃的局面。由于时代精神的支配，造型装饰倾向于一种活泼巧思，具有一种清新活泼的艺术特色，开始摆脱商周时期青铜器的那种恐怖、威严、神秘的宗教色彩。在纹饰和造型上已出现了以重叠、缠绕、上下穿插、四面延伸，趋于流畅欢快的气氛。在灯具装饰上，出现了大量的精细繁缛龙飞凤舞的纹饰，充满了生机的人物、彩绘以及传统的纹样（如图 2-70、2-71、2-72、2-73、2-74），给人以生活的自由美感，完全适应战国时代审美观念的韵律。从目前出土的文物资料看，战国时期的青铜灯具数量不多，大约有十几盏，此外有

组图 2-70 ▲

云纹

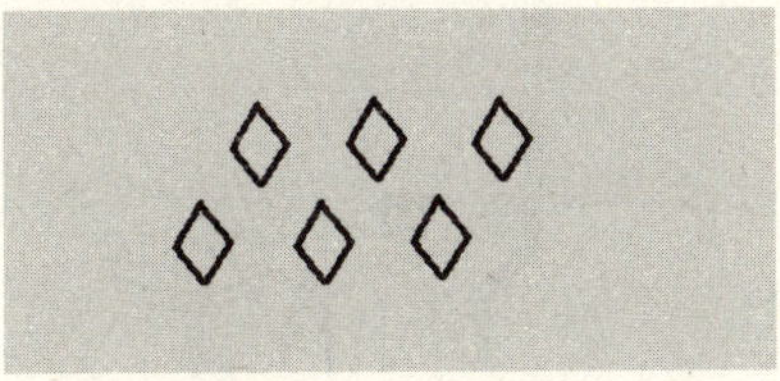

图 2-71 ▲

菱格纹

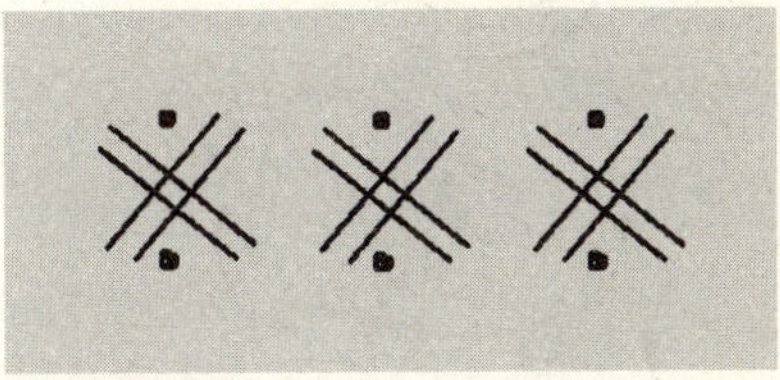

图 2-72 ▲

几何纹

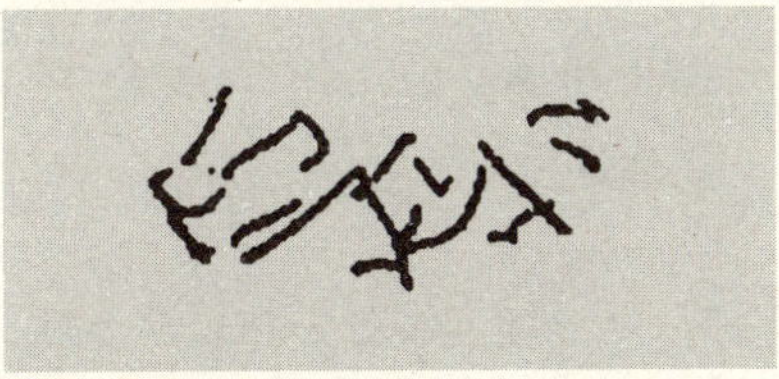

图 2-73 ▲

卷云纹

图 2-74 ▲

圆点纹样

图 2-75 ▲

豆形灯

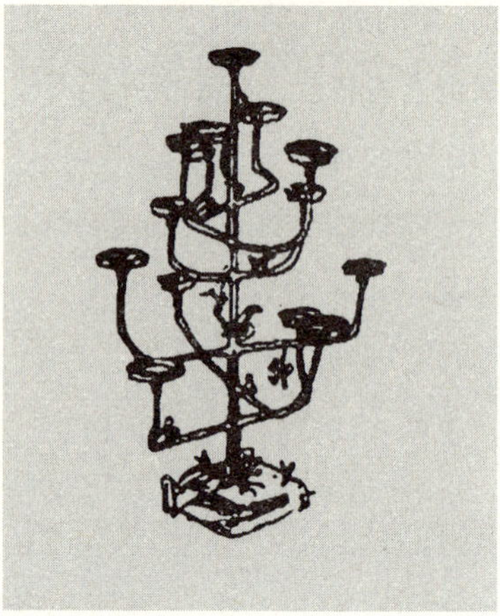

图 2-76 ▲

十五连盏灯

图 2-77 ▲

兽形灯

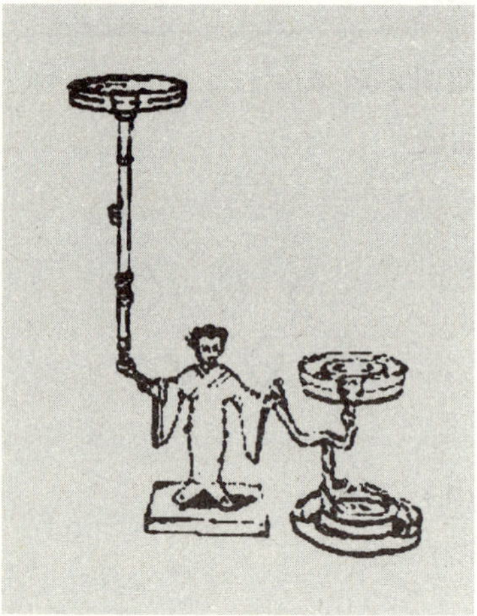

图 2-78 ▲

人佣灯

大批的陶灯具，按其形归纳起来有以下几种：豆形灯（如图 2-75）盒形灯、多枝灯（如图 2-76）兽形灯（如图 2-77）和人俑灯（如图 2-78）。多枝灯和人俑灯，是战国时期青铜灯具中最有典型和代表性的器形。多枝灯见于三盏，三盏九烛和多至十五个灯盏，如：河北平山战国中山王墓中出土的一件十五连盏灯，灯盏错落有次，树上一夔、二鸟、四猴，龙游、鸟鸣、猴戏，情态各异，妙趣横生。

而汉代铸造的灯具是极其华丽的。《西京杂记》曰："高祖初入咸阳宫，周行库府，金玉珍宝，不可称言。其尤惊异者，有青玉五枝灯，高七尺五寸，作蟠螭，以口衔灯，灯燃，鳞甲皆动，焕炳若列星而盈室焉。"

造物设计经三代发展到两汉逐渐形成一整套规范体系之后，长期延续不断，成为造物设计的传统。同时，佛教东传、道教崛起、玄学流行，成为中国造物艺术自我调整的契机，汉代之后的设计史在很大程度上是一个开放融合的历史，对外来设计不断融合，对固有传统不断延伸，在特殊的时尚中，增强了造物的创造性，丰富了设计的艺术表现力，形成了清秀、华丽、典雅三个不同历史时期的不同造物风格。纹样的设计也同样如此。[1]

汉代造物的纹饰发生了很大的变革和意义更替，但在设计形式上依然保存着与三代甚至上古时期那种意匠化方式的前后连贯与传承性。

汉代"文景之治"以后，特别是武帝以后，灯具装饰工艺又出现了新的高潮，它摒弃了古板抽象、神秘的格式，代之而起的是流动的线条、生动的造型和升腾的气势，构成了这个时代的艺术风貌。王莽时期，灯具还出现了装饰四神（四灵）：青龙、白虎、朱雀、玄武等等。东汉时期的灯具装饰（如图 2-79、2-80、2-81、2-82），人物和动物纹样已普遍流行了，无论从技法上还是题材上看，其艺术效果均具有古拙奔放的风格，给人以运动，力量的气势美。其题材受到社会意识的制约，出现了四神、羽仙、珍禽异兽、驱瘟辟邪等内容，反映了羽化升仙等迷信的思想。西汉时期灯具，从形制上看来，出了承袭战国和秦代座灯之外，还出现悬挂方便的吊灯，这也是我国最早的吊灯。从质地上看除了铜灯、陶灯之外，新出现的铁灯、玉灯和石灯，从考古发掘出土的实物证明，汉代的灯具使用已非常普及，灯具的造型多姿

[1] 李立新：《中国设计艺术史论》，天津人民出版社 2005 年版，第 79 页。

图 2-79 ▲

羽人铜灯

图 2-80 ▲

长信宫灯

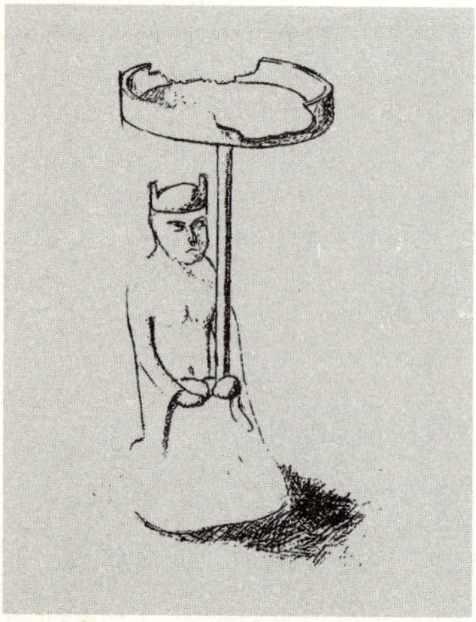

图 2-81 ▲

踞坐持盘人佣铜灯

图 2-82 ▲

跪坐人佣铜灯

多彩，有以人为造型的“宫女灯”、“羽人灯”、“男奴灯”等。

以动物为造型的牛形灯（如图 2-85）羊尊灯（如图 2-86）朱雀灯（如图 2-83）龟灯、鱼灯、蟾蜍灯、凤鸟灯（如图 2-84）鹤龟灯、麒麟灯等，其

图 2-83 ▲

朱雀青铜灯

图 2-84 ▲

凤凰铜灯

图 2-85 ▲

千江牛形灯

图 2-86 ▲

羊尊灯

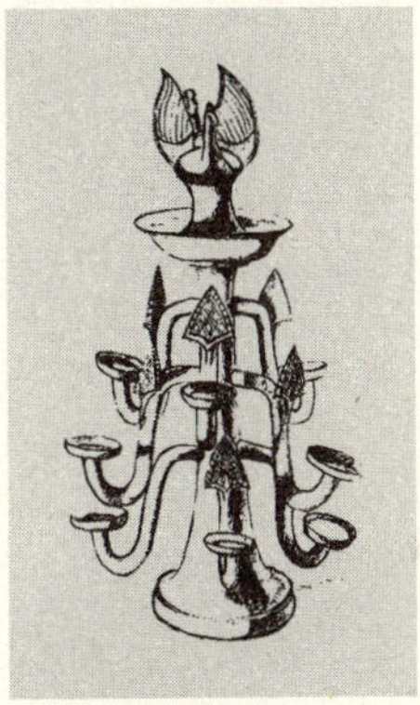

图 2-87 ▲

釉陶九枝灯

图 2-88 ▲

辘轳灯（盒子灯）

他造型的多枝灯（如图 2-87）盒子灯（如图 2-88）耳杯灯、豆形灯等造型各异，制作栩栩如生，出神入化，充分显示了我国汉代劳动人民的高超智慧和独具匠心。如江苏连云港赣榆县博物馆藏的一盏耳杯形的铜灯，器形如同一漆耳杯有篷形盖，盖的一半可以揭开翻转到另一半上，一活轴连接，活轴又称辘轳，所以称辘轳灯，翻上的半个盖即为灯盘，内侧作一流嘴，盘内立烛扦。篷形盖上有阴线刻两边对称的游龙纹及两耳刻云纹。

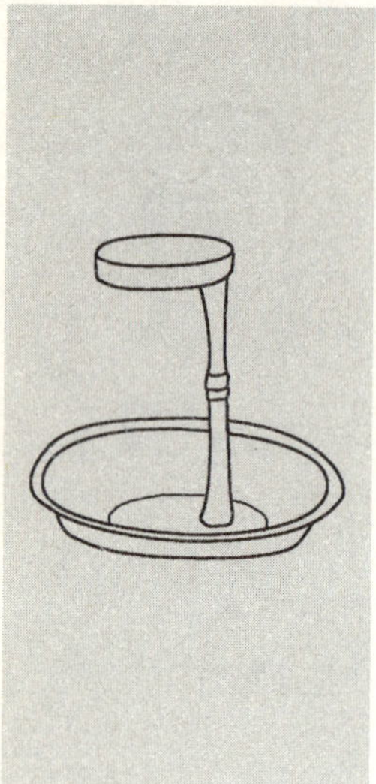

图 2-89 ▲

铜雁足灯

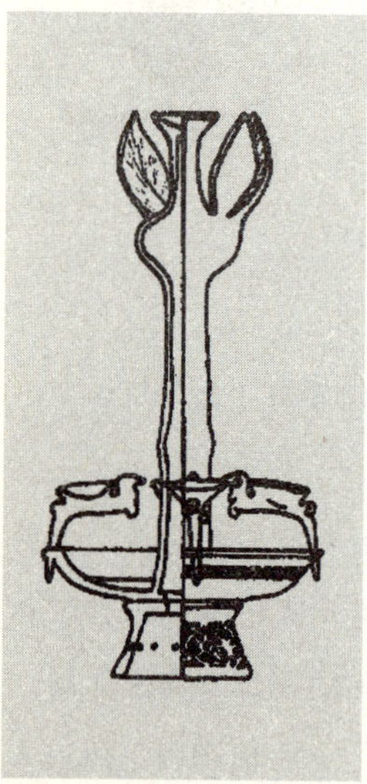

图 2-90 ▲

东汉陶灯上的蟾蜍纹

汉代“文景之治”以后，特别是武帝以后，封建经济有了大幅度的发展，这时工艺又出现了新的高潮，灯具装饰艺术大多是流动的线条，生动的造型和升腾的气势，构成了这个时代的双市艺术风貌。王莽推行托古改制后，时间不长，灯具装饰也受到影响，灯具出现了装饰四神（四灵）：青龙、白虎、朱雀、玄武等等。

东汉时期的灯具装饰，前面仍然沿袭了王莽灯具的特点，装饰上的人物和动物已普遍流行了，无论从技法上还是题材上看，无疑都是受到了当时审美观念的影响，其艺术效果均具有古拙奔放的风格，给人以运动、力量的气势美。题材受到社会意识的制约，反映了羽化升仙等迷信的思想，有四神、羽仙、珍禽异兽、驱瘟辟邪等内容，吉祥类的灯具有雁足灯（如图 2-89），雁在人们心中是一种信鸟，用于缔结婚姻的纳彩或大夫相见的贽礼；鹤龟灯，鹤龟共存，比拟灯长明，人长寿；麒麟灯，麒麟在古代人们想象中代表吉祥的动物，如麒麟送子；蟾蜍灯（如图 2-90），蟾蜍在古代人认为美好幸福的象征等，反映了现实生活浓厚的情趣。

魏晋南北朝时期，由于连年战争、社会动荡、经济和文化发展缓慢，使得以原来汉代取得地位的儒家思想产生了动摇，道家和佛教的出世思想为之弥漫，在这种情况下，作为上层建筑的造型装饰艺术也随之发生很大的变化。灯具的装饰中出现了较多的莲花、狮子等佛教图案或纹样。这

图 2-91 ▲

东晋青瓷羊形烛台

图 2-92 ▲

西晋青瓷辟邪烛台

图 2-93 ▲

羽人捧圈青铜灯架

图 2-94 ▲

三国青瓷熊灯

个时期，人们用纹饰华丽的之锦加绘佛教、天人神鬼等制成奇妙的藕丝灯。这一时期的出土的实物有羊形灯、狮形灯、熊形灯、人物灯、莲花灯等（如图 2-91、2-92、2-93、2-94）。

隋唐时期是中国封建社会十分繁荣昌盛的时代。这一时期灯具的制作工

图 2-95 ▲

螺旋柱三彩灯台

图 2-96 ▲

白陶莲花灯

图 2-97 ▲

青釉褐彩灯盏

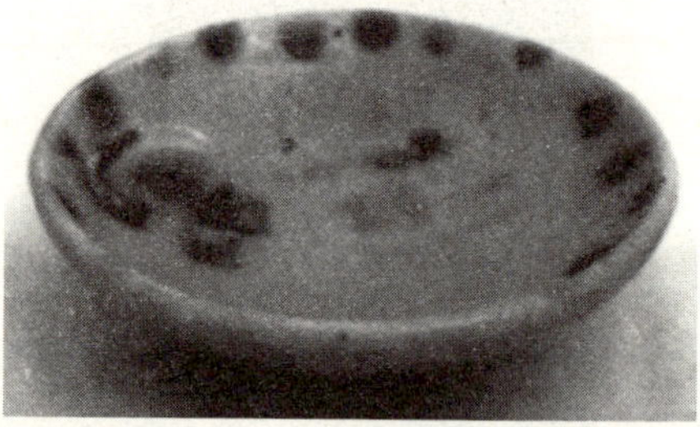

图 2-98 ▲

青釉褐斑灯盏

艺有了强烈的时代感，它同整个文化一样，不仅在工艺上攀登了空前的高峰，而且在装饰艺术上也展现了前所未有的成就（如图 2-95、2-96）。这时，王公贵族们开始以灯来装饰自己的宫廷苑囿。《南部焰火记》说："（隋）汤帝香宝，宫中烛心至跋皆用异屑，燃之有异彩数重。"《遗事》记："韩国夫人，置百枝灯树，高 80 尺，竖之高山，上霄电之百里见光照，夺月光。"隋唐时代灯具中又出现了新的品种，白瓷灯和三釉陶灯，造型一般作钵形，中央立一个小圆管作灯头。其装饰自由活泼，大方美观，趋于古俗，不去追求繁缛

图 2-99 ▲

宋代写实纹样 1

图 2-100 ▲

宋代写实纹样 2

的装饰，而是把美化重心放在造型和釉色的谐调以及相互衬托上。釉色有单调釉色向多色釉转变，这种装饰产生了淋漓流畅，大胆泼辣的艺术效果，其端庄的造型和莹润的釉色烘托出一种凝重净素之美，寓有吉祥高贵的审美观念，反映了唐代社会的繁荣特征。

宋代商品经济的发展和市民文化的兴起，使造物有了明显的变化，真正转向民间，转向日用，理学家的复古主张，对造物设计未有实质性的影响。同时，宋代设计的另一个变化是工笔绘画直接进入设计领域，使造物设计的目的脱离原来实用性的发展，以表现绘画为目的。于是，汉代以来中国造物意匠化的设计到宋代画上了一个句号。宋代，在瓷器、刺绣等方面，写实的花鸟、山水、植物、动物纹样，甚至书法、绘画取代了唐代之前幻想世界的灵禽神兽、盈贯连绵的缠枝卷草等极富意匠的图形主题（如图 2-99、2-100）。

宋代儒学思想和理学思想并没有造成社会生活及物质生产的全面复古而使造物丽靡宏侈。相反，一种“简易”、“致用”的设计思想由朱熹这样的理学家提出：“某尝谓衣冠，本以便身，古人亦未必一一有义，又是逐时增添，名物愈繁。若要可行，须是酌古之制，去其重复，使之简易，然后可。”古礼的琐细繁冗在当时就“未必尽用”，在宋代更难实行。所以，理学家强调实行礼的新途径是制度器物的简便实用，实用之物才识理和道的体现。“道即器，器即道，两者未尝相离。盖凡天下之物有形有象者皆器也，其理便在其中……一物一器莫不皆然，且如灯烛者器也，其所以能照物，形而上之理也；且如床桌，器也，而其用，理也。”

宋元在经济和科学技术上有了较大的发展。在灯具上有了明显的实用灯和随葬用之分。实用于生活中的灯具较隋唐瓷灯具来看，形制多样，釉色丰富多彩，主要表现在装饰艺术上宋代瓷灯具的装饰手法多种多样。装饰手法按工艺材料归纳可分为：坯体装饰、釉色装饰、彩绘装饰；工艺技法有刻、划、贴塑、彩绘等。河南鹤壁集瓷窑址发掘出土瓷灯（如图 2-101）有三种装饰手法。一为三节式装饰手法：灯具分为上、中、下三部分，上部有三菱形莲瓣贴附在口沿上。其雕塑成型的物像贴塑与造型上的纯构件装饰相互衬托，表达出一种情趣和韵味。二为彩绘装饰（如图 2-102）。其口沿施绘黑彩花卉，这个工艺主要是用毛笔作画，工艺简便，易于把陶瓷图案纹样绘画化，避免了纹样的程式化，从而使陶瓷灯具的装饰艺术和绘画艺术相结合，为后世的彩瓷发展拓宽了途径。三为坯体装饰法，也就是用刀在半干的坯体上进行刻出各样的图案。如：故宫博物院藏的一件青绿釉狮形灯（如图 2-103），其主体为一立狮，昂首扬尾，四爪踞地，背承一浅

图 2-101 ▲

土瓷灯（三节式装饰）

图 2-102 ▲

彩绘装饰

灯盘，下连长方形并台。此灯的狮形鬃毛被刻划得很细腻，并与以恰当的造型，表现了雄狮的勇猛，也保证了重心的稳定，颇具匠心。它以青绿和黄绿两种色彩配上动物狮子的造型及刻画莲花形状的灯盏，形成一种色彩斑驳，花纹飞动及动物神态生动的华丽装饰。

图 2-103 ▲

青绿釉狮形灯（坯体装饰）

而元、明、清民间的各种各样的灯会更加丰富多彩，各式各样的灯具脱颖而出，装饰艺术更加多样化，有“无骨灯”(如图 2-104)、“珠子灯”(如图 2-105)、“罗帛间灯”、“羊皮灯”(如图 2-106)、“纸灯”(如图 2-107)，每逢节日灯会“灯光不绝”。花灯制作更加讲究，雕工精细，五彩斑斓，进入了一个五彩缤纷灯具世界。

D. 灯捻从边沿到中心，又由中心回到边沿的变化

古代帝王的“中央上国”和“天下之君”思想的形成，与帝王们受到“灯”字（准确地说，是灯具最古老的名称，甲骨文“𣎳”字）的影响是分不开的。甲骨文“𣎳”字，上半部分为一形象的燃有灯火的灯盏。而且“灯火”正好立在灯盏的中央。

图 2-104 ▲

无骨灯

图 2-105 ▲

珠子灯

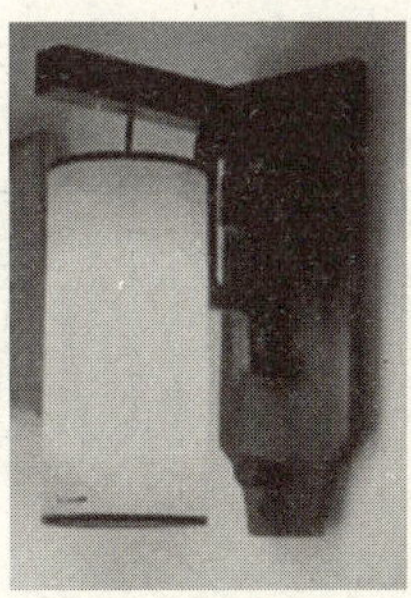

图 2-106 ▲

羊皮灯

图 2-107 ▲

纸灯

隋唐，也是灯具发展的繁荣时期。（如图 2-108）确如专家们所说的，灯炷在中间燃烧的方式，作为主流，一直延续到这时候方才结束。唐朝是中国历史上最开放的朝代。丝绸之路的开通，让中国了解了世界。虽然中国仍以天朝自居，但灯具的燃烧方式却在不知不觉中有了改变。

这时候灯具的形式多样：有壶形灯，也有具流盏。专家们认为这类灯具均是经丝绸之路从西域传入。

应该说，中国灯具在其发展的某个历史时期曾经经历过一段曲折的过程，而后又恢复了正常。

组图 2-108 ▲

唐代典型的灯具类型

对于灯捻由边沿到中心，又由中心回到边沿的变化（如图 2-109、2-110、2-111、2-112、2-113、2-114），不能只看作是灯具燃烧方式上的变化。应该把

图 2-109 ▲

战国铜行灯（灯捻在边沿）

图 2-110 ▲

汉代釉陶九枝灯（灯捻在中间）

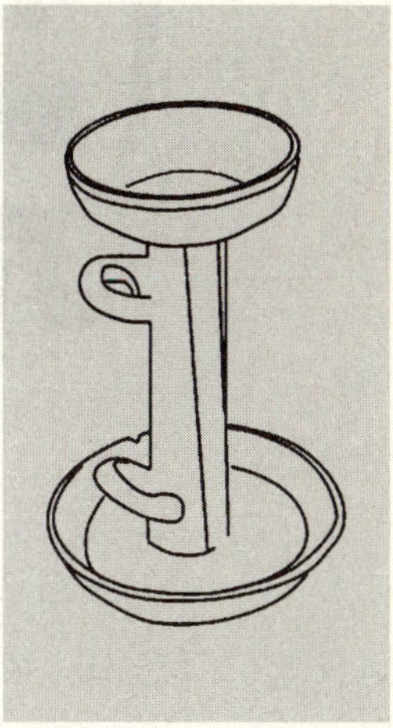

图 2-111 ▲

晋代越窑双柄油灯（灯捻在中间）

图 2-112 ▲

唐代铜灯（灯捻在边沿）

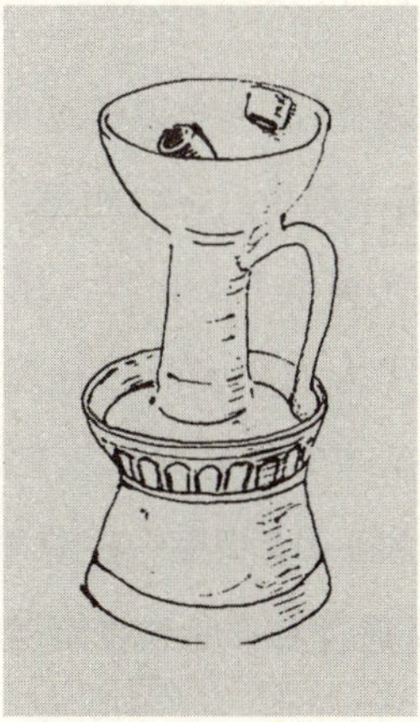

图 2-113 ▲

宋代黑釉灯（灯捻在边缘）

图 2-114 ▲

清代龙柄铸铜油灯（灯捻在边沿）

图 2-115 ◀

东汉凤凰灯

它看作是中国人（包括从帝王到平民）经过政治和经济的开放，了解了自己以往所不了解的诸多情况之后，对世界认识上的改变。

（二）自成风貌

1. 栖形感类

“神不可自立”、“栖形感类”，神必须通过形来传达，形也只有当其蕴神于内时才具生命力。神寓于形中，寄物相通，使人自然感受出来。古代的许多灯具正是达到了此完美境界。比如，凤凰灯（如图 2-115）等通过动物生动灵妙的外形寄予了人们众多的吉祥意识；而多枝灯、帖塑灯等则在墓室中起到了“辟邪纳吉”的作用；人们又在元宵灯节中通过“点灯”而祈求雨水降临从而达到风雨调顺、庄稼丰收的愿望……实际上，灯具和其他的造物一样，都是通过有形的外表而展现人们特定的感情、思想、愿望。

比如，东汉出土的一件“绿釉九枝陶灯”就是这样一个典型的例子：“造型别致，构思巧妙，在较小的灯体圆周范围内，虽有九枝 S 形垂蔓、九个三角形镂空叶饰物和九只灯盘，由于在设计上使其穿插成了三个高低不同的层次，不仅不显得烦琐，反而使得整个灯的造型富有了较强的节奏和韵律感。顶端展翅欲飞的瑞鸟既有象征吉祥之意，也给人以灯焰不停向上等无限之畅想，非常具有神韵。”[1]

2. 文野之分

和其他事物一样，灯具经过了漫长的时间，也有文野之分，比如：宫廷和民间之别。两千年前的油灯，显现了古代社会的贫富分化。穷人的灯是一片小瓦碟，而贵族的灯则是做工精良的青铜器，有多至十五个灯盏的大型树状灯饰，也有惟妙惟肖的动物灯和人形灯。而后出现的宫灯，则是与我国封建社会宫殿建筑相适应的特有的产物，也是最具有民族特色的灯具形式。直到今天，宫灯还在现代化的中式建筑中使用。我国古代的制灯工匠，在创造了各种以实用为主的照明灯具的同时，还结合民俗和民间艺术活动，创造了丰富多彩的、以装饰欣赏为主要目的的民间灯彩。“东风夜放花千树。更吹落星如雨。宝马雕车香满路。凤箫声动，玉壶光转，一夜鱼龙舞”，南宋著名词人辛弃疾在《青玉案·元夕》词中对当时元宵灯节繁华热闹的观灯景象做出了生动的描写。

灯具还有幽雅和豪放之分。灯具是被人创造出来的，人有幽雅和豪放之分，因而灯具也具有幽雅与豪放之分，它反映着人们的修养与内涵，同样也反映着时代的特征。比如，瓷灯，官窑的瓷灯显得幽雅，而民窑的瓷灯则显得豪放。

[1] 郭灿江：《光明使者》，上海文艺出版社 2001 年版，第 91 页。

✤ ✤ ✤

第二节　中国灯具艺术与中国造物的关系

一、相似的逻辑规律及调整机制

灯的创造是中国传统造物活动中的一部分，它在某种程度上折射了中国造物活动的思维方式、发展逻辑等。而中国造物的思想、法则、经验也在一定程度上对灯的创造给予了诸多的启发和指引。但是，作为一门独立的造物活动，灯的创造却有它自身的经验和发展逻辑。

（一）逻辑规律

1. 个体与整体

中国灯的创造与传统造物历史是个体与整体的关系。李立新教授在《中国设计艺术史论》中指出：我们“一方面尊重设计对象物这个独特资源，坚持客观性标准，另一方面力求与之对话，思考这些历史存留物背后的意义。其次是研究物象之间的整体关系，就设计造物而言，存在着部分与整体的关系，和作为应用于人类日常生活的造物品类与大的造物系统的关系。不仅是论及品类的扩展，更是多方面有机联系的显示。从纵向看，存在着造物进程的某一时段同整个历史发展之间的关系，我们无法超越其中一个时段而能深刻认识与之联想的其他各阶段。因此，对造物设计的历史发展过程，必须强调这种整体性研究的原则。”

一个造物品类的诞生、成长、繁盛、消亡并不与时代或朝代同步。同样，中国灯艺术的创造有着自身的演绎过程，发展规律，同时，也在一定程度上反映着中国整体造物活动的轨迹。比如，中国古灯在形制上就一直借鉴其他造物，如壶、鼎、碗灯造型；而在纹样的设计上，它也往往与其他造物有着诸多的相似之处，共同显现着同时代的特征。要更加明晰灯的造物活动，必须对整体的造物活动有一个整体的研究。整体性的研究从横向上可以构成一个时段造物的文化—心理结构的历史显现，从纵向上，则可清楚地表现出造物的民族文化—心理结构的动态的发展过程。

2. 演化与突破

李立新教授又指出：与个别突破相似，造物设计整体性突破也表现在设计史的某几个时期内，大体上有四个时期：一是新石器时期晚期，在技术、文化、财富的积累与集中下促使各类造物设计整体突破、全面繁荣，为三代造物设计奠定了坚实基础。二是在春秋战国时期，政治变革、百家争鸣的自由、人性的解放、社会审美风气的转变，加上商品经济的发展，造物设计规范化的完善与体系化的形成。三是在魏晋南北朝时期，在民族融合与外来文化的引进中，不同造物形式的融入造成造物设计整体性的突破。这是唐宋造物设计繁荣发展的前提条件。四是在宋元之间，文人的审美情趣、艺术格调直接影响造物设计，同时，在社会发展中产生的新的世俗文化和商品经济潮水般冲击着旧有的造物形式，这就造成这一时期造物设计整体上的两向发展，朝向观赏为主的工艺品丧失了实用价值和原来的意匠化设计特征，走向写实化、玩赏化。面对日常生活的实用品在雅与俗的流转中蓬勃发展，表现出强大的生命力，促使明清时期造物设计再度繁荣。[1] 正如“历史效应里深藏着正、负、潜、显四大种子，辉煌时已经隐伏着日后衰微的潜因；沉沦中却积蓄着将来可能直冲云霄的势能”[2]。

由此可见，在中国的历史中，整个造物活动是遵循着一个大的演化规律，

[1] 李立新：《中国设计艺术史论》，天津人民出版社2005年版，第199页。

[2] 王家范：《中国历史通论》，华东师范大学出版社2000年版，第325页。

然而，由于各个品类的差别，各种造物的发展与演化又不可能是并行发展的。每一个门类的造物总有自己内在的发展机遇和机制。造物活动映射出人的本质力量和人的创造作用，理解其更迭与演化的原因，把握其内在机制与动力结构，从中可以认识中国传统造物历史的总体特征。灯的创造和中国传统造物的发展都不是直线发展的，它们总在自身的范畴内演化与突破，演义着自身的规律。李立新在《中国设计艺术史》中指出："造物品类的更迭沉浮状况分为七类：一、本为一般造物而后显赫的情况；二、原占据造物的主导地位而后消亡或退其次的情况；三、同一造物两向演化的情况；四、几度沉浮起落的情况；五、一物衍生另一物的情况；六、断裂的情况；七、突破的情况。"就中国古代灯具而言，它就具有以上更迭沉浮的状况，比如：在历史的发展中，灯具曾经由其他日用品，如豆、瓢、尊等发展而来，并没有形成自己的风貌，而后才逐渐自成风貌；灯具一开始只是一种普通的造物，随着人们对光明的日益追求及其不断的演化，瓷灯逐渐在灯具中占据着主要的位置，一直以烛台和油灯为两大品类的灯具在唐宋以后就以宫廷之灯和民间之灯两向演化；同时，在历史的长河中，灯具的发展也几度沉浮，灯具在有些朝代非常兴盛（如汉代、唐宋、明清），而在有些朝代则显得衰落（如十国五代）；灯具中的有些品类和形制也曾经在某些朝代辉煌过（如铜灯），但后来终究在历史上逐渐式微；而孔明灯等的出现，则是灯具创造中突然显现的品类……再如，清朝统治者鉴于汉人反清情绪，上元日渐渐改变了自古以来"与民同乐"的习俗，分别设为宫内放灯与商民自行放灯。

（二）调整契机

有学者指出：文化现象是"一波接一波的'推背形'"，是"接触—冲突—交流—融合—整合"的运动过程。中国古灯艺术和其他传统造物都有着从"中心"转移到"边缘"，从"经典"转移到"一般"，从"宫廷"转移到"民间"，从"陈设"转移到"生活"的演化轨迹。这些中心的转移在一定程度上反映着两者相似的自我调整契机。

1. 从“经典”转移到“一般”

李立新在《中国造物艺术史》中指出：“一般造物与经典造物，是中国古代传统设计的两大分野，但两者并非完全隔绝，而是在互动中不断交流的。因此，界限也不是非常明确的，经典造物是在一般造物的提升中才确立其正统或中心地位的，经典造物并非人人都能使用，只有拥有权力和财富者才能享用，作为奢侈之物，它对一般造物设计没有指导性的‘典范’意义。相反，一般实用性造物，因其功能材料的合理性，工艺技术形式的多样性而表现出普遍的意义，才是设计史发展的基础主干部分。陶瓷灯具一直是我国灯具的主流。它自身也经历了诸多的演变。”最早的镫由豆发展而来，豆是新石器时晚期至战国时期的一种陶制餐具。两汉时期，陶质灯具以新的姿态逐渐成为主流。魏晋南北朝至宋元时期，青铜灯具基本消失，陶瓷灯具主要是瓷灯占据了主导地位。唐代制造了很多唐三彩灯、白瓷灯。明清两代成为中国古陶瓷发展最辉煌的时期，灯具和烛台的种类和质地更加丰富多彩，富丽堂皇的官窑灯具开辟了我国灯具的新纪元。这也在很大程度上影响着民间灯具的发展。随着陶瓷灯的普及，当初“经典”的灯具也逐渐“一般”化。

宫灯也曾经作为一种“经典”的装饰灯具存在于宫廷之中，后来随着“购灯”及“赐物”等活动的展开，宫灯又反过来间接地流入了民间，成为一种普及的兼装饰和照明功能的“一般”平民造物。铭文云：“贤者勉务，惟曰不足；金羊载辉，作明以读。”灯具在汉代是统治阶级读书理政所需，非一般庶民百姓所用。灯笼最初只为贵人们照明或夜游之用。取薄纸糊制成灯笼，约在5世纪后。直至7世纪的隋朝，皇帝除了每日上朝听政，夜晚后宫相陪，亦欲看一下百姓的节日生活是如何过的，于是，“元夕于通衢建灯夜升南楼”。宫灯最终从“经典”转移到“一般”。

2. 从“宫廷”转移到“民间”

从“宫廷”转移到“民间”是很多造物活动都有的演化轨迹。在历史上，曾经有许多的器皿，比如官窑的瓷器等都由宫廷走向了民间。我国灯具的发展与演变在一定程度上显示了我国官方与民间灯具的分流与汇合。从宫灯到灯彩再到民间灯具就显示了这一分流的过程。

宫灯，原系皇宫内府的灯具，后泛指节日花灯，是一种兼有照明与装饰双重功能的彩灯，因它诞生于皇宫，故称“宫灯”，即宫里的用灯。宫灯起源于东汉，隋唐时，宫灯得到迅速发展，它与原先的实用灯具，形成了中国古代灯具两条发展主线。从隋唐以后，灯笼传入民间、并成为使用与流传最广的灯具。后来宫灯走向了民间，成为民间灯彩中一个重要的组成元素。宫灯在清朝内务府下设造办处的宫廷专门制灯作坊以前，在宫外采购和地方贡献是宫灯的主要来源，即使在宫廷专用制灯作坊设置后，也有大量灯具是由采购而来。据《清朝野史大观》载：“太后尝命内务府大臣购灯数百盏。此大臣自恃慈眷，未行贿，已而灯入内，内侍故污之，以示太后曰：‘某所办差乃若是。’太后亦曰：‘毁之。’即显示取数百盏灯尽碎之。”从购灯需向内侍行贿这一史实看，购灯应是常性事务。一方面由于京城云集了天下制灯的良工巧匠，即便从宫外头所购宫灯和地方贡献之灯也是各地精品之作，另一方面宫灯在满足内部需要的同时，也是皇帝赏赐王公大臣的赐物，如《清朝野史大观》也有“定制岁暮时，诸王公大臣，皆有赐予。御前大臣皆赐岁岁平安荷包一、灯盏数对”的记载，宫灯又反过来间接流入了民间，在一定程度上影响着民间灯具的发展。

再如灯彩，隋朝，我国的灯彩已成雏形，而且出现了精美的花灯。不过这些活动还是属于官家帝王的，庶民百姓并没有灯市可游，也没有皇帝下圣旨放灯若干日“与民同乐”的热闹节日气氛。后来，我们从唐朝文人的诗中和“金吾不禁”典故中获悉，唐朝开始有放灯三日、夜游金吾不禁的节日活动。随着官方和民间的交流，一些灯彩逐渐走向民间。

3. 从“陈设”转移到“生活”

中国的很多造物在起初都是作为某种意义的陈设品，尤其是作为明器被摆放在墓葬中。比如，“摇钱树”一开始是被摆放在墓室中，被用来作为“辟邪升天”的祈愿物，后来才一步一步地从墓室走出来成为百姓乞求“财富”的象征物品。

灯具也有这样的特性。有许多灯具一开始是作为一种明器被摆放在墓葬之中，后来灯具成为人们生活中的一种重要的日常物品。比如，很多枝状灯也是作为明器被摆放在墓室中的，后来才逐渐出现在人们的日常生活中。蜡烛一开始被应用在墓葬之中，作“长明”之用，后来又成为供品的一部分，如元刻本《金刚经》的卷首图中，有一炉、二台烛、二花瓶、“五供”的组合。但是，蜡烛最终又日益成为普通百姓的照明工具。

4. 从“中心”转移到“边缘”

中国的造物常常因为地理环境、人文环境的原因，会先在一个地方滋长，然后随着和外地的交流的频繁，这种造物便会很自然地扩散到其他地方。这就是从“中心”转移到“边缘”。在灯的创造历史中，这种现象也是十分多见的。元宵节的花灯一开始从都城兴起，由于其营造的节日氛围很容易深入人心，就很快由“中心”城市，向四周扩散转移到“边缘”城市。以至于后来，几乎全国上下都共同以“花灯”来庆贺元宵节。

（三）时尚、外来、现代化的冲击与融合

在中国古代的造物活动中，传统、时尚、外来这三者合力对造物活动产生了一定的影响。

1. 时尚的契合

每一个时期，都有它独特的风尚，作为造物活动的灯具设计也契合各个时期的风尚，显示出了特定的风格。战国时期，人形灯具初现，成为一枝独秀的灯具设计；秦汉时期，出现了构思精巧的众多灯具，一时间灯具世界物象众多；三国两晋南北朝，烛台始兴，形成了各类烛台的洋洋大观；隋唐的

灯具，更是彰显了当时的强大国力，火树银花，争芳斗艳；而宋辽金元的灯具，继续承接了隋唐的灯彩特色，同时也出现了特色各具的灯具；明清时代，灯彩继续辉煌，同时宫灯极盛，精致华美。

2. 外来的影响

比如，汉代完整的造物规范因为受外来文化的冲击则在内部机制上做了变革的准备。其中，佛教传入与南北文化的碰撞，成为突破的契机。因而，社会时尚在造物设计上留下了明显的印痕。传统、外来、时尚三者的合力又使魏晋南北朝孕育出清秀的造物形式和新的格局，这是佛教与造物艺术相结合的初声期。“在外来文化的冲击中，佛教是其中一个较大的因素。佛教与生活日用造物的结合，一直是佛教运用造型宣传教义的重要形式，在佛教的传播普及过程中显然具有相当大的作用，也构成了中国造物艺术的新内容，构成了魏晋南北朝以来一般造物设计异域风格的特点，造物世界成为一个世俗与宗教并存的世界。中国造物艺术对佛教器物的融会改造，使佛教造物设计中国化，这一事实几乎改变了汉代以后整个中国造物设计历史的进程。佛教的渗入不只表现在造物设计的纹饰造型方面，还体现在造物的思想观念和对器物的评判上。在元刻本《金刚经》的卷首图中，有一炉、二台烛、二花瓶的‘五供’组合。”[1] 南朝带有倒扣的莲花形底座的灯架、黄釉狮形座灯等都是受佛教文化的影响。

中国的造物历史是悠远的，也曾经是辉煌的，但是，在近代，它却是在受到外来文化的冲击下日益衰落，灯具也遭遇了如此的命运（如图 2-116）。

“从近代开始，历史发生了巨变，古老的中国文明遭受到了西方殖民炮舰和文化的无情冲击。在这场历史性的巨大转变中，具有数千年历史并独具特色的中国造物艺术，随着西方器物的进入和近代工业化的产生而面临着前所未有的外部压力。之后的 150 年，造物艺术在曲折复杂的窘境中始终交织

[1] 李立新：《中国设计艺术史论》，天津人民出版社 2005 年版，第 91 页。

图 2-116 ▶

民国仿西洋铜座灯

从表面上看，这是典型的西洋造型。但它确实是在国内仿制的。正面椭圆透光窗的上方，一边有一个蝠形的气孔。这是只有中国才有的“福”号，是它泄露了仿造的秘密。不光这一点，还有更可靠的证据。打开后盖有两行字，刻的是：省城，卖麻街，聚源造。“聚源”肯定是制灯的店铺字号。只是不知道在哪个省的，有一条卖麻街的省城。

着各种矛盾的冲突。”[1] 关于19世纪末传统器物在中西竞争中的损益状况：郑观应在《盛世危言》中分析了中西抗衡中方失利的原因：“洋布、洋纱、洋花边、洋袜、洋巾入中国，而女红失业；煤油、洋烛、洋电灯入中国，而东南数省之柏树皆弃为不材；洋铁、洋针、洋钉入中国，而业冶者多无事投闲，此其大者。尚有小者，不胜枚举。所以然者，外国用机制，故工致而价廉，且成功亦易；中国用人工，故工笨而价费，且成功亦难。华民生计皆为所夺矣。”我国的灯具在很长的一段时间里，基本上是以本土的风格为主。魏晋南北朝时期，虽然受到佛教的影响，但大体上并没有失去民族的本土特色。19 世纪后期，西方的煤油灯（如图 2-117、2-118）传入我国，很快在我国民间普及开来。从此，原先唱主角的瓷油灯让位于煤油灯。中国的老百姓又将传统的风灯改进成玻璃灯。最早输入洋油的外国公司有美国的美孚石油公司，当时在中国为“美孚洋行”，美孚洋行为了推销它的煤油，在其制作的灯具上打上了“美孚灯”的字眼，一来是为了宣传，二来也是为了防伪冒假。久而久之，“美孚灯”就成了煤油灯的别名。从此，煤油灯在中国百姓的生活中占据了一段时间，而我国的本土灯具也因此受到了冲击，开始在西

[1] 李立新：《中国设计艺术史论》，天津人民出版社 2005 年版，第 138 页。

图 2-117 ◀

煤油灯

图 2-118 ▶

带把煤油灯

图 2-117　煤油灯（高 16 厘米　民国　上海）为薄铁制成，带玻璃灯罩。灯体设计较为巧妙，与常见的油灯不同。灯头部位由灯座上端延伸出去，灯头与灯座中间有柱状油嘴；灯座上端呈鼓状，侧面有扣环，可挂在墙壁上使用。

图 2-118　带把煤油灯（高 22 厘米　民国　云南）煤油灯是旧时城镇家居生活中常见之物，有多种造型。此灯由灯体、玻璃罩组成。灯体为铜质，呈筒形，带把，把上有孔，可挂在墙壁上使用，亦可移动使用。灯座有钮，以控制火苗大小。

化的影响下日益显示出另外一番神韵。

"其实，中国早期工业化的发展已具备了一定的生产基础而并非空白，也就是说，西方现代设计的最初引入，在中国并不只是处于一种被动的局面，而是在传统设计的积累与工业手工业的基础上所做出的一种积极的'回应'。当'洋油'输入后，民间的匠人，用他们的那双巧手，制作出许许多多洋油灯，它们不拘一格，千姿百态。有一盏铁皮油灯，明显仿造了传统的书灯，但更实用。"[1]

这些过往的历史，却能引起我们对未来中国灯具创作与发展的思考。

[1] 吴少华：《古灯千年》，百家出版社 2004 年版，第 124 页。

3. 现代化的冲击

造物设计向现代化转型是全球的现象。中国的造物在进入现代文明时期以后，明显地受到了西方现代文明的冲击。中国的造物设计向现代化的转型始于19世纪五六十年代，是在洋务运动兴办近代新式工业活动中正式开始的。曾经所有的造物体系、思想、规范都处于一种尴尬的境地。灯的创造活动也失去了曾经的辉煌，我们当前看到的最多的灯是受西方很大影响的灯具。怎样把中国本土的传统精华思想与现代化的造物思想结合起来，走出一条我们自己独特的造物之路，是我们面临的一个问题。关于这一问题的思考将在第五章“中国古灯研究的意义”中具体展开。

二、造物中思维与方法的相互映照

中国灯艺术的创造与中国造物艺术作为个体与整体之间的关系，它们两者在思维与方法上是互相映照的。

（一）借壳现象

“在整个中国造物的历史中，造物的形态总是经历了漫长的时间，其中经过了诸多的演化和突变，才逐渐形成较为稳定的形式。各种物品在自成风格之前常常借用其他物品的形式和风格。这种造物的延续现象被现代人类学家称作‘借壳现象’（模仿遗留赘物）。”[1]“借壳现象”则在中国的造物活动中也是非常常见的手法：一种新事物的产生在最初的阶段是模仿原有物品的造型形式，如桶、盆、勺、瓶、碗等等。在灯具的最初创造中，也常常出现这种“借壳现象”。灯具曾经一度借用“豆”、“碗”、“鼎”等的造型。

[1] 乔治·巴萨拉：《技术发展简史》，复旦大学出版社2000年版，第117页。

（二）“象生器”的创造

在新石器中后期，我们发现了被称为“象生器”的造型。在此之前的器物形态是以简洁、明快的几何形为特征的。“象生器”的出现并非突然地“不期而至”，其表现并不是孤立的，如大地湾的人头形彩陶瓶，只是在口径部以象生形作表现，其他部位则完全是几何化的。“象生器”的造型在古代灯具创造中也屡见不鲜。长信宫灯、凤灯、鼎行灯、牛形灯、雁鱼灯、鹅鱼灯等都属于“象生器”灯具。“象生器”灯具常常巧妙地利用形体本身的有机部分，如人的手臂，牛的双角，凤、雁、鹅的颈等作为导烟管。象生形灯具可以分为动植物形灯具和人物形灯具两种。

（三）技术的同长

进化论派人类学家皮特·里弗斯在《文化的进化》一书中，描述了一种整合智力成就和技术成就的造物更迭理论：“世世代代的人们不经预先思考或设计，就选择了最适合某种任务的物品，而拒用那些实用性差的物品，从而渐渐地就修正了留下来的物品。这样他们就能更得心应手地将它们派上特定的用场。结果，导致人造物的变化沿着一条渐变的轨迹展开；就连工匠们也没有意识到他们导入的小小改进措施有着多么深远的意义，为了满足眼下的需要，他们往往在无意识中就促进了技术的进步。”各种不同造物之间常常会在技术上同长。当铜铁的制造工艺日益成熟的时候，灯具也开始在铸造工艺上显得日益精湛；当陶瓷技术在造物活动中普及和成熟之时，灯具也开始以陶瓷作为经典的材料；当燃料不断更换之时，灯具也在不断更换燃物，并且不断地改造外形，以适应燃物的应用。

（四）民族文化、心理结构的映射

一个时期的造物，常常反映着这个时期的民族文化、心理结构。汉代，是一个崇尚“厚葬”的时代，在它墓室中的很多造物都深深地打上了“辟邪升天”的思想，此时墓葬中地灯具也具有这样地内涵，比如枝状灯；魏晋南北朝时期，佛教思想一度盛行，此间出现的造物都渗透着佛教的思想，灯具中的莲花纹样的普及就是这一思想的体现；唐朝是一个气势宽宏的时代，造物风格一度展现出富丽堂皇、兼容含蓄之气，三彩在灯具中的使用显现了这种造物的气势；宋代的造物则显示深厚的儒学思想、理学思想，“夹瓷灯”的出现体现着宋代的节俭之风……各个时代出现的灯具都映射着当时中国的民族文化、心理结构。

三、灯具造物艺术与其他民间艺术

灯具属于造物的一种，同时又是民间艺术中的一个品类，它在创造及发展的过程中，与其他民间艺术之间的创造及发展有着一定的相互影响的关系。

中国古灯艺术常常和绘画又者紧密的联系（如图 2-119、2-120、2-121、2-122、2-123、2-124、2-125、2-126、2-127）。

图 2-119 ▲

东汉画像石上的豆形灯

图 2-120 ▲

汉画像石上端灯侍女图

图 2-121 ◀

大同汉代司马金龙墓漆屏风上的燃灯图

图 2-122 ▶

《金瓶梅》清绘本图，第十六回　西门庆择吉佳期

图 2-123 ◀

《金瓶梅》清绘本图，第六十九回　招宣府初调林太太

图 2-124 ▶

《金瓶梅》清绘本图，第十五回　佳人笑赏玩灯楼

图 2-125 ▲

《金瓶梅》清绘本图，第六十三回　西门庆观战动深悲

图 2-126 ▲

汉画像石上的立灯

图 2-127 ▲

宋摹本东晋《洛神赋图卷》中的盆形烛台

首先，我们可以在古代的一些壁画、石刻中看到中国古灯的影子。在唐宋两代绘画、特别是壁画中，常见有侍女捧烛台或烛台正点燃蜡烛的场面。在宋元的一些砖室墓中，也常发现在墓室壁上砌出灯擎。明代的石刻线画中，有《九九消寒之图》刻画了农民各自冬至日农闲起到开春耕田劳动为止，期间为时81天的休闲生活。其中，“七九”一图，时届上元之日，描写弘治元年（1488）前，妇幼夜晚提灯月下游逛寺庙楼阁之景。从图中之灯彩、月色及图上题诗，反映了传统节日民俗活动之实况，也从侧面反映了明代中叶社会较为安定。其诗云：“金吾不禁夜喧哗，花树凌空月有华，盛世太平多景象，万家欢乐浩无涯。”

其次，灯画则更生动地体现了灯与画的紧密联系。“宋代的灯品中常出现绢灯剪写诗词，时寓讥笑及画人物藏头隐语、以旧京语戏弄行人。宋代的灯品以苏州为冠。苏州灯景之胜。斗野丰年屡，吴台乐事并，酒垆先叠鼓（岁后即旗亭先鼓不已，以迎节意），灯市蚤投琼（腊月即有灯市，珍奇者数为醵买之相与呼卢，彩胜者得灯）。价喜膏油贱，祥占雨雪晴，篔筜仙子洞（坊巷灯以连枝竹缚成洞门，多处数十重），菡萏化人城（莲花灯最多）。樯炬疑龙见（舟人接竹桅樯之表，置一灯，望之如星），桥星讶鹊成（桥灯），小家龙独踞（犬灯），高闬鹿双撑（鹿灯）。屏展辉云母（玻璃屏风），帘垂晃水精（琉璃帘），万窗花眼密（万眼灯以碎罗红白相间砌成，工夫妙天下，多至万眼），千隙玉虹明（琉璃球灯每一隙映成一花）。丹房挂（栀子灯），葡萄绿蔓萦（葡萄灯），方缣史册（生绢糊大方灯，图画史册故事），圆魄缀门稀（月灯）。掷烛腾空稳（小球灯时掷空中），推球滚地经（大滚球灯），映光鱼映见（琉璃壶瓶贮水养鱼，以灯映之），转影骑纵横（马骑灯）。轻薄行歌过，颠狂社舞呈（民间鼓乐谓之社火，大抵滑稽取笑），村田蓑笠野，街市和管弦清。里巷分题句（每里门作长灯，题好句其上），官曹别匾名（官府名额多以绢或琉璃照映），旱船遥似泛，水儡近如生（水戏照以灯）。钳赭装牢户（狱灯），嘲嗤乐棚（山棚多画一时可嘲诮之人）……”[1]

[1] 王树村：《中国民间美术史》，岭南美术出版社2004年版，第428页。

这类灯画，仿佛是今日之“漫画”。此画种早在千年前已露初形，历元明清而发展未断，有待中国漫画史家之探讨。灯品里的“方缣史册”(以生绢糊大方灯，图画史册故事)、“嘲嗤绘乐棚”(山棚多画一时可嘲诮之人)，同是后业之灯画《三国演义》、《精忠说岳传》以及讽刺画等，为早期民间绘画艺术形式之一，甚至对苏州桃花坞木刻年画都有一定影响，只是缺乏物例以证实而已。

明代是中国民间美术自创体系之始，同时又是道释人物画渐被民间艺人传承和发展之起点。灯上作画供众观赏，更是民间画工所擅长。清王朝已是封建社会的最后一个朝代，人民对皇帝为“真龙天子”之说产生怀疑，民主思想促进了民间艺术之飞跃发展，彩灯和灯画也得到了飞速的发展。就北京上元灯彩艺术而论，宫内不如市井热闹，节景凡六日，近郊进城玩月赏灯者，几无虚日：六街各店肆门前所挂之灯多达40盏，每盏四幅屏面皆画人物故事，题材内容以通俗小说为主，描绘精彩情节如连环画，引人观看，气氛浓烈。北京于每年春节过后至元夕之前，灯始燃蜡烛以照明。围观之城乡劳动大众习惯于春节前到画市选购年画，元夕则聚首六街于各店肆门前观灯。灯画的留存为研究中国绘画中人物画体之连环画形式，留下了许多宝贵的资料遗产。

明代文人论画，曾有“纱灯派”一词，似存贬低工笔画家之义。乾隆皇帝弘历更喜工笔重彩，大量传世作品尚在，从而留下了不少与当时历史有关的佳作。同时因受其影响，京都纱灯画与西湖景（洋片）等民间艺术得以蓬勃发展，而且还出现了著名画师如徐白斋等艺人，为人间留下不少故事传说和珍品遗作。此外还有康熙年间善造奇形灯的某甲二（见《吴县志》）造夹纱灯的沈羽宸（见《桐乡县志》）制料丝灯的潘凤（见《清稗类钞》）……都为民间美术增添了光彩。其中，因徐白斋作品传世者多，所以到民国年间遂有爱好者收集并研究，名得以传。

清朝皇帝与庶民百姓观灯各有去处，不相混杂，结束了以往皇帝与民同乐的节景。商民百姓和寺庙、衙门都有了各自独特的灯景出现。商家铺面悬挂绘画灯屏者以点心铺最多。北京是旗（满）人聚集之地，供应满洲人的糕点铺叫“饽饽铺”。按：清代北京糕点铺不同于外省，分为两种：一种供应汉民，名曰南果铺，糕饼多是南式；一种主要供给满人官宦府第、王公大臣的，名为饽饽铺。后者所制诸品，上自祭祀之用（如月饼、五毒饼、如意糕和祝寿、贺喜等糕饼），大都作为礼品。糕点模样美观可赏艺术性高。如贿赂上级官衙之用，则点心盒中放金银或钱票。所以北京点心铺多而利润丰厚，门前灯画亦最吸引游人。糕点铺开业较早的如东四南大街合芳楼、东四北大街瑞芳斋、地安门外桂英斋、东安门外金兰斋（金兰斋亦供宫中所需）。为装饰门面，加强竞争力，除了以金漆栏干、雕花门额外，每逢正月十五元宵节前后，还请民间画师彩画纱灯 20 或 40 盏，高悬门前，任游人观赏。纱灯上所画内容，除了戏曲外，都是通俗小说。常将全部故事情节，分绘在 8 盏到 40 盏（四幅一盏）的屏面上。以东四七条东口外一家饽饽铺的《聊斋志异》故事纱灯较工细；东四八条瑞芳斋的《三国演义》最完美；北城北新桥聚生斋田家饽饽铺《醉菩提》最生动，年代也远。方砖厂金兰斋糕点铺的“昆弋杂剧”纱灯画，地安门外同佑茶庄的《西游记》，聚兴斋糕点店的《今古奇观》、《列国志》，东四牌楼文美斋的《警世通言》等等，都是清代北京民间名画师绘制的。每套灯景如连环画，观众围聚灯下，百看不厌。灯节过后，各家糕点铺、茶叶铺以及官衙六部之画灯，一一收藏起来，观众则待明年重来观赏。因此，不少名家所作的纱灯彩画，大部分传流下来。收藏清代北京戏出或小说故事内容的纱灯者，民国初年有鲍奉宽氏，其藏品后归中国历史博物馆保存。

中国古灯又与皮影戏有着联系。皮影，又称灯影戏。表演时，用白绸做屏障，燃灯作为光照效果，艺人手持皮影道具，灯光将物像映于屏幕，配以音乐，边说边唱，富于浓厚的民间生活气息。据史载，真正的皮影戏出现于北京都城汴京地元宵节，而走马灯也是成熟于宋代，两者具有很大的共同性，所以，推测皮影极有可能从走马灯发展起来。

表一　灯具的发展规律

- 中国古灯艺术
  - 具象的灯
  - 抽象的灯
  - 古灯的起源发展及其内涵
    - 灯的起源及其意义：从“发现火种”到“保留火种”再到“灯具
    - “灯”字略考
      - “灯”与“豆”
      - “灯”与“镫”
      - “灯”与“烛”、“燎”
    - 时序的更迭演化
      - 战国至秦汉——华灯初上、器形初具
      - 汉　代——多姿多彩、造型生动
      - 魏晋南北朝——烛台流行、走向世俗
      - 唐　宋——灯彩显现、灯市繁华
      - 明　清——烛灯齐放、宫灯独尊
  - 更迭演变的内在规律及其动力结构 → 自然成形 → 象类器形
    - 类物形具灯
      - 豆形灯具
      - 堆塑瓦罐形灯具
    - 象生形具灯
      - 动物形灯具
      - 多枝形灯具
      - 人物形灯具
    - 自成物象
      - 自身演化
        - 整体的演化
          - 从豆灯到行灯，从行灯到磐灯，再到承盘灯
          - 从碗灯到灯盏的演变
          - 陶瓷灯具的日益演化
          - 从宫灯到民间灯具
        - 局部的变迁
          - 古灯的把手变迁
          - 烛台从插环到插管再到插扦
          - 造型装饰纹样的演变
          - 灯具中燃料的发展演变
      - 自成风貌
        - 栖形类态
        - 文野之分
  - → 与中国整体造物的关系
    - 灯具的创造与中国传统造物历史亦步亦趋
      - 两者的关联及近似的逻辑发展规律
        - 个体与整体
        - 演化与突破
      - 相似的自我调整契机
        - 从经典转移到一般
        - 从宫廷转移到民间
        - 从陈设转移到生活
        - 从中心转移到边缘
      - 时尚、外来、现代化的冲击与融合
        - 时尚的契合
        - 外来的影响
        - 现代化的冲击
    - 造物中思维与方法的相互映照
      - 借壳现象
      - “象生器”的创造
      - 技术的周长
      - 民族文化、心理结构的映射
    - 灯具造物艺术与其他民间艺术之间的关系

小 结

灯具作为我国一种独特的造物文化，有着自身的内外发展规律（见上页表一），因而本章的重点内容是：把灯具放入造物文化之中，阐述了其从自然成形到象生器形再到自成物象的内在动力结构以及其与中国整体造物的关系。“从自然成形到象生器形再到自成物象的内在动力结构”的分析是重点阐释中国古灯作为一门独立的造物活动而具有的内在发展规律和机制。而中国古灯的创造历史与中国整体的造物活动历史有着紧密的关联。一方面，它们两者亦步亦趋，有着相似的逻辑发展规律、相似的自我调整契机以及受到传统、外来、时尚的冲击，同时，在思维和方法上还相互映照与借鉴；另一方面，每个造物品类终究有它独特的造物规律，因而，它们两者之间在演变和发展上有着差异，显示为个体与整体突破与演化的背离。这两个方面的内容既阐述了灯具的创造与其他造物之间的联系与相互映照，同时，也重点阐述了灯具自身发展的内在的独特规律。正如英国当代学者 W. H. 沃尔什说：“一个历史学家如果只能研究发生了什么事件，却不能说明那些事件何以会如此这般地发生，那就绝对没有完成他的任务。”[1]

[1] W.H. 沃尔什：《历史的“涵义”》，引自《现代西方历史哲学译文集》，上海译文出版社 1987 年版，第 208 页。

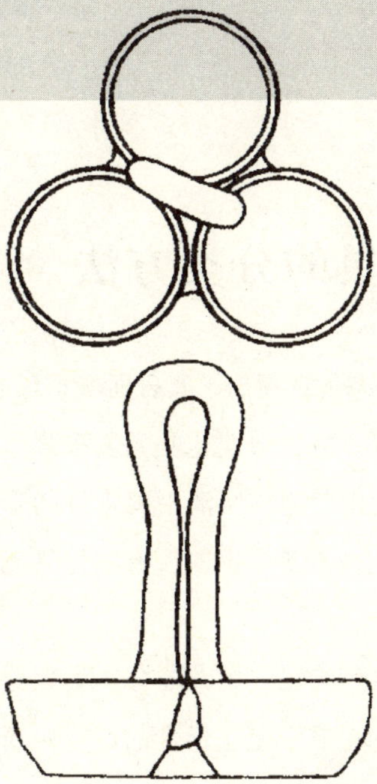

第三章

中国灯具的分类方法、艺术特征和社会功能

第一节　中国灯具的分类方法

中国的灯具所包含的内容、品类、形态远远超出了其表面所呈现的形式。它的形制丰富多彩、内涵丰厚多变，同样，它的分类也是繁复多样（见表二“灯具分类表”）。对于它的分类是为了让我们能够厘清中国古灯的形态、品类以及它们的艺术特征、社会功用和文化内涵等。同时，有些灯具无法在上文中叙述的都将在这一章内容中加以描述。

潘鲁生在《民艺学论纲》一书中，曾经指出：民艺的分类大致分为三个方面：其一是艺术性的；其二是民俗性的；其三是生活性的。灯应属中国民间工艺的品类之一，我们也可以把它分为艺术性的灯、民俗性的灯、生活性的灯三大类。《古灯千年》一书中，作者用年代划分法、材质划分法、外表造型划分法、燃烧原料划分法、用途划分法这几种分类方法给灯具分类。又有学者认为：中国古代灯具史上很长时间形成油灯与烛台两种方式共存的格局，唐宋以后，随着灯笼的出现，使原来的灯具以油灯与烛台并存的格局发生变化，形成了油灯、烛台与灯笼共存的局面，灯笼成为使用最广泛的灯具。

作者认为，以上各种分类方法均有其道理，但都有其局限性，因为灯的品类实在太丰富庞杂。作者认为对于中国灯具的分类可以从多个角度来审视，在这些个角度之中，又可以对它们进行进一步的细分。

一、从灯具本身的特性来分类

首先，从灯具本身的特质，如形制、材料、燃料来审视，灯具可以这样来进行分类：

（一）按照灯具的形制来分类

灯具的形制丰富多彩，它们大多借鉴其他造物的形制而逐渐形成自身的固定形制，如：象类器形灯，或称为原母型灯具：如豆形灯、杯形灯、盘形灯、卮形灯、壶形灯、鼎形灯、钵形灯、罐形灯、瓮形灯、鬲形灯、觚形灯、尊形灯。有些灯具还模仿大自然中的一些事物，而形成仿生型灯具，如人物形灯具、动物形灯具、植物形灯具。另外，根据灯具是否有承盘，又可分为承盘灯（如图 3-1、3-2、3-3、3-4）或非承盘灯。这类灯又可分为两种，

图 3-1 ◀

西汉青铜承盘灯

图 3-2 ▶

承盘式铁灯

图 3-1　青铜承盘灯（西汉）　西汉"青铜承盘灯"，又称"槃灯"。"槃"即承盘。还叫"拈灯"，意为可以持灯行走，由行灯和承盘组成，此类灯主要流行于西汉中期与东汉早期。

图 3-2　承盘式铁灯　从行灯到槃灯，再到承盘式灯。这就是我国古代灯具一个一脉相承的大门类。现在，我们在古玩市场上能见到许多古代的灯具，其中很多都属于承盘式灯具，下面一个大承盘而顶上一个小灯盏，这便是中国古代最典型的灯具。

图 3-3 ▲

褐釉盘形油灯

（盘径 6 厘米　传世　云南）

图 3-4 ▲

黑釉温酒油灯碟

（高 8 厘米　传世 河北）

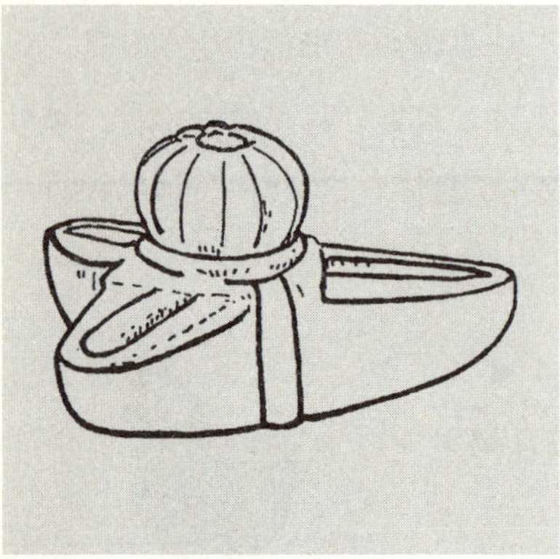

图 3-5 ▲

宋代三咀石灯 自《古代灯具》第 111 页

图 3-6 ▲

汉阙石灯《古灯史话与收藏》第 26—27 的彩页

一种是上有圆盘形灯盏的，如南京出土的一件三国时期青瓷熊灯，熊蹲在承盘内，用头顶着灯盏。河南安阳隋代张盛墓出土的一件青瓷灯，灯座为浅盘，盘中心有圆柱，柱上托一莲花形小盘，盘中心有穿捻用的短管作灯头。另一种是有两层承盘，上有一圆柱体，既可直接插入烛把，又可承托小型灯盏的，这种灯以隋唐时期瓷灯和三彩灯居多。由于它具有插置烛把和承托灯盏两重性，故这类灯又多称灯台或烛台。如湖南省博物馆所藏的一件隋黄釉

表二　灯具分类表

<table>
<tr><td rowspan="10">第一种分类：从灯具本身的特质来分</td><td rowspan="10">一、从灯具本身的形质、材料、燃料来审视</td><td rowspan="2">（一）按灯具的形制来分</td><td>象类器型灯</td><td>豆形灯、杯形灯、盘形灯、卮形灯、壶形灯、鼎形灯、钵形灯、瓮形灯、鬲形灯、觚形灯、尊形灯等。</td><td>备注</td></tr>
<tr><td>仿生类形灯</td><td>仿动物形灯：狮子灯、雁足灯等
仿生物灯：多枝灯、莲花灯等
仿人物灯：俑形灯等</td><td></td></tr>
<tr><td rowspan="8">（二）按灯具的制作材料来分</td><td>陶瓷灯具</td><td>青花瓷灯、白瓷灯、影青瓷灯、三彩釉灯、瓷灯、釉陶灯、德化瓷灯、粉彩瓷灯</td><td rowspan="8"></td></tr>
<tr><td>锡质灯具</td><td></td></tr>
<tr><td>铁质灯具</td><td></td></tr>
<tr><td>黄金灯具</td><td></td></tr>
<tr><td>玻璃灯具</td><td>料丝灯</td></tr>
<tr><td>石质灯具</td><td></td></tr>
<tr><td>木制灯具</td><td>什景灯、花篮灯、木制烛灯</td></tr>
<tr><td>竹制灯具</td><td></td></tr>
</table>

（续表）

第一种分类：从灯具本身的特质来分	一、从灯具本身的形质、材料、燃料来审视	（三）按灯具的燃料来分	油灯	松脂油灯	
				煤油灯	
				植物油灯、动物油灯	
			烛灯	黄蜡灯、白蜡灯、蜂蜡灯	
		（四）按灯具是否可移动、可拆卸翻转的物征来分	固定的灯		
			可移动的灯行灯、枯灯	行灯、灯等	
			可拆卸的灯人佣灯等	长信宫灯、平行灯等	
		（五）按照灯具的动静态分	静态的灯	台灯、书灯、壁灯、吊灯	
			动态的灯	走马灯、孔明灯、“天灯”等	
		（六）按灯具是否是有独立性设计来分	原生型设计	灯笼、走马灯等	
			衍生型设计	豆形灯、尊形灯、多枝灯等	
	二、从灯具是否具有实用性的角度来审视	（一）实用性的灯	照明灯	油灯、烛台	
			非照明灯	孔明灯、道具之用灯（担灯）	
		（二）非实用性的灯	人们意念中的灯，如宝莲灯		

（续表）

<table>
<tr><td rowspan="10">第二种分类：从灯具的功能、意义及周边环境的角度分</td><td rowspan="5">一、按照灯具的社会意义和功能来分</td><td colspan="2">（一）祭祀类灯</td><td>丧俗灯具、生育灯具
婚礼灯具、宗教灯具、寿庆灯具</td><td></td></tr>
<tr><td colspan="2">（二）娱教类灯</td><td>“放河灯”“点天灯”等习俗活动中的灯</td><td></td></tr>
<tr><td colspan="2">（三）装饰类灯</td><td>宫灯等</td><td></td></tr>
<tr><td colspan="2">（四）游艺类灯</td><td>走马灯等</td><td></td></tr>
<tr><td colspan="2">（五）精神意义类灯</td><td>“游花灯”中的灯</td><td></td></tr>
<tr><td rowspan="4">二、按照灯具与人居环境的关系来分</td><td rowspan="2">（一）</td><td>宫廷之灯</td><td>宫灯等</td><td></td></tr>
<tr><td>民间之灯</td><td>都市之灯、乡野之灯</td><td></td></tr>
<tr><td rowspan="2">（二）</td><td>室内之灯</td><td>台灯、油灯、烛灯、书灯、落地灯、吊灯、壁灯</td><td></td></tr>
<tr><td>室外之灯</td><td>信号灯（门楼灯、商市招幌灯、路灯、桅灯、灯笼等）</td><td></td></tr>
<tr><td rowspan="3">第三种分类：按照灯具的出产地分</td><td rowspan="3">从灯具是否属于本土性的角度来分</td><td colspan="2">本土之灯</td><td>上述灯具大多为本土之灯</td><td></td></tr>
<tr><td colspan="2">异域之灯</td><td>新疆灯具、藏灯</td><td></td></tr>
<tr><td colspan="2">舶来之灯</td><td>煤油灯</td><td></td></tr>
</table>

烛台，由三部分组成，下部是一带高足的圆盘，中部为一空心柱，上部为一带有承盘的圆柱体。

（二）按照灯具制作的材料来分类

古代的灯具，用什么材料制作的都有。像贵重的有金、银，常见的有铜、铁、陶瓷，甚至竹、林、角、石也都有踪可寻。

“欧洲的考古成果告诉我们，人类很早就学会了制作石灯。在著名英国历史学家杰弗里·巴勒克拉夫主编的《泰晤士世界历史地图集》中就有这样的介绍；在距今四千多年以前希腊的克里特岛上（米诺斯文明时期），已经出现了作为商品出售的石灯。”[1] 原始社会，人类用的火把都是竹、木材料的。后来有了灯，最初的灯檠（即灯台）就是木质的。人们发现，只要在灯架与灯火之间增加一层可以阻燃的“介质”，就完全可以保证安全了。这“介质”，就是各种形式的，或陶瓷或金属的小灯盏。随着年代的更替变幻，科学技术的不断提高，灯具的材料与其造物一样也在不断更迭替换，因而也就形成了不同材质的灯具：陶瓷灯具（如：青花瓷、白瓷、影青瓷、三彩釉、汝瓷、釉陶、德化瓷、粉彩瓷）锡质灯具、铁质灯具、黄金灯具、石质灯具（如图 3-5、3-6）、木质灯具（如什景灯、花篮灯、木质烛灯）、竹制灯具、玻璃灯（如料丝灯）等。但唯独以玉制灯，极为罕见。但是，玉灯却极其漂亮。据汉代《西京杂记》记载“高祖人咸阳宫，周行库府，金玉珠宝不可称言。尤其惊异者，有青玉五枝灯。高七尺五寸，作蟠螭，以口衔灯。灯然，鳞甲皆动，换炳若列星而盈室焉”。不同材质的造物，既显示了时代的更迭与烙印，也显示了同一种造物自身内涵与形式的发展与演变。

即便是同一种材质，我们还可以对它进行进一步的分类。比如，陶瓷灯具，随着历史的发展，它的类别也日益增多，不同时代形成了不同特色的陶

[1] 殷小林：《古灯史话与收藏》，百花文艺出版社 2005 年版，第 31 页。

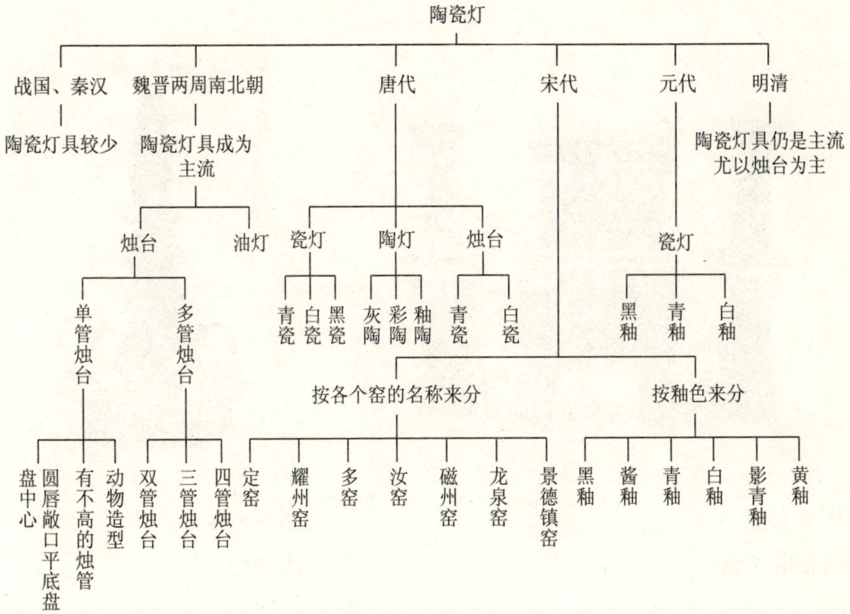

表三　陶瓷灯图表

瓷灯具（见表三“陶瓷灯图表”）。战国、秦、汉时期是中国古代灯具比较繁荣的时期，但只是青铜灯具一枝烛秀，陶灯具次之，瓷、铁、玉、石等灯具极少。三国、两晋、南北朝时期灯具发展的基本状况是：铜灯具仍有制作，陶灯具仍在继续大量生产，但瓷灯具取代了青铜灯具，成为灯具的主流。瓷灯具以瓷土为原料，以拉坯成型为主，同时采用拍片、模印等成型方法，使造型趋于小巧、简易、实用。由于蜡烛的逐步推广，这个时期灯具的造型发生的重大分化，油灯和烛台并列为灯具的两种主要形式。瓷烛台的共同特点是：都有一支或几支圆管状烛柱，用于插蜡烛。依据烛管的数目，分为单管烛台（如图 3-7、3-8、3-9、3-10）和多管烛台。单管烛台有两种，一种烛台作圆唇敞口平底盘，盘中心有一不高的烛管。比如湖南出土的一件单管烛台，造型较为精致，共分上下两层，底层有一莲瓣座，与承盘相连接；上层为一小盘，中心竖一圆管烛柱，通高 17 厘米。另一种以动物形象为造型的

图 3-7 ▲

白釉塔式烛台

（高 16 厘米　传世　云南）

图 3-8 ▲

陶烛台

（高 20 厘米　传世　湖南龙山）

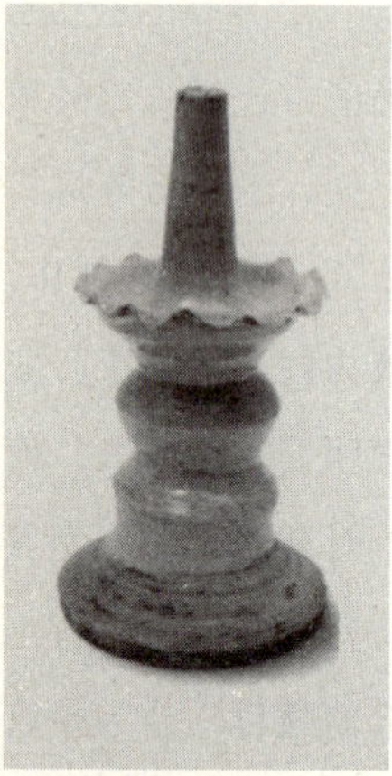

图 3-9 ▲

青花香具烛台

（高 26 厘米　传世　江西）

图 3-10 ▲

五供香具烛台

（高 25 厘米　传世　山西介休）

图 3-11 ▲

南朝青釉莲瓣四管烛台

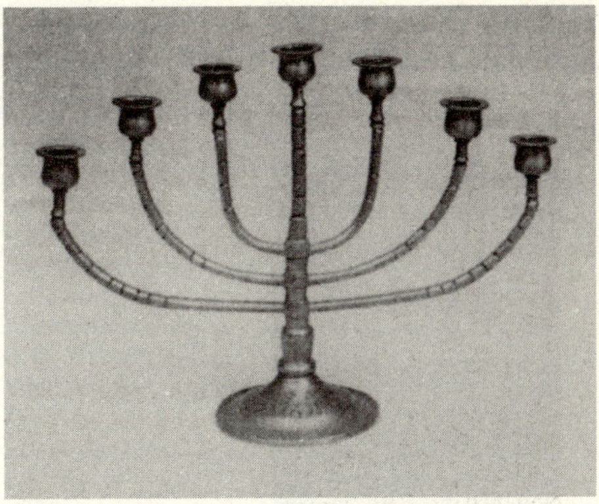

图 3-12 ▲

铜制七管烛台

图 3-11　青釉莲瓣四管烛台（南朝）　这是一件造型很优美的灯具，在覆莲状的底座上架着一块长形搁板，板上并列着四支有弦纹的蜡烛插管。虽经千年流光，但却风采依旧，折射出古人的智慧。
图 3-12　铜制七管烛台　这件铜制的七管烛台，是地地道道的舶来品，与我国古代的多管烛台相比，形态上完全不同。

烛台，如羊形、狮形、熊形等。三国时盛行羊形烛台，西晋则盛行狮形烛台。羊形瓷烛台在羊的额部镂一圆孔，用以插烛。狮形瓷烛台和辟邪烛台在其背部立一管状烛插座。狮形瓷烛台因用模印法成形，器体厚重，内壁凹凸不平，有的狮背上骑坐一人，头戴管状高冠，作为插烛的器座，造型十分巧妙。而多管烛台有双管、三管、四管等之分（如图 3-11、3-12），可同时点燃数根蜡烛。到了唐代，中国封建社会进入了鼎盛时期，经济、文化高度繁荣，人们的物质生活和精神生活都比以前更加丰富。唐代的瓷灯十分盛行，有青瓷和白瓷，并有少量黑瓷。青瓷灯盏一般作钵形，高只有几厘米，在钵式灯盏内壁一侧附半环形、环形或麻花形的把，这种瓷灯非常简易，广泛应用于普通阶层的人家，湖南长沙窑以生产这类瓷灯为主。另外，还有一些较为别致的造型，有的灯盏为盂形，有管形小流；有的是盂形吊灯，带流，肩有三个环系，便于悬挂；有的造型与油盒相似，底平稳，灯油存于盒内，其

表四　烛台表格

图　片	名　　称	年　　代
 图 3-13	青花缠枝花卉纹八角烛台（高 29.8 厘米　口径 8.7 厘米）	明代（1368—1644）
 图 3-14	豆青釉雕狮烛台（高 23 厘米　底径 11.5 厘米）	明代（1368—1644）
 图 3-15	白釉烛台（高 13 厘米　口径 10.5 厘米）	明代（1368—1644）

馆 藏 地	备 注
上海博物馆藏	通体绘十层流行之纹饰。此灯因形状为八角形而得名。下部为下大上小的八角形束腰器座，上部为状如器座但相对较小的八角形束腰烛插烛管。中间有上小下大的筒形柱把整个烛台烛插和器座连为一体。全器的纹饰装饰也具有鲜明的时代特色。通体绘宣德时期较为流行的折枝花朵、海浪波涛、莲瓣、缠枝菊、锦回纹和蕉叶等十层纹饰。整器图案丰富多彩、造型稳重别致，是宣德时期青花瓷的精品。
江西省博物馆藏	烛台整体呈下大上小宝塔状。插烛管呈葫芦状，立在顶端，下有圆盘形承盘，盘内暗刻缠枝花草纹样。承盘下接一圆形台柱，中空，柱身堆塑缠枝蔓草，柱下塑一狮子，形态逼真，卧在烛台座上。烛座呈六边形，暗刻云纹、回纹，并有“大明正统九年”款。胎质细腻洁白，釉泽晶莹润澈，是明代正统瓷中的珍品。民窑致力其他釉色瓷的代表作品。
福建省博物馆藏	该烛台分两节组合。上节为一圆钵形器，器中竖有管柱用来插烛，器内可用来盛水，既能保持室内温度，又能溶解落入的烛烬所产生的不良气味。下节为圆形镂孔器座，上刻有简单的云纹。此烛台作为当时插烛照明之用器，造型敦实稳重，器釉色莹润，是福建德化窑日用瓷中的上品之作。

图片	名称	年代
 图 3-16	掐丝珐琅烛台 （高 9.6 厘米　盘径 18 厘米）	明代 （1368—1644）
 图 3-17	锤胎珐琅烛台 （高 47 厘米　大盘径 18 厘米　座径 13 厘米）	清代（1644—1911）
 图 3-18	银雕龙式烛台 （高 22 厘米　宽 16 厘米）	清代（1644—1911）

（续表）

馆 藏 地	备 注
故宫博物院藏	室内桌子上所用的烛台，烛台呈圆盘式，盘为折底撇口，下有短小的三只垂云足。盘中心竖立上宝瓶，瓶中出一蜡扦。盘和宝瓶均为铜胎镀金。盘内以浅蓝色釉为地，饰以折枝花卉纹，折边上为绿色釉地，包饰缠枝栀子花，宝瓶和盘的外壁及底部光素无纹。在盘底中心阴刻一单行“大明万历年制”六字楷书款。这件烛台形状低矮，应是室内桌上所用。
故宫博物院藏	这件锤胎珐琅为双盘连座式。底座为一六瓣葵花形深腹覆杯，杯上有六角鼓腹圆灯笼形柱，承托大盘。大盘为六瓣葵花形，深腹，盘中立一六棱柱，柱上也有一小六角鼓腹圆灯笼形柱。柱上承托一小六角葵花形盘，盘中立一灯扦。烛台通身锤以勾莲纹，填浅蓝珐琅，花芯以红珊瑚嵌成，从此烛台装饰和造型看，应为佛堂“五供”之一。
故宫博物院藏	

图　片	名　　称	年　代
 图 3-19	和田玉双擎烛台（高 34.4 厘米）	清代（1644—1911）
 图 3-20	蓝玻璃刻花烛台（高 28.5 厘米　盘径 6 厘米）	清代（1644—1911）
 图 3-21	青花缠枝莲烛台（高 13 厘米　底径 9.3 厘米　上盘径 4.2 厘米）	清代（1644—1911）

（续表）

馆 藏 地	备 注
故宫博物院藏	
故宫博物院藏	
河南博物院藏	

图　片	名　称	年　代
 图 3-22	青花八角形瓷灯盏（高 6.8 厘米　口径 8.4 厘米）	清代（1644—1911）
 图 3-23	景泰蓝缠枝莲烛台（高 43.3 厘米）	清代（1644—1911）
 图 3-24	朱漆烛台座（宽 26.5 厘米　座长 31.5 厘米　座高 102 厘米　杆长 88 厘米）	清代（1644—1911）

（续表）

馆 藏 地	备 注
广东省博物馆藏	
收藏不详	
故宫博物院藏	

图 片	名 称	年 代
 图 3-25	青花缠枝花卉提灯烛台 （高 14.5 厘米）	清代（1644—1911）
 图 3-26	黄地粉彩八吉祥纹烛台 （高 27.5 厘米）	清代（1644—1911）
 图 3-27	青花勾莲纹烛台 （高 67 厘米）	清代（1644—1911）

（续表）

馆 藏 地	备 注
收藏不详	
收藏不详	
英国维多利亚和阿尔伯特国立博物院藏	

上有盖，既防鼠偷油，又便于擦洗，盒身低矮，腹一侧有一短流状灯头。烛灯在唐代更加普遍，这从当时的文学、绘画作品中出现大量有关蜡烛的描写可见一斑。如吟咏的诗歌，有温庭筠的“玉炉香，红蜡泪”；皇甫松的“锦筵红蜡烛”；李商隐的“春蚕到死丝方尽，蜡炬成灰泪始干”等名句。烛台在唐代也十分盛行，其也分青瓷和白瓷两种。唐代的陶灯，除了常见的灰陶和釉陶，还增添了三彩陶灯。唐三彩是一种低温釉陶，其釉以黄、绿、白、褐为主，色彩斑斓绚丽，这是唐代造物的一大特色。

宋代陶瓷生产进入了一个鼎盛时期。著名的瓷窑有定窑、耀州窑、多窑、汝窑、磁州窑、龙泉窑、景德镇窑等；装饰纹样多为花草纹，装饰技法有贴塑、刻花、剔花、绘花、镂空等；釉色有黑釉、酱釉、青釉、白釉、影青釉、黄釉等。陕西耀州窑出产的花口灯，是宋瓷灯中较为出色的一种。最简易的瓷灯，是以一小碗或一小钵做灯盏，有的灯盏盘壁内还有环形纽，纽高出盏口。这个时期，地处少数民族地区的辽、金也烧造陶瓷灯具，尤其以辽代瓷灯独具特色。元代的陶瓷灯产量也很多，但形式上基本沿袭宋代。陕西旬邑古窑址出土的金元时期的瓷灯盏共 296 件，分黑釉、青釉、酱釉三种。造型都是高不超过 3 厘米，口径 6—9 厘米左右的平底、敞口式小碟或小碗。元代也有一些尺寸较长的灯具，灯盏、灯座均为圆盘形，盏分上下两层，分别固定在灯柱上，灯高 20 厘米多以上。元钧窑有一种瓷灯，分为灯台、灯盏两部分。灯台托盘呈盏形、敛口、浅弧腹，下与灯柱相联，中有一深 7 厘米的孔，灯柱上小下大。灯台托盘上放置敞口、尖唇浅腹的灯盏。此外，有的瓷灯是高足杯状灯盏与喇叭形底座的结合体。

明、清灯具的种类较唐宋时期更为丰富。具有照明和观赏双重功能的宫灯品类十分丰富，并至此达到了鼎盛时期。各种陶瓷灯、金属灯、玻璃灯、木制烛台等，造型优美，装饰富丽。这个时期的中国古代灯具又达到了历史上的一个新高峰。然而，陶瓷灯具仍然是明、清两代实用灯具的主流。明、清瓷灯流行的式样是书灯，即在室内阅书时所用灯。书灯，元代已出现，明、清瓷书灯的造型为：灯盏做成小壶形，壶直口，带圆顶盖，短颈，腹扁圆；前带管状平口长流，后有一弓形，壶底连接一圆珠笔形柱，立于带矮圈足的宽边圆盘的中间。灯芯从壶嘴插入壶中。此灯具有美观、实用、省油、清洁的特点。民窑生产的陶瓷灯，则具有浓郁的民间气息。如广东佛山石湾窑的一件葫芦形灯台，以黄色釉葫芦形为灯台座，白色釉花朵为灯盏，盏下饰以绿色釉枝叶；下接灯座，并缀以蓝色釉小葫芦，枝叶上并有一深蓝色釉的印鸟栖落。

瓷烛台在明、清两代十分盛行。明永乐流行八方烛台，烛台上置蜡烛插柱；正德的烛台常饰青花回文，这是一种佛前供器；嘉靖的烛台常用宽把豆托底；尤以万历的烛台最为精美，造型分大两承盘、支柱及镂空底座，柱顶烛盘内有一满面春风状高烛插，在装饰上彩绘与镂空并用，显得十分繁复。明清的金属灯具亦较发达。有铜、银、锡等质料制成的，也有做成景泰蓝的。

关于瓷烛台的品类从表四可见一斑：

（三）按照灯具的燃料来分类

灯具的燃料油多种：蜡烛、煤油、花生油、松脂油等。仅蜡烛一种原料就有黄蜡、白蜡、蜂蜡灯多种。据此，灯具可分为油灯和烛灯两大类。油灯又可分为松脂油灯、煤油灯、花生油灯或者植物油灯、动物油灯等，烛灯又可分为黄蜡灯、白蜡灯、蜂蜡灯等。

其实，在秦汉以前，蜡和烛并不完全是相同的。“烛”成字很早。据近代国学大家王献唐先生的研究，在甲骨文中就已经有它的身影了。但是这个“烛”并不是我们所说的蜡烛，它是一种以芦苇为芯，用布或其他纺织物缠裹上动物油脂的火炬，小点儿的可以执在手中，叫“烛”，较大的插于地上，被称作“燎”或“大烛”。

关于战国至秦朝时期的照明时的燃料，从文献资料结合灯盘的中间都有尖状烛插来看，应是一种可以置立的易燃“烛”。对于当时“烛”的制作和材料，贾公彦疏：“以苇为中心，以布缠之，饴密灌之，若今蜡烛。”据此我们可知，当时所谓的“烛”，一开始不过是一种由易燃的苇一类的细草或含油质较高的松和竹等的细树枝束成的火把而已。后来可能是人们在长期煮食牛、猪等动物过程中，逐渐发现了这些动物油脂易燃和耐燃性，便把这些动物油脂收集在诸如豆、鼎和簋等一类的容器中，在用“烛”照明前将其外层沾涂上这些油脂，或在“烛”外层用布一类的东西缠绕后，再往里灌入油脂，可使灯亮得更为长久。这可能就是“兰膏明烛，华镫错些”的由来。如甘肃平凉庙出土的鼎形灯中，出土时鼎内就盛有泥状油脂。在《史记·秦始皇本纪》中也有秦始皇入葬“以人鱼膏为烛，度不灭者久之”的记载。

“‘蜡’的出现比‘烛’要晚很多。我们人类最早认识的蜡应该是蜂蜡，而我国人工养蜂大约始于汉代。晋朝皇甫谧《高士传》中记载着一个叫姜岐的养蜂人。他拒绝做官，让出了家产，把养蜂当作一生的事业。他还陆续把养蜂的技术传授给了数百人。至少从那个时候起，人们对蜡就有了最初的认识。蜡的种类很多，除了蜂蜡（黄蜡）以外，还有虫蜡（白蜡）和石蜡（自石油中提取的蜡）等。”[1]

其实，油灯和烛灯的分类亦可以这样来分：以两汉最常见的豆形灯为例，其圆形灯盘正中，常有一枚支钉，又称“烛扦”，根据它的有无，人们将灯分为油灯和烛灯两大类。烛台是明清两代剧院，饭店等公开场所的常用之物，明清时宫殿照明都用蜡烛，故除宫灯外，烛台也是主要的照明用器。明清宫廷烛台从质地上可分瓷、珐琅、玻璃、金银、玉石和硬木等各种材料。在用途上可分庙堂供器和室内用器两类，并多以成对形式出现。前者形体较大，以庙堂五供形式出现为多，后者多为桌上用的小型蜡台。从造型上看，主要有带喇叭形座或覆式高足碗座的圆盘式和八角形器座八角盘式两种。在一些珐琅和金银制品中也有人物和动物擎烛盘形的。无论哪种类型的烛台基本上都由底座（有些底盘座上往往带有一大盘）立柱和带较长烛扦的烛盘三

[1] 殷小林：《古灯史话与收藏》，百花文艺出版社2005年版，第71页。

部分组成。

（四）按照灯具设计的独立性来分类

有些灯具是原生型设计，也就是从一开始它就是为灯具而设计的，它在自身独立设计的过程中，形成自身独立的风格，如灯笼、走马灯等；有些灯具则是衍生型的灯具，即它从一开始就是从其他的造型形制借鉴衍变而来，如豆形灯、尊形灯、多枝灯等。

其次，从灯具是否具有实用性的角度来审视，“灯”不仅具有实用的意义，还具有一些非实用性的意义。本书有关“灯”的研究不仅涉及具象生活中的“灯”，而且还涉及抽象的意念中的“灯”，如宝莲灯等。实用性的灯具，又可按照灯具是否具有照明的功能来分类：有些灯天生就具有照明的功能，而有些灯则是象征情感、意念、甚至作为招幌、道具之用的灯。另外，有些灯既具有照明的功能又具有非照明的功能。所以，“灯”可以分为照明灯（如烛台、油灯等）非照明灯（如孔明灯、道具之用灯等）。

（五）按照灯具的动、静态分类

可将灯具分为动态的灯（如影灯）古风仪式之中的灯彩等（如走马灯、天灯、孔明灯等），和静态的灯（如台灯、书灯、吊灯、壁灯等）。

（六）按照灯具移动、拆卸的特征来分类

有些灯具是固着在某一个地方而使用的，而有些灯具可以随着主人的意愿或需求，跟随主人“移动”；有些灯具是一个稳固的整体形态，不具有可翻转性或拆卸性，而有些灯具则利用某些小构件，如轴、辘轳等而使得灯具可以翻转或者拆卸。因而，中国古代灯具可分为固定的灯具、可移动拆卸的灯具。可移动的灯具有：行灯、拈灯等，可拆卸、翻转的灯具有：长信宫灯、羊形灯（如图 3-28、3-29）等。

图 3-28 ▲

羊尊形铜灯

图 3-29 ▲

羊尊形铜灯

二、从灯具的社会意义和功能及其与人居环境的关系来分类

（一）按照灯具的社会意义和功能来分类

有些灯具以动态和静态的表现形式具有了一定的文化内涵，从而就有了一定的社会意义和功能。有的灯具专门为节日、庆典、装饰、娱乐、欣赏之用，如宫灯、民间灯彩等；有的则为人生礼仪表达生命意识之用，如丧俗灯具、生育灯具、婚礼灯具、宗教灯具、寿庆灯具等；有的则为点化习俗主题之用，如端午节放河灯等；有的则为联系和区分社群精神空间的意义之灯，如赣南的“游花灯”等中的“灯”。据此，灯具可以分为：祭祀类灯具、娱教类灯具、装饰类灯具、游艺类灯具、精神意义类灯具。

（二）按照灯具与人居环境的关系来分类

有些灯具一直被应用在民间，而有些灯具则被应用于宫廷，有些灯具则在民间和宫廷之间转移。有些灯具被应用于室内，而有些灯具则被应用于室外。至此，灯具可分为宫廷灯具（如宫灯）民间灯具，而民间灯具又可分为都市之灯和乡野之灯；或者，灯具又可分为室内灯具（室内灯具按照使用空间又可分为：台灯、落地灯、挂灯、吊灯、壁灯（如图 3-30、3-31、3-32、3-33 等）、室外灯具（如信号灯等，信号灯又有门楼灯、商市招幌灯、路灯、栀灯、手照等）。行灯是一种没有底座和立柱，只在灯盘下设三矮足，而在灯盘一侧装有扁鋬的器形灯，也有人称之为拈灯，拈与行用意相近，都是

图 3-30 ◀

宋薄胎酱釉壁挂油灯

通高 12.6 厘米　盏高 6.4 厘米　底径 5.7 厘米　福建省博物馆藏

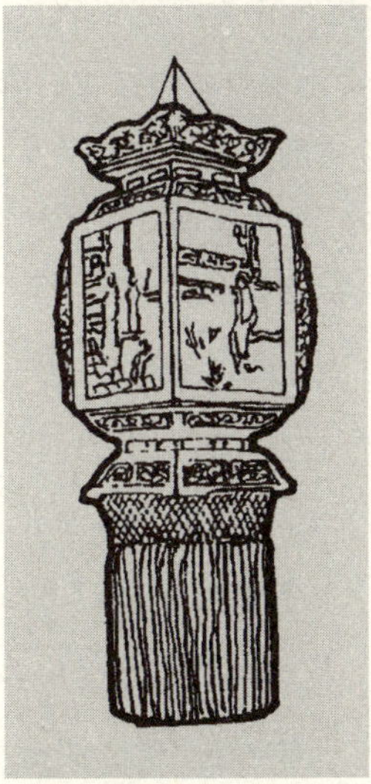

图 3-31 ▲

清代四方形人物挂灯

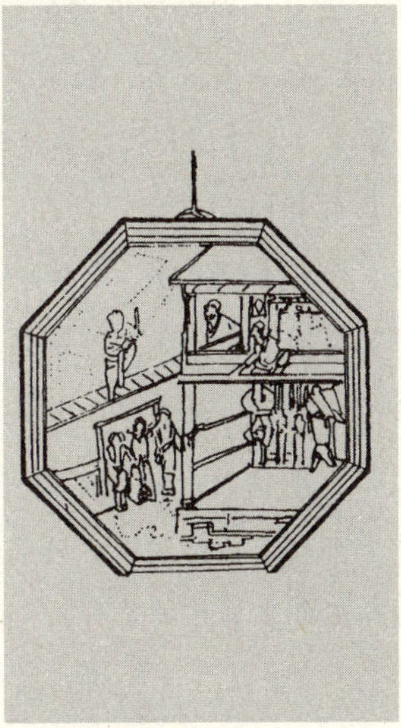

图 3-32 ▲

清代戏剧故事壁灯

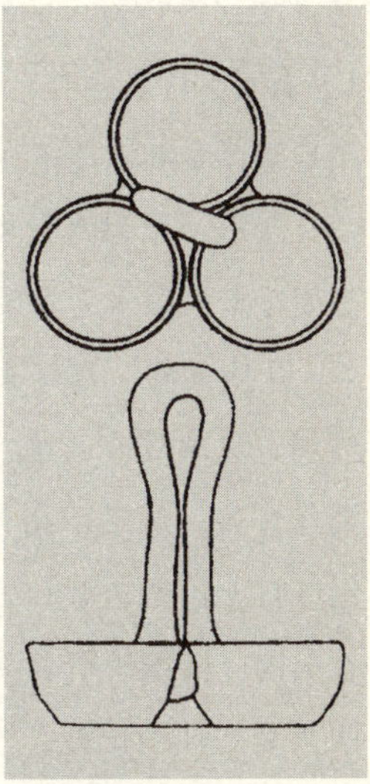

图 3-33 ▲

汉代陶吊灯

说它可以行动中持之照明。山东、河北、河南和湖广等地都有这类灯的出土。吊灯是一种用来悬挂的灯具，这类灯发现较少，主要集中在湖南、江西两地，以长沙出土的人形吊灯为代表，由灯盘、“人体”和悬链三部分组成。圆盘中有一烛扦，旁有一输油口与“人体”相通。“人”双掌前伸捧起灯盘，“人体”中空，背部设盖用来集取灯液，在“人体”的双肩、臀部设三环钮，与三条活链相结，系于一圆盖上，盖顶立一凤鸟，其上用于悬挂活链。整座器物造型新奇，重心平稳。

其实，在这些庞杂的“灯”艺术之中，祭祀类灯具、娱教类灯具、装饰类灯具、游艺类灯具、精神意义类灯具应该都属于“灯彩”。“灯彩”又是一个非常独特的形式。灯彩在形成与发展的历史中形成了多姿多彩的形态，同时，在它那些令人回味无穷的形态的背后，又包含了丰富独特的民俗文化意蕴，并且突现了古人匠心独特的智慧与技艺。这些灯彩或以静态的形制或以动态的仪式展现出中国古代民间生活的纷呈变幻，两者之间联系紧密，共同呈现出中国古代民间艺术文化的丰富多彩、寓意深厚。我们如果要对这些艺术文化进行深入的探究，就必须对与之有关的灯彩进行较为细密的分类，（见表五“灯彩分类”及附录3）只有这样，很多艺术文化现象才能被我们清晰地识读和准确地把握，如此，才能深入到这些现象之后的本质内涵。

灯彩，分为两大类：宫灯和民间灯彩。宫灯，顾名思义是皇宫用的灯，主要是指以细木为骨架镶以波娟纱和玻璃，并在外绘各种图案的彩绘灯。

从质地看，宫灯主要是用细木为框架，雕刻花纹，或以雕漆为架，镶以纱绢、玻璃或玻璃丝。纱绢灯最早可溯源于南朝宋武帝时在元宵节上出现的葛丝灯笼，历经千余年发展，明清时，随着制绢业的发达和相关工艺改进，绢纱灯无论在造型和工艺上都有了长足发展。玻璃灯又称料丝灯，最初出现在云南。清檀萃所著《滇海虞衡志》里有料丝灯制作和传入京城，以及在民间兴衰的详细记载，“料丝灯出永昌，言取药料煎熬，抽丝织之为灯，故曰料丝。其药料则紫石英、钝磁感应、赭石之属，不一类也。始出于钱能，以此进上，不使外人烧造。能去，始习为之；顾更精，长大几二三倍，价甚

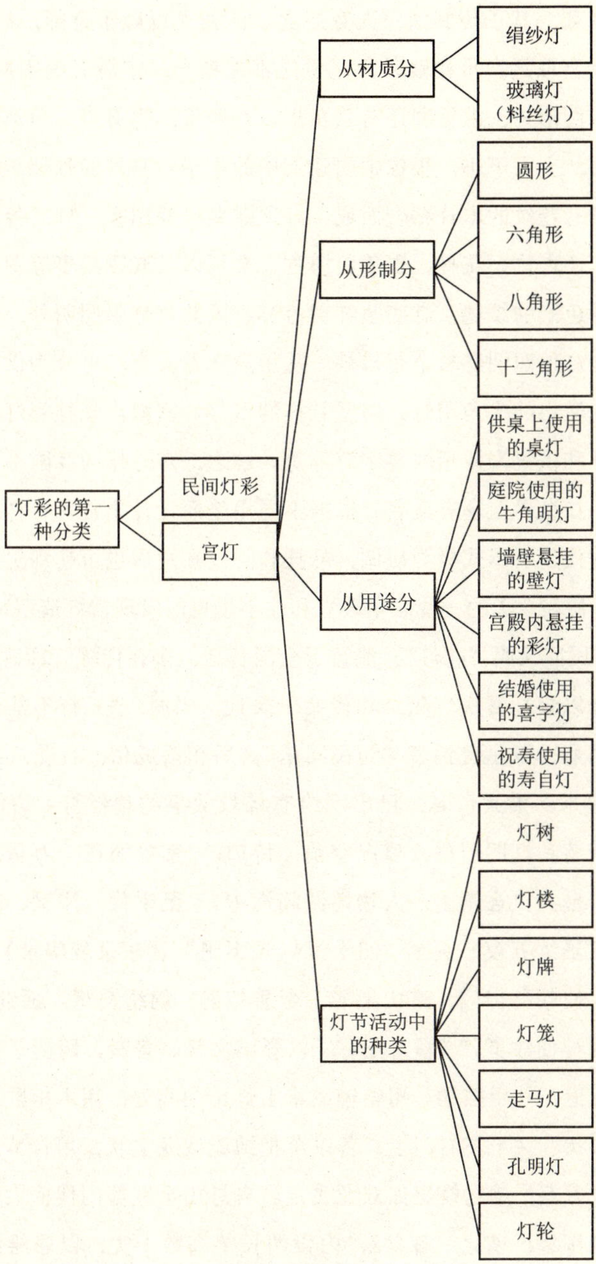
灯彩的第一种分类
民间灯彩
宫灯
从材质分
绢纱灯
玻璃灯（料丝灯）
从形制分
圆形
六角形
八角形
十二角形
从用途分
供桌上使用的桌灯
庭院使用的牛角明灯
墙壁悬挂的壁灯
宫殿内悬挂的彩灯
结婚使用的喜字灯
祝寿使用的寿自灯
灯节活动中的种类
灯树
灯楼
灯牌
灯笼
走马灯
孔明灯
灯轮

表五　灯彩分类

昂，烧造者死，其子传其法，人竞烧之。江西人以贩于京师，料丝灯遂多，价减半，及宫取之，价益贱，为之者遂不能精矣。宦游者罔不取之。”宫灯在形制上除圆形外，常见的还有六角形、八角形，也有十二角形的。它一般分上下两层，上大下小，很像中国建筑中的亭子。宫灯的骨架，由近百块大小不同并刻有花纹的木片粘合而成。灯顶雕龙凤等图案，灯的各面大都绘有精致的山水、人物、花鸟、虫鱼、博古、文玩以及戏剧故事等图画，每角上都悬挂各种色彩的缕穗，灯底坠红黄流苏。因此宫灯除照明外，也是精美的工艺品。宫灯里照明燃料全是蜡烛。从用途来看，宫灯可分为供桌上使用的桌灯、庭院使用的牛角明灯、墙壁悬挂的壁灯、宫殿内悬挂彩灯、供结婚使用的喜字灯和供祝寿使用的寿字灯等等。总之，宫灯作为我国手工业制作特种工艺品，在世界上享有盛名。根据不同用途而设计出各种各样的造型，不仅和我国古代建筑形式极为协调，悬挂和陈设在室内也可起到美化室内环境的作用，即使在今天的一些豪华殿堂和住宅里也能发现宫灯造型装饰。

灯彩，民间又叫“花灯”，流行于全国各地，多在传统节日、婚寿吉庆之时悬挂，借以烘托喜庆气氛。相传始于汉代，当时，“元宵不禁夜”，宫廷、民间张灯结彩，以示统治者“与民同乐”。后相沿成俗，且花灯的种类和样式也多了起来。梁武帝时，已出现绘有佛教故事的藕丝灯。唐时贺元宵佳节，寺观街巷，灯明若昼，盛况空前，诗曰：“紫禁烟花一万重，鳌山宫阙隐晴空，玉皇高拱运销上，人物嬉游陆海中。”至宋代，汴梁、临安的上元灯节，往往延续五夜，甚至“四十里灯光不绝”。《东京梦华录》载：“至正月七日，人使朝辞出门，灯山上彩，金碧相射，锦绣交辉。面北悉以彩结，山沓上皆画神仙故事。”“彩山左右，以彩结文殊、普贤、跨狮子白象，各与手指出水五道，其手摇动。用辘轳绞水上灯山尖高处，用木柜贮之，逐时放下，如瀑布状。又于左右门上，各以草把缚成戏龙之状，用青幕遮笼，草上密置灯烛数万盏，望之蜿蜒如双龙飞走。自灯山至宣德门楼横大街，约百余丈，用棘刺围绕，谓之‘棘盆’，内设两长竿高数十丈，以彩绘结束，纸糊百戏人物，悬于竿上，风动宛若飞仙。”明代，朱元璋建都南京，曾于元宵节上在秦淮河上燃放水灯数万支。迁都北京后，于院校辟专区悬灯，增设灯市，专售各种彩灯。到清代时，彩灯在样式和种类上均有发展，仅各地民间进贡宫中的，就有福字灯、寿字灯、双喜字灯、大吉字灯、葫芦灯、鱼瓶灯、天下太平灯、普天同庆灯、长方胜灯，万寿无疆灯及各种装饰精美的宫灯。灯节及各种喜庆日子，创造了赛技赛艺的社会条件，因而人们“竞出新意，年异而岁不同”。花灯成为多种材料，多种工艺，多种装饰技巧的民间综合艺术，在各地广为流传。

如果再加以细分，“灯彩”还可以这样分类：

首先，中国古代灯彩有各种材质、形制和制作工艺，依据此，我们可以对灯彩进行初步的分类。比如：根据制作的材质，灯彩可以分为：纸灯、纱灯、玻璃灯、竹灯、珠子灯、云母灯、蛋壳灯等。古代灯彩中，有些灯彩虽然是同一种品类，但由于制作的材质不同，因而有更为细分的名称。比如，同样是宫灯，就有红木宫灯、竹编宫灯、剪纸宫灯等。比如，根据形制的不同，灯彩又具有不同的名称。中国古代有些灯彩是模拟大自然中的事物制作而成的，其中有些是模拟动物的造型，比如：龙灯、狮子灯、兔子灯、金鱼灯、鸳鸯灯、鲤鱼灯、羊灯、虎灯等；而有些灯彩是模拟植物的形制而制作而成的，比如：西瓜灯、莲花灯、白菜灯、灯树、荷花灯等；还有些灯具则是模拟其他事物而制成的灯，比如：扇灯、鼓灯、鹅蛋灯、卵灯等。这些灯彩虽然以静态的形态屡屡出现在各种民间事象中，但它们大多数都有着丰富的寓意，比如：麒麟灯、龙灯、鸳鸯灯等都富有美好的愿望。

其次，中国的灯彩有些是静态的，也有些是动态的，无论以何种形制出现，它们总是与一定的民俗事象或仪式有着密切的联系，因而很多灯彩被赋予了深厚的文化内涵。据此，我们又可以根据灯彩不同的特殊文化内涵、意义和功能对它进行分类。比如，依据灯彩与不同的人生礼仪之间的关系，我们又可以将它分为：与生命意识有关的灯彩、与婚俗有关的灯彩、与丧俗有关的灯彩、与生育有关的灯彩等。与生命意识有关的灯彩有：万寿灯、吉利灯、还愿灯等，同时，有“摸灯走百病”的仪式；与婚俗有关的灯彩有：迎花灯、迎亲灯、长夜灯、绣球灯等。与丧俗有关的灯彩有：长明灯、挂坟灯等，而与生育有关的灯则非常丰富，它们常常以一定的动态仪式而呈现出来，比如：挂灯、串灯、出灯、送灯、偷灯等。这些仪式均是缘于“灯”与“丁”的谐音，故此而烘托人们对于生育的祈望。当然，也有一些静态的灯，如“千角灯”也是烘托“添丁”这一主题。有些灯彩除了与人生礼仪有重大的联系之外，与中国古代的其他文化艺术还有着一定的关联。比如，有些灯彩与中国的古代神话传说故事有关，有些灯彩与中国的戏曲舞蹈艺术、宗教文化有关。与中国古代的神话传说故事有关的灯彩及习俗是：七鲤抢虾灯、盒子灯、排灯节等，而与戏曲艺术有关的灯彩与习俗则有屏花灯、茶灯、灯戏等，与宗教文化有关的灯则有莲花灯、灯轮、狮子灯等。这些灯具及习俗均展示了我国古代各艺术文化之间的联姻现象。灯彩除了与人生礼仪、神话传说、戏曲舞蹈艺术、宗教文化之间有着密切的联系之外，它们还与人们谋生的事业有着密切的联系。据此，我们又可以把灯彩分为：与农事有关的灯彩、与渔业有关的灯彩、与采茶业有关的灯彩。与农事有关的灯彩有：元宵灯彩等，与渔业有关的灯彩有渔灯、船灯等，与采茶业有关的灯彩有：茶篮灯等。

中国的灯彩艺术虽然庞杂丰富，但它们始终扎根在中华大地之上。因而，在它形成发展的过程中，灯彩则显示了鲜明的时代特征和独特的地域特色。比如：花兰灯、针刺无骨花灯显现了唐代的宫灯特色，而南宋和明代诸灯则又显现了南宋和明代的时代特色。又比如：东北的冰灯、西藏的酥油灯、浙江的桥灯、桐乡的剔墨纱灯又均显示了不同地区的习俗及造物文化。有些灯具虽然同属于灯彩，但是它们却有着鲜明的地域特色，因而就有了北京灯彩、石城灯彩、镇江灯彩、婺源灯彩……有些灯具虽然同属于同一种灯彩，但由于出产地不同，又有不同的名称，比如龙灯，就有铜梁龙灯、博山龙灯等；比如料丝灯，就有云南料丝灯、丹阳料丝灯等。最能显现地域特征的，还应该是那些与灯有关的民俗事象，比如：旬阳灯会、塔吉克灯会、展沟元宵灯会、曹州灯会、东北朝鲜族放“燃灯会”灯，在这些动态的节俗中，灯的姿态丰富多彩，极具地域特征。但同样是灯会，因为地域的差异，也会呈现出些许的不同。比如有些元宵灯会，不同地区有着不同的程式。有些地区的灯节分为试灯、正灯、罢灯三个程式，而有些地区则分为上灯、落灯两个程式。

还有些灯彩，无法笼统地归类，但是它们却有着特殊的意义，如湟源排灯、孔明灯、姓灯、鬼吹灯、春灯、善富竹灯等。还有些与灯彩有关的仪式则显示了多重的含义，如放河灯等。

中国古代的灯艺术内容庞杂、丰富多样，它们通过一定的民俗事象或礼仪生动地突现其存在的环境、意义、功能和包孕的文化内涵。

元宵夜景，除千千万万盏彩灯外，还有那满天飞舞的烟花以及丰富多彩的文艺表演。烟花又名“烟火”。宋人高承《事物纪原》云：“火药杂戏，始于隋炀帝。孟襄阳谓即火树也。”高承所说的：“火药杂戏”，就是烟花。古代的烟花，用生铁杂以硝、硫磺等物制成。点燃时，焰火喷射，色彩绚丽，能幻成各种奇景。孟襄阳认为，烟花就是人们所说的“火树”。

唐代苏味道《正月十五夜》诗中有“火树银花合，星桥铁锁开”之句，尽管有人说，他诗中的“火树银花”是指繁盛华丽的灯火，但也不能排除它就是对烟花形象的描述。到宋人的诗词中，“火树指的是“烟花”就确凿无疑了。向子諲在《水龙吟；绍兴甲子上元有怀京师》一词中写道：“笑入彩云深处，更冥冥、一帘花。”描諲了元宵节繁华热闹的图画：欢快的笑声直上高高的彩棚，更有那冥远的天空里到处是如雨的烟花，南宋女诗人朱淑真《元夜》诗也有“火树银花触目红，揭天鼓吹闹春风”的句子。至于明代诗人卓人月《瑞鹧鸪；湖上上元》词中“城上火树落金钱，城外湖波起碧烟”里面所写的“火树”那更清楚地是指在城墙上燃放的烟花了，那烟花的光焰，像纷纷落下的金钱：烟花的烟雾，映照在城外的湖里，就像湖面升起了碧烟。明代长洲人，曾官至礼部尚书的吴宽，也有一首描写放焰火的诗，道：“细蕊纷纷顷刻开，坐观火候亦奇哉！春回玉树微微动，风定金沙飒飒来。桂子忽从天上落，莲花谁向水中栽。夜庭一霎聊供笑，坐客休将见践猜。”

烟花种类繁多，明代沈榜在《宛署杂记》中说：“燕城烟火，有响炮、起火、三级浪、地老鼠、沙锅儿、花筒、花盆诸制。有为花草、人物等到形者。花儿名百余种，统名曰‘烟火’。”带爆响的叫“响炮”；冲天而起的叫“起火”；而带声且连响三声者叫“三级浪”；在地上旋转着乱窜的，叫“地老鼠”；藏于盒内而外封之以泥土的，叫“沙锅儿”……当时的烟花已经能在天空幻成花草、人物，乃至戏曲故事造型等形，如霸王鞭、珍珠帘、九龙抢珠、炮打襄阳城等等，委实给元宵节增添了无比的热闹和新奇，使欢庆佳节的人们更如痴如狂。

三、从灯具的出产地来分类

第三种分类方法是按照灯具的出产地来分。按照这种分类方法，灯具可以分为：本土之灯和异域、舶来之灯。

（一）新疆灯具

上述的很多灯都是属于本土的灯，而异域之灯最典型的是新疆灯具和藏灯，舶来之灯则有煤油灯等。

新疆早在两千多年前的汉代，就已经设立了行政管理机构——都护，同时，它又是我国通往西亚、非洲和欧洲的重要门户，是古丝绸之路上各地域、各民族商旅往来的必经之地。长期的商贸互通，造成了文化上的互融。因此，就形成了新疆独特的文化多重性、多样化的特点。这一特点无疑也在灯具的制作和使用上表现了出来。新疆灯具的种类很多，从这些灯具的身上，可以看出新疆本地区与外来文化相互交融的痕迹。

新疆有一种很古老而神秘的石灯，它有一个好听的名字，叫“卡娃灯”（如图 3-34）。“卡娃”在维语中是“软”的意思。“卡娃灯”是由“卡娃石”做成的。卡娃石是指一种类似叶蜡石的软玉，软玉有黑色也有白色，“卡娃”

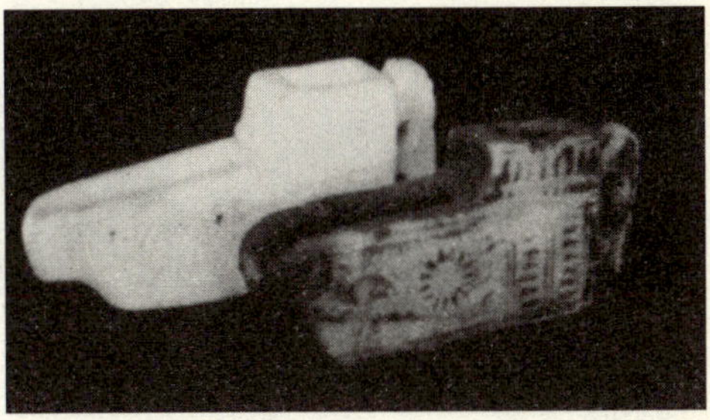

图 3-34 ▶

“卡娃”灯

新疆有一种很古老而神秘的石灯。“卡娃”在维语中是“软”的意思。卡娃石是指一种类似叶石蜡的软玉。“卡娃灯”就用这种漂亮的软玉雕凿而成。

灯就由这种漂亮的软玉雕凿而成。

从侧面看上去，白色卡娃石灯很有特点，扁扁长长的灯身和突起的注油口，使人联想到了古老而别具特色的坎儿井。细长的灯油池就像是一段地下的暗渠，高高的注油口仿佛就是暗渠的井口。它是维吾尔族人民很喜爱的一种常用灯具形制。

这种石灯真正神秘而有意思的地方还不在造型本身，而是在它身上的纹饰上。这种纹饰共分为两类：第一类是抽象的条纹，有横有竖，分别排列在靠近把手的一端，其条纹都是手工刻画，一刀完成。猛地看上去，每划都是一头粗，一头细，有点像古老的“楔形”文字。第二类纹饰，是具象的。有光辉四射的太阳图，还有象形文字篆书“水”的字形。

“水和太阳代表着雨露和阳光，是万物生长必不可少的。人们把它们刻画在石灯上，可能在表达某种期望，比如风调雨顺、五谷丰登、六畜兴旺等等。在很多地方，人们把灯与日、月相比。所以就把太阳刻在了灯上。灯本身有火，再加上太阳图，实在是火上加火，按照道家的说法，阴阳未免有点失调了。水、火二者虽然不可相容，却也不可相失。旧时，管“失火”叫‘走水’。或许人们认为只要把象形的水字刻在灯具上，便可以达到“阴阳调和”的目的，同时，也可以祈求风调雨顺、五谷丰登、六畜兴旺等等。

有的石灯像艘快艇或像只独木舟。把灯具做成船形，称为“船形灯”(如图 3-35)，它可能是受到了外来文化的影响。可能是古印度的佛教。佛教有一种满载灯火的船，叫法船，它往来于生死之间，是佛祖为接引世间众生渡

图 3-35 ▲

船形石灯

这两件船形灯是卡娃石制作的。灯具做成船形，绝对是受到了外来文化的影响。准确地讲，是古印度的佛教文化。在船形灯上，刻着一些奇怪的文字。叫做“佉卢文”，是古代印度曾经使用过的一种文字。

出苦海，从现实世界的此岸到达西方净土的彼岸而建造的。最初，它只是大乘佛教的一种理论，后来逐步演变成佛教的“盂兰盆会”在同一天进行的一项宗教活动。这一天是每年的阴历七月十五“中元节”，俗称“鬼节”，人们用竹、木、纸等材料扎成“法船”，在中元节之夜放河灯时焚化。这一天恰逢地官赦免地狱中的鬼魂，法船就是焚给那些鬼魂们的。

船形灯受到古印度佛教文化的影响，应该是有据可考的。在民间收藏的一条“独木舟”上，刻着一些奇怪的文字。经过专家考证，这种文字叫做“佉卢文”，是古代印度曾经使用过的一种文字。20 世纪初期，来自世界各地的探险家和考古学家们发现，曾经广泛流传于印度次大陆和中亚的佉卢文，也曾经在新疆的许多地方普遍使用。此时大约是公元前的 2—3 世纪，正是我国的秦汉时期。遗憾的是，这盏石灯上留下的“佉卢文”字母实在是太少了，就连语言文字学家也没能破解它的字意。但无论如何，这件小小的灯具，体现出不同国家、不同民族文化的流动、交融，以及相互间的影响。1901 年，西方的探险家斯坦因在距此不远的古精绝国遗址上，发现了一些公元前 2—3 世纪留下的欧洲文化遗迹：这是一些来源于古希腊神话中诸神的画像，出现在古代寺庙的壁画和一些纺织品的图案中。比如：智慧女神雅典娜的形象、带翅膀的天使形象、甚至还有现在轩尼诗酒瓶上人首马腿怪的形象等。这些欧洲文化应该是首先传到中亚的某些国家，如贵霜王国，然后再从这些国家传入我国的。新疆这块土地不仅流行着欧亚文化，同时共生着内地的汉文化。公元前139年，张骞出使西域三十六国，开辟交通，更加促进了东西方文化的交融。因此，历史说明各种文化曾经在这里滋生、交融，出现这样一件受外来文化影响的石灯也是在情理之中。

新疆的铜灯也是很有特色的，比如，“匜形灯”(如图3-36)。匜，最初是中原古代一种用来淘水的器具。从形状上看，匜来源于自然的葫芦瓢。现在较常见的，有陶匜和青铜匜。陶匜在古人的生活中主要作为陪葬的冥器，青铜匜则多是日常生活中的实用器。古代日常的生活用具原本就经常是一器多用、一器混用的。有很多种灯具，都是从其他的日常用具演变而来。

汉代前后，新疆的灯具受欧、亚，甚至北非文化的影响更多一些。当时古希腊、古埃及、古罗马的灯具都极为相似，大体上是一种扁壶形，就像《天方夜谭》中的“阿拉丁神灯”那样。我们汉族的匜也传到了那里，有几分像他们的灯具，区别只在于前者是“封闭”的，后者则是“敞开”的。汉族的匜传入西域后，其中一部分容量较小的，就被人们当作灯用，以后随着对这种代用“灯具”不断地改造，“匜形灯”便随处可见了。

“匜形灯”状如汤勺，它保持了“匜”原有的基本形态，同时根据灯具使用的特点加以改良。有的“匜形灯”被缩小到只相当于匜的数十分之一，

图3-36 ▶

汉代青铜匜形灯

匜，最初是中原古代一种用来淘水的器具。从形状上来看，匜来源于自然的葫芦瓢。现在较常见的，有陶匜和青铜匜。这件青铜匜形灯出自新疆的库尔勒地区。

容积与任何一个普通的小灯盏基本相同。它的流口加长了，而加长流口的目的，显然是为了省油。因为延长流口意味着灯捻的延长，同时使灯火与油池的距离加大。火头距离油池远了，对油池内油温升高的影响就小多了。从而，让燃油始终保持在较低的温度下，减少蒸发，也就达到了省油的目的。另外，古人使用的灯油，是以动物油和纯度较差的植物油为主。这两种油在灯捻内利用虹吸原理，从油池输送燃油到火头上的能力是比较差的。也就是说，灯捻供油的速度比较缓慢。供油慢，则使灯光变暗。在不需要太亮的光线照明的时候，保持灯火如“豆”，也是一种省油的方法。在让灯光明亮这一方面，古人想得也很周到。在“匜形灯”的灯池一侧的边沿上，有一个很小的缺口，那是古人预留安置灯捻的地方。可以把灯捻的另一头从池内引出，搭在这里。点燃这根灯捻，它比另一端的火头要亮许多倍。同时，“匜”的壁变厚了。厚壁，使匜形灯的灯体增重很多。无论放在哪儿，都像生了根一样，稳稳当当。灯中有油有火，所以“稳当”对于灯具来说，十分重要。

新疆的青铜“匜形灯”，既保留着汉朝中原青铜器“匜”的外形，又融入了欧亚灯具特殊的形制，同时还具有当地民族文化的特征。经过长途跋涉到新疆演变成一种别具特色的匜形灯，而在若干年后，匜形灯又沿着丝绸之路被带回中原。这一过程，竟然用了十几个世纪。

第二件具有代表意义的青铜灯是“古罗马军中勺形铜灯”(如图 3-37)。中国有一个灯具专家曾经回忆道：“我原先也不知道这是一件灯具，是一个

图 3-37 ◀

古罗马军中勺形铜灯

古罗马时代军队里哨兵巡逻用的灯。

外国人告诉我的。前些天我这儿来了一个外国客人，好像是意大利的，想要这个东西。我告诉他，这是两千多年前的勺子，很贵。这个外国客人摇着头，操着生硬的汉语说：‘不对，你错了。这不是勺子，是灯。是古代罗马军队里哨兵巡逻用的灯。过去，罗马军队扎营后，通常要在营地周围每隔一定的距离放上一个盛满油脂的大桶，晚上便一齐点燃。流动哨兵就沿着这条由火油桶联成的环行路线巡逻。这盏灯上还应该有一个一米来长的木把，士兵拿着它随时可以从燃烧的油桶中舀起一勺燃烧的油脂当火把照明用。巡逻时，木把可以拿在士兵的手里，也可以叼在战马的嘴上。由于铜灯头有一定的重量，在碰到了意外，恰巧又没带武器的情况下，还可以当武器使用。’……”

这件古罗马军中勺形铜灯的特点是：勺子不像勺子，铲子不像铲子，就是没有个灯样。有学者记载：在两千多年以前，有一支古罗马军队在“卡尔莱战役”中曾经到过中国。据西北民族学院历史系教授关意权先生多年研究的成果证实：在公元前54年，不可一世的罗马帝国派出了一支四万人的大军，由克拉苏率领，向东攻打帕提亚帝国。帕提亚帝国就是今天的伊朗，当时的汉朝称之为安息。罗马军队的统帅克拉苏也是一个赫赫有名的人物。他最显著的“功绩”就是血腥镇压了斯巴达克奴隶起义。他曾与庞培共同担任罗马的执政官，又与庞培和恺撒勾结，形成了左右罗马帝国政治风云的“三头同盟”。他是古罗马最富有的大奴隶主，在民众眼里，克拉苏是残忍和贪婪的象征。不幸的是，在这场战役中，只有克拉苏的小儿子普布利乌斯率领的几千人侥幸死里逃生。这支虽然逃脱了灭顶之灾，却再也无法返回罗马的“罗马军团”，辗转成了匈奴郅支单于的一支雇佣军。到公元前36年（西汉建昭三年），又被西域都护甘延寿，副校尉陈汤在灭郅支单于之战中俘获。此时，这支罗马军团的官兵只剩不足千人。这支不足千人的罗马兵团残部，被陈汤等人从西域带了回来，并安置他们在甘肃的腹地安居下来。既然真的有罗马军团曾经来过中国，而新疆又是到达他们目的地骊靬县的必经之路。那么，这盏灯具由罗马人传过来是有根据的。

图 3-38 ◀

靴形灯

新疆的大多数陶灯的造型，像一只当地人穿的靴子。从“靴口”注油，“靴尖”处是置捻燃灯的地方。

另外，新疆的陶灯也很多，而且风格独特，很鲜明地体现出了当地的文化特色。大多数陶灯的造型，像一只当地人常穿的靴子，称为“靴形灯”(如图 3-38)。此灯从“靴口”注油，“靴尖”处是置捻燃灯的地方。这种陶灯看上去大同小异，但实际上还是有很多区别的，尤其是“靴筒”部分，有的很高，有的则比较矮，有高筒和半高筒之分。“靴筒”的形式有直筒、有葫芦形，还有少数更复杂的。陶灯上的图案也富有变化。主要的图案都集中在靴筒上，最常见的是几何形图案，同时也有莲花等花卉的图案。所有的图案都是采用手工的刻花工艺。靴筒较矮的，则没有图案，成素面。但“靴帮”上的图案都一样，均是单调的一条条直线刻画。有所不同的就是那些刻画的直线有时候倾向靴尖，有时候倾向靴跟，还有些是不偏不倚的垂直线。这种神秘的直线不仅出现在陶灯上，同时也出现在一部分青铜灯和石灯上。

陶灯做成靴子这种形状，是有着一定的文化内涵的。新疆接受基督教文化的影响的时间，比中原地区早两千多年，这种陶灯的设计有可能受到基督文化的影响。基督耶稣曾说过“我愿做你脚前的灯，路上的光”这一类的话，但是，一件普通的器皿演变成灯具，最初可能有一个被混用或代用的过程，像“匜”和“匜形灯”那样。在中原地区，确实有过靴形灯，汉族把脚上穿的统称为“鞋”。因为“鞋”与“邪”发音相同，所以用“鞋灯”(如

图 3-39 ▶

宋代龙纹靴子灯

在许多少数民族的灯具中，有些灯具的外形很像靴子，但它们却并不是靴子，与靴子没有任何关系。然而中原地区有靴子灯，因为在汉语里“靴子”也叫“鞋子”。“鞋”与“邪”同音，用此灯有“辟邪”之意。

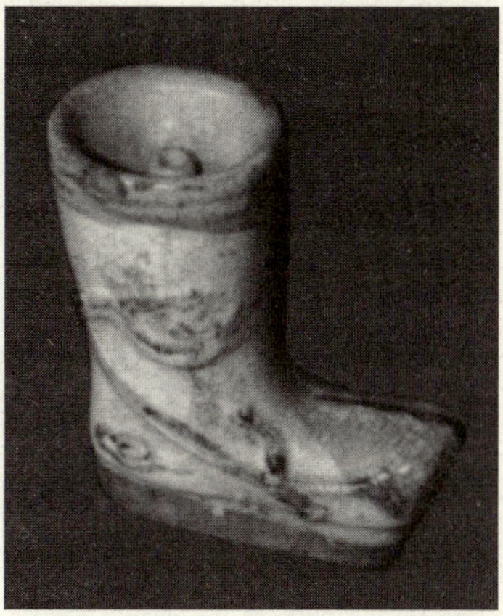

图 3-39）有辟邪之意。

除了“匝形铜灯”、“靴形陶灯”外，在新疆灯具家族里，还有相当多的壶形灯，由于人们的“分辨不清”，而被归入了“壶”类造物。

（二）藏灯

藏族灯具也有着独特的异域风情，它们多以酥油为燃料（如图 3-40）。其造型受佛教文化的影响很大，有许多灯座就像佛塔的基座，一层层收缩上来接着细细的高柱，上面是一个非常美观的壶形灯。有的灯具上还镶着天然宝石，更显得气度不凡。有一件铜制的“可升降台灯”，“这盏灯原先是一位大喇嘛日常起居所用，后来寺里喇嘛的寝室装了电灯，才被淘汰的。这盏灯由红铜和黄铜交替焊接而成。为了使灯具更结实，铜板的焊口均为齿状咬合，每一层的焊口都像砌砖错缝一样错开。灯座上是一个可调节高度的灯柱，最上面是一个灯盏，盏内有一个小圆钮，拉起来竟是一个小‘油提子’。原来灯座内还可以储油，供随时提取给灯盏内添加燃料。灯柱可以随意调节，变化高度。仔细观察，我又有一个发现。这盏灯在制作工艺上，可以说不愧是匠心独运。但在审美方面，却不像其他藏族灯具那么注重表面的装饰。而它的一身素装，反倒增添了几分出家人甘愿独伴青灯古佛的

图 3-40 ▲

藏民的照明灯具

镶着宝石，宛如艺术品

图 3-41 ▲

酥油灯图

意境。”[1]

另有一种铸铜油灯盏，状如汤匙，是拉萨一带农民的民用照明灯具，更准确一些讲，这种灯的造型应该也叫匜形。这种中原地区的“水舀子”，不但在新疆变成了灯具，在西藏也同样变成了灯具。而且藏灯的“模样”，比新疆灯具更加接近“匜形”。这说明“匜”这种器皿太适于作灯具用了。

八吉祥纹银酥油灯，是西南藏族典型器物，“它于1960年在四川干孜藏族自治州征集而得。全器由灯盏、灯茎和灯座三部分组成。灯盏为深腹杯形，敞口，边外卷，深腹，腹部满刻着串枝牡丹、八吉祥图案。灯茎圆柱形体，可分为上下两段。上段锤变化仰覆莲瓣纹一周，中部内收，下部舒展上翘；下段呈喇叭形，边沿饰海水纹。整个器形敦厚，是我国西南藏族的典型器物，但其纹饰却体现了汉族特点，是一件多民族工艺相融合的珍品。酥油是牛羊乳制成的一种油液。李时珍集解引《臞仙神隐》中对这种油液制作进行了记载：‘以乳入锅，煮二三沸，倾入盆内，冷定，待面结皮，取皮酥油。’酥油是蒙、藏等游牧民族的一种食用油，也可作点灯或其

[1] 殷小林：《古灯史话与收藏》，百花文艺出版社2005年版，第95页。

他用途。其在作灯油时，仅作宗教祭祀时用，这件银制酥油灯就是宗教用品。八吉祥纹是元、明、清三代瓷器上的一种纹饰，共有轮、螺、幢、伞、花、瓶、鱼和结八种图案，属佛教纹饰。画八吉祥纹的器物一般为供器。”[1]酥油灯是活佛家佛堂的供灯。酥油灯的空心高足象征佛教教义的“空”，宝瓶形的灯柱象征佛的“智慧”，浑圆饱满的灯碗象征佛教的“包容”和“圆满”。这盏酥油灯还有一个独特的地方，灯碗和灯柱的连接处可以自由转动。

点酥油灯又是藏族一项重要的民俗仪式。藏族燃灯分日用和礼佛，这两种情况之间有很明显的区别。普通百姓日用的灯具，极为简单随意，无论什么器具，只要放上油脂、灯捻可以点燃照明即可。供佛的酥油灯，就讲究得多了，普通的酥油灯一般为铜制，高级的不仅用金银制作，有的还镶嵌上各种宝石。佛前的供灯，大多是信徒们捐赠的。所捐灯的大小，与每个人的经济条件不同而有不同。一般情况，富人捐的供灯可能更大些，更精美些；而穷人捐的可能要小些，简陋些。当然不排除有那种极为吝啬的富人和虽然贫困却甘愿倾其所有来供奉佛祖的穷人。有些供灯，它们是用面捏的或者用萝卜挖成的。虽然简单，但这是信佛人的一颗颗诚心，和供桌上那些华丽的酥油灯没有什么区别，因为佛教讲的是众生平等。藏传佛教点酥油灯的规矩很多，其中最重要的一条，就是保证清洁。从清理灯具、制作灯捻、倒油、点燃，每一步都要洗净双手，用洁净的树枝和干净的棉花以及最好的酥油制作。这体现了点灯人的敬佛之心。

寺院中佛像前的桌案上，点燃着数不清的酥油灯。在一年当中，每逢宗喀巴的诞辰和圆寂日都要在塔尔寺和各地举办灯节来纪念这位藏传佛教格鲁派的创始人。人们用彩色酥油制成各式酥油灯花，沿街点燃，供人观赏，而远近的各族群众都身着盛装，云集寺内观灯，同时还进行跳神、舞狮、舞龙灯、舞牦牛、踩高跷、跑旱船等活动。每当这个日子，每当夜幕降临，无论

[1] 郭灿江：《光明使者》，上海文艺出版社 2001 年版，第 161 页。

是农区还是牧区，村镇上各家的屋顶、院墙和窗户上点起一排排的酥油灯。从高处望去，大地变成了灯火的海洋。在灯火辉煌的寺院大殿顶上，喇嘛们则不时吹响长长的号角。善男信女们手捧藏香、柏树枝，拥向寺庙拜神灯、拜佛转经，在桑火上添加柏树枝，诵经祈祷，以表对祖师宗喀巴的尊敬。塔尔寺灯节要进行七天七夜方才结束。

藏传佛教认为：在每个人的头顶和两肩，分别有一盏长明灯。这三盏灯由三位保护神分别守护着。灯的明与暗，预示着一个人的祸福吉凶。燃酥油灯是一项重要的仪式。供佛用的酥油灯大小不等，灯的大小，决定它们燃点时间的长短。酥油灯有的可以点一天、几天，最大的可以点十几天甚至几个月。佛前供灯的数目并不确定，但通常都是单数，如一、三、五、七、九，或大的整数如百、千等。

“向佛祖供奉灯火，不仅仅是藏传佛教所独有。中原佛教乃至印度佛教亦是如此。佛教中有《施灯功德经》讲述：凡向佛、塔、庙供奉灯明的信徒，在生前死后都可以获得无尽的福德、智慧，以及各种无量快乐的果报。《施灯功德经》中说：‘彼施灯者，所得福聚无量无边不可算数。惟有如来乃能了知。’因此，佛门中人都把燃灯供佛当作每日必做的功课，将燃灯视为修行的助道法缘。”[1]

（三）外来灯

中国古代灯具在很长一段时间里，都始终保持着民族的特色和自身发展逻辑，但在明清以后，随着门户的打开，很多外来灯具涌入国门。煤油灯是首个也是对我国古代灯具冲击最大的一种外来灯具。

大约在一百多年前的19世纪末，煤油灯传入了我国。不能否认，它的侵入，冲击了我国传统的老油灯。但和传统油灯比起来，煤油灯确实算非常先进了。首先，燃料由传统的动、植物油改为煤油。经过提炼的煤油杂质很

[1] 殷小林：《古灯史话与收藏》，百花文艺出版社2005年版，第95页。

少，大工业生产和新技术的应用又使它的价格很低，煤油也不存在黏稠度高和冬天容易凝固，不易点燃的问题。其次，灯具本身也发生了“革命”性的改进。第一，煤油灯的火头儿与燃油完全分离。这既降低了油耗，也减少了危险。第二，它的火头儿，也就是灯捻儿可以任意调节，这给使用带来了极大的方便。同时，还有清洁、卫生等等优点。所以煤油灯很快就在中国普及开了。煤油灯在中国的出现，同时也引起了俄美两国在我国关于石油产品市场的争夺战。在争夺市场方面，美国人胜过俄国人一筹。美孚石油公司在中国制作了大量印有“美孚”字样的煤油灯，并把这些灯和适量的煤油无偿地分发给老百姓试用。外来灯具的侵入，某种程度上也是我国国家命运遭遇外来侵袭的一个缩影。

✤ ✤ ✤

第二节 灯具的艺术特征

灯具在发展的过程中，逐渐形成了自己独特的艺术特征：技术与审美的统一、动态与静态的结合、再现与表现的融合、民族地方特色和民间艺人匠心的和合、古朴与精致的分野与融合等。

一、技术与审美的统一

技术和审美是造物艺术的两翼。而造物的审美“我们理解，不仅是狭义美学上的概念，而是泛指人的理想。人们按照自己的理想来创造物品，制作出自然界所没有的东西。在这个造物活动中，既包含了具体的使用目的，也包含了审美的社会功能，在具体方法上，当然也包括对形式美的规律的运

图 3-42 ◀
鎏金“长信宫”铜灯

用”。[1] 关于造物的技术，“如果我们仔细地研究一下民艺制造活动中的技术体系，就会发现其中的理性智慧的光芒是那样倔强地照射着形式的每一个角落，就会发现我们可怜的思想触角无论如何也延伸不到它的意义深处和它的古老源头”。[2]

我国古代的许多造物体现着技术与审美的统一，灯具也体现着这一艺术特征。有一个青花龙纹承盘油灯，它是由灯碗、支柱、承盘和底座四部分组成。造型像金字塔形状。支柱上绘一条青龙，灯碗、承盘和底座上分别描绘图案进行装饰。油灯的下半部分像一个高足盘，宽大的盘面不仅可以承接从灯碗溢流下的灯油，而且起到反光的作用，增加照明效果。在造型中承盘又起到平衡支柱、降低重心的作用。这是一件把使用功能与美的形式完美结合的成功之作。[3]

除了上述的这盏灯具外，在古代如此之多的灯具中，长信宫灯（如图 3-42）是其中最典型的一个例子。长信宫灯出自西汉中山靖王刘胜妻窦绾的墓葬，作跪姿宫女执灯形，通体鎏金，璀璨夺目。此宫女穿宽袖长衣，梳

[1] 张道一：《造物的艺术论》，福建美术出版社 1989 年版，第 32 页。

[2] 潘鲁生：《民艺学论纲》，北京工艺美术出版社 1998 年版，第 122 页。

[3] 孙建君、孙和林：《民间灯具》，湖北美术出版社 2002 年版，第 11 页。

髻，戴巾；灯盘、灯座及执灯宫女的右臂处可拆卸；灯盘中心有一扦可插蜡烛，灯罩与灯盘可转动开合，便于调节灯光亮度和角度。宫女右臂为烟道，烟经底层水盘过滤后，便有烟而无尘，可减少室内的烟炱以保持清洁。长信宫灯造型优美，构造精巧，是汉代灯具中的杰作，体现了古代匠师的创造才能以及当时的科学技术水平。

从环保角度来分析，长信宫灯解决了环境污染的问题。青铜灯具中绝大多数是燃油灯，当时的燃料主要是动物油脂，而且油脂和灯芯同在一个灯盘里面。点灯时灯盘里面的油脂虽然沿着灯芯慢慢上升到火焰里，但是仍然会有一些没完全燃烧的炭粒和燃烧后留下来的灰烬，随着油面的上升和热气流挥发，造成室内烟雾到处弥漫，污染室内空气和环境。汉代的青铜灯具中，有一些在设计上就解决了如何消烟除尘，防止环境污染的问题。这一类灯具，称之为“釭灯”。釭灯的定名，是因为灯上装有弯性中空导烟管，如同车釭。带烟管的灯统称釭灯，又可简称为釭。釭灯上除了装有导烟管，灯的体腔都是中空，用以贮清水。《宣和博古图》卷十八著录了一件双烟管鼎形灯，铭文为“王氏铜釭锭”。“虹”应为“釭”之误。装有导烟管的釭灯带着灯罩，其作用除了与导烟管配套控制灯烟的污染，同时还起到挡风和调节光亮度以及光照方向的作用。灯罩由两片弧形屏扳构成，每片屏板的宽度为半个圆周或者超过半个圆周，合拢成圆形。屏扳的外壁多附有纽环，灯盘的周壁有内外两层，两壁之间形成宽不到1厘米、深不到2厘米的凹槽，两片屏板的下部插于凹槽之中，上部插进灯盖的开口。使用时，手扣纽环（没有纽环的，直接用手推动板壁）；屏板左右移动，并可以根据风向和使用者的要求，随意调节屏板的开合方向和开启程度，从而达到挡风和调节光亮度以及光照方向的目的。有的灯罩屏板上还有镂空的菱形格状孔，可以散热透光。晋代夏侯湛写有《釭灯赋》，其中有“取光藏烟，致巧金铜”之句，说的就是釭灯设计的精巧。南京大学历史系所藏一件“釭辆”，也是双管鼎行灯。古代出现的长信宫灯、凤灯、鼎形灯、牛形灯、雁鱼灯、鹅鱼灯都属于釭灯。釭灯的导烟管分单烟管和双烟管两种。鼎形灯的烟管，是从灯体的肩部伸出，既可做烟道，又兼做灯的把手。很多钉灯为象生形灯，象生形钉灯则巧妙利用人或者动物形体本身的有机部分作为导烟管，如人的手臂，牛的双角，凤、雁、鹅的颈等。烟管的一端连着中空的灯体，另一端连着复钵形的灯盖。当灯盘中的灯火点燃时，烟尘通过灯罩上方的灯盖被吸入导烟管；再由导烟管使烟尘溶于体腔内的清水，从而防止了灯烟污染空气，保持室内环境的清洁。

从器形结构来看，长信宫灯的结构科学、尺度适宜。长信宫灯的灯盘与灯体采用了榫接的技术，灯体拆洗（携带）方便，便于拆卸组装，同时，清洗烟垢组装也简单，牢固。其他主要造型部位的结构，也多采用了分铸套合组装的形式。长信宫灯由头部、身躯、右臂、灯座（分上下两部分）灯盘合灯罩六个部分分别铸造后再套合组装而成。另外，长信宫灯也考虑到了人们的适用尺度。我国至两汉的建筑，尤其是宫殿建筑、贵族府邸，由于追求宏伟的气魄，外形庞大，室内空间就显得十分空旷。与此形成鲜明对比的是，这个时期的人还保留着席地而坐的习俗。所谓坐，实如今日之跪，曲其足向后，以膝抵地抵席，臀部依托在脚后跟上。体位下降了，所以一些常用的器物，如几、案、床、榻、灯具等都比较低矮。据史料记载，汉魏的独坐式小榻高度一般只有12—18 厘米，为了充分发挥灯具的照明功能，青铜灯具的尺度一般都偏小而适宜人的视觉空间。所以，汉代的灯具，动物形和人物形灯，高度一般在 20—50 厘米，而长信宫灯高则为 48 厘米，与人们跪坐时眼睛的视线基本适宜。这样的设计也体现了古人早就在设计中应用到人机工程学的原理。

从造型的角度来看，长信宫灯造型生动流畅：宫女跪坐，右臂自然举起，左臂伸向右方，手持灯盘；神态端庄安详，衣纹疏密有致、简洁流畅。右臂的灯盘点燃时候，灯烟通过右臂被吸入中空的人体内，由于灯火的映照，更加增添了宫女形象的魅力，达到了使用与审美的高度统一。

从光学方面来分析，汉人已经掌握了调节光线明暗的简要调节方法，而现在的灯具采用的是以调节电阻大小而改变电流强度的方法来调节灯光的明暗强弱，两者虽然原理不同，但是，汉代人已经开出了先河。以长信宫灯为例，主要体现在两个方面：一是有反射和聚光的装置——灯罩，由灯罩的开合来调节灯光的照度与照射角度，可见当时人们已注意到控制照度的问题；二是这盏灯具已设有烟道，这起着加强空气对流，使燃烧充分，增高温度，增大发光强度的作用。

从审美角度分析，汉代青铜灯具的装饰富丽、纹样多样化。灯具的装饰纹样主要有弦纹、瓦纹、连弧纹、三角纹、卷云纹、鳞纹、缠枝纹、卷草纹、兽面纹、龙纹、云兽纹、驾凤纹、鸟纹、鹿纹、蝉纹、猴纹、虎纹、兔纹、蛙纹、羚羊纹、羽人纹等。装饰手法则采用了当时铜器上比较普遍运用的漆彩绘、错银、鎏金、透雕等。而长信宫灯运用的纹式却并不多，线条简单，宫女的形象朴素典雅，神态悠然，朴实无华的神态附着在富丽豪华的鎏金铜灯上，金光灿灿，典雅与富丽和谐统一。

长信宫灯作为汉代青铜灯具的典型代表，达到了科学性和艺术性的统一，既可以作为使用的照明工具，有可作为精美的室内陈设，这是中国古代灯具史上比较显著的成就，也是我国汉代人的杰出之作！它显现了那个时代造物的浑厚大气、浪漫而又深沉的特色！

我国古代，还有一款灯具也是审美和技术统一的代表，它就是防风油灯（如图 3-43、3-44、3-45、3-46）。这一款灯具也叫罩子灯，它利用灯罩的雕

图 3-43 ▲

绿釉防风油灯

（高 22 厘米　传世　江西）

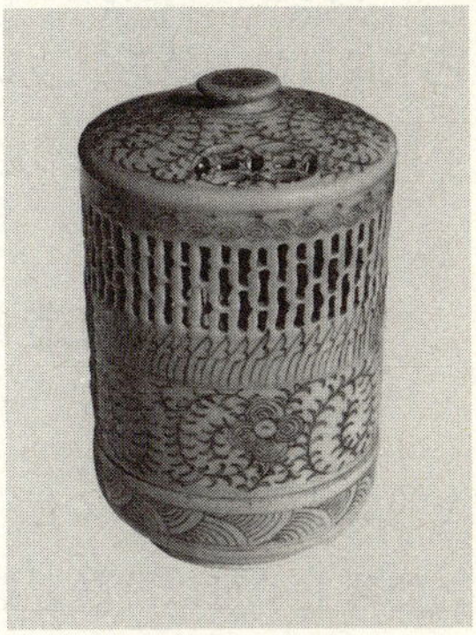

图 3-44 ▲

清代嘉庆景德镇窑青花缠枝莲纹罩子灯

图 3-45 ▲
民国绿釉罩子灯盏
（200×125 毫米）

图 3-46 ▲
民国绿釉罩子灯
（160×155 毫米）

花镂空工艺，使得它既有了美丽的装饰，又能使并不完全敞开的灯罩挡风，同时，灯光通过镂空的地方透出来。这款灯具是古人的独具匠心！

二、动态与静态的结合

灯具作为一种重要的日常用具，与人们的日常起居具有着密切的联系，它不仅以静态的形式点缀着人们的居室环境，而且以动静结合的方式显示着一种造物类型的生动形态以及丰富的内涵。

（一）局部构造的翻合、扭转、折叠与升降

中国古代的灯具，大多在使用的时候，被固着在某一个地方，呈现出静态的姿势，然而，又有一些灯具，为了更加简便地清洗、加油，在某些细节之处装上了可以旋转、翻盖的局部结构，使得其在使用的时候，又呈现出动态之感。

江苏连云港赣榆县博物馆藏的一盏耳杯形的铜灯，器形如同一漆耳杯有篷形盖，盖的一半可以揭开翻转到另一半上，一活轴连接，活轴又称辘轳，

所以称镳铲灯，翻上的半个盖即为灯盘，内侧作一流嘴，盘内立烛扦。这盏灯具以局部构造的翻合、扭转于静态之中赋予了动态之感。

还有些灯具是折叠式的、升降式的，（如图 3-47、3-48、3-49、3-50、3-51、3-52）

（二）动态的展示与静态的装饰相得益彰

在众多灯彩中，“走马灯”最为惹人注意。走马灯，是中国最早的能动会转的灯具，正月十五元宵节，民间风俗要挂花灯，走马灯为其中一种。外形多为宫灯状，内以剪纸粘一轮，将绘好的图案粘贴其上。燃灯以后热气

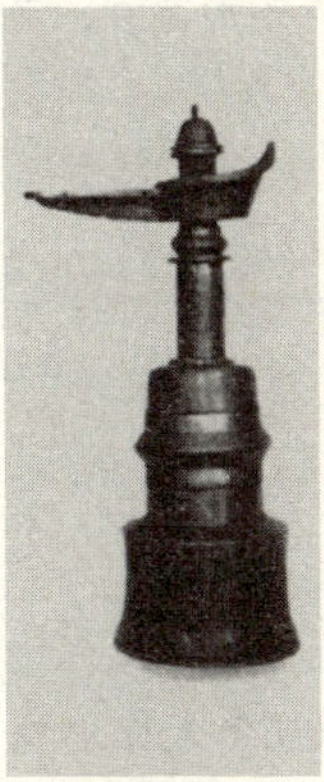

图 3-47 ▲

藏族可升降台灯

图 3-48 ▲

清末折叠绢罩灯笼

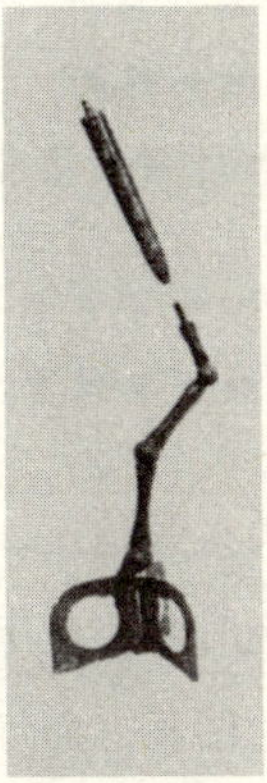

图 3-49 ▲

旅行折叠式蜡扦

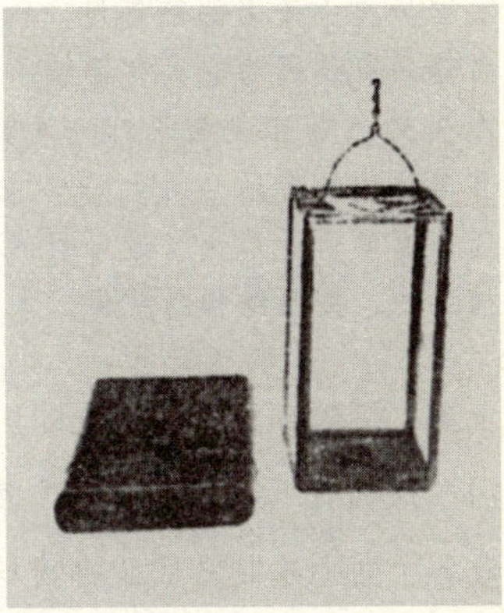

图 3-50 ▲

折叠玻璃旅行灯（民国）

图 3-47　藏族可升降台灯　灯是由红铜和黄铜交替焊接而成。为了使灯具更结实，铜板的焊口均为齿状咬合，每一层的焊口都像砌砖错缝一样错开。灯座上是一个可调节高度的灯柱，最上面是一个灯盏，盏内有一个小圆钮，拉起来是一个小油提子。原来灯座内还可以储油，供随时提取给灯盏内添加燃料。

图 3-50　折叠玻璃旅行灯（民国）　民国折叠旅行灯，铜质的灯框，四面镶着玻璃，灯底置插套，用来插蜡烛。不用时，灯可以折叠起来，藏在扁盒子里，携带方便。

图 3-51 ▲

盒子灯（又称辘轳灯）

图 3-52 ▲

升降式架子灯

图 3-51　盒子灯（又称辘轳灯）　盒子灯，也叫辘轳灯，又称耳杯形灯。它是我国历史上著名的翻盖灯，称它为盒子灯、耳杯形灯是依据它的外形而言，而称辘轳灯是因为它具有活纽、转轴的结构。

图 3-52　升降式架子灯　木制烛灯架，又称架子灯，也叫落地烛台。这种灯具与现代的落地台灯十分相似，是古代园林厅堂的灯具。木制烛灯架发端于明代，而盛行于清代。最珍贵的灯架为黄花梨所制，普通的也有花梨木、榉木与楠木的，按照结构的差异，木制烛灯架通常又分成固定与活动式两大类。

上熏，纸轮辐转，灯屏上即出现人马追逐、物换景移的影像。走马灯有六个面，顶部有纸制扇叶，蜡烛燃烧时热空气上升，鼓动扇叶使灯转动。因多在灯各个面上绘制古代武将骑马的图画，而灯转动时看起来好像几个人你追我赶一样，故名走马灯。

在这盏灯具中，动态的展示和静态的装饰相得益彰。“映光鱼隐现，转影骑纵横”，“若沙戏影灯，马骑人物，旋转如飞”都是古人描写走马灯的。走马灯最初称为“影灯”、“转灯”。这里让我们先撇开物理学技术原理以及在技术史上的意义，单单从审美角度来欣赏：在此之前，中国传统灯具大都只具有静态特征，走马灯则是在此静态特征的基础上，从中国传统戏剧的动态艺术特征中获得灵感，从而创造出的一种集萃式的全新的灯具。这在灯具设计史上是一个质的飞跃。它以静衬动，以动显静，在静和动的对比中，给人以美的享受。这也使灯本身更具灵气和活力，使之无形中增添了一份神秘的色彩。“走马灯的制作工艺并不复杂，却能巧妙地利用热能以驱动灯罩里的转轮，这是古代劳动人民聪明才智的结晶。走马灯的外形灯罩通常为亭式，在上部的飞檐角上要挂丝穗，灯罩下端饰流苏。灯的造型多为五、六、八角形，灯架上蒙覆丝绢。在灯罩的每面都要开窗孔，或方或圆，或菱形，或梅花形，因为灯光从里面透露出来，也称‘开光’。中国瓷器里的纹饰形式‘开光’，即由此而来。灯罩里面有转轮，转轮中间有立轴，立轴的上面横装一个纸质叶轮，立轴的下面有灯座，瞳面可以插蜡烛。转轮外面覆以薄纱，在转轮内吊着几根细铁丝，每根铁丝下面都粘上纸剪的人马，当灯内的蜡烛点燃时，转轮内的空气被加热，依靠上腾的热空气，立轴上的叶轮就会转动起来，由叶轮再动转轮缓缓地转动起来。这时，灯内的烛光将走动的纸剪人马投影到转轮灯壁上，其效果如同皮影戏，故称‘影灯’，又因那灯壁上的马影画是循环反复展现的，人们又称为‘走马灯’。正如《燕京岁时记》所载：‘走马灯者，剪纸为轮，以烛嘘之，则车驰马骤，团团不休。烛灭则顿止矣。’”[1]

宋代已有走马灯，当时称“马骑灯”，后改称为“走马灯”。走马灯的精彩，引起了许多文人墨客的赞咏：据《武林旧事·灯品》所载：走马灯“有五色蜡纸，菩提叶，若沙戏影灯，马骑人物，旋转如飞”。姜夔也诗称：“纷纷铁马小回旋，幻出曹公大战车。”元代最为流行走马灯，谢宗元的《走马灯》一诗，就将走马灯的形象描绘得淋漓尽致：“飙轮拥骑驾炎精，飞绕间不夜城，风鬣追星来有影，霜蹄逐电去无声。秦军夜溃咸阳火，吴炬霄驰赤壁兵；更忆雕鞍年少日，章台踏碎月华明。”明清时，走马灯在江南非常流行，正如清代诗人蔡立青云：“龙灯兴过马灯兴。”当时的走马灯制作，以苏州最为出名，也是苏式花灯的代表作，它端庄典雅，灯的四周饰以五彩缤纷的流苏，在灯架上还镶以耀眼的花边，静和美的外形，亮与动的内在，被和谐地融合在一盏灯上。

[1] 吴少华：《古灯千年》，百家出版社2004年版，第134页。

"在它走过悠悠千载岁月后的今天，走马灯依然是中国老百姓最钟情的灯彩，每当元宵灯节时，走马灯照旧独领风骚，尽管它的灯罩内早已被现代电灯所替代了，较大型的走马灯，也不再靠袅袅上腾的热空气带动的叶轮，而是采用马达驱动。"[1]

不管时光如何轮回，技艺如何更替变换，走马灯依然显示着动与静的完美结合。

（三）整体造型的动静结合

古代"有一盏人物佣灯：人物佣处于三角形的中心，这也是人们视觉的中心。匠师对人物进行了精心的刻画，人物比例匀称，身体各部及五官、发式、衣着刻画精细入微。头部用银制，眼睛嵌入黑宝石目珠，人物表情细腻。三盏灯盘的安排以人物佣相连接，但并不处在一个等距离垂直平面上；从高度来讲，人物右手持的一灯最高，左手持的一灯在后，形成一个倾斜纵深的空间。当三盏灯同时点燃时，灯火前后高低错落有致，具有起伏的韵律感"。[2]

这一盏灯具，把人们视觉中的平衡感，如人物佣处于整体三角形的中心与灯盏点燃时的灯火的不平衡感相结合，使得人们在平衡与非平衡之间，感觉到了动静结合的态势。

湖南有一件汉末的人形吊灯（如图 3-53）也具有这种整体造型的动静结合特征。这盏灯具由灯盘、储油箱和悬链三部分组成，灯的主体为一个人似在飞腾，又似在游动，裸体的铜人为卷发，深目高鼻，全身姿态作匍匐状，昂首，双手前伸，托住灯盘，盘沿紧贴胸部，人体中空与灯盘有空相同，灯盘中心有锥状灯柱可以插烛。灯盘、储油箱和悬链三部分组成了一个较为稳定的结构，而人的造型却极富有动感。

---

[1] 吴少华：《古灯千年》，百家出版社 2004 年版，第 136 页。

[2] 孙建君、高丰：《古代灯具》，山东科学技术出版社 1998 年版，第 177 页。

图 3-53 ▶

汉末人形铜吊灯

这两盏灯具均在造型上利用前后的纵深关系、高低的错落有致、结构的稳定平衡、造型的动感起伏，显示了造物者对设计整体造型上动静结合的把握能力。

三、再现与表现的融合

我国古代的灯具，内涵丰富、形态精巧、工艺精湛。比如长信宫灯模拟宫女持灯的安详神态，该灯从一个侧面呈现出一个时代的人本、礼仪、文化和生活状态；而从另一侧面，映射出造型观念的象征与拟人化创意观。这盏灯具，首先是活灵活现地再现了古代宫女的形态，其次，亦表现出人的主宰及征服世界的成就感，这与时代的状态、理念相统一。据《韩非子 · 显学》云：“象人百万”，象人，即各式墓俑。自盛行厚葬的战国始，就显示出设计文化中重视‘以人为本’、‘天人合一’的观念。这样的观念体现也在中国古代灯具造物中。所以，古代的灯具，既用较为写实的塑形手法再现了现实的物象，同时，又在现实的物象中融会了古代人的时代思想与观念，是再现与表现的融合，或者是现实与理想的和合。“在‘以人为本’、‘天人合一’观念的影响下，古人在‘仿生’设计方面亦有丰富的贡献，西汉仿‘莲花’枝形灯，即是明证。西汉有三、四、五、六、七、八、九、十、十一、十二、十三、十四、十五乃至二十九枝禽兽贴塑陶（西汉）灯结体式，灯体由灯座、灯柱、手盘、灯臂与灯盏组成，其造型婀娜多姿，精致、凝练、概括、简约。而数字的概念在文脉底蕴中，显然蕴含着丰富的有关生命、权力、避忌，或是美好向往之光的寄托与讲究。'十五枝灯'、'十二枝灯'、'九枝灯'形态可谓有情态、多层次和多空间的典例。其柱上造型形式宛如蜿蜒盘旋的神龙，一派腾云驾雾之势。"[1]

这些在"以人为本"、"天人合一"观念影响下的灯具造物，首先模拟了大自然中的人或物，显现了这些自然物的外形特征，其次，在这些表面模拟的基础上，又加入了人们的造型理念，使得这些最初的简单模拟有了进一步的提升，富有了创意与诗意——表现与再现的融合。

（一）造型中现实和理想的和合

在中国古代的灯具中，有一种"尸主型"的魂瓶兼做灯具，即"母子佣灯"（如图3-54、3-55）的造物，在造型上显示了现实与理想的和合。

"西汉灰陶抱九子佣灯（如图3-56）：一位九个孩子的母亲，拥抱着自己所有的儿女。虽然没有太多的表情，但是'心满意足、别无所求'这八个字，却明明写在她的脸上。"[2] 这一盏灯具实际上与"尸主型"的魂瓶如出一辙。汉代有一种名为"尸主型"的魂瓶。现在在巴黎塞努奇博物馆藏有两件造型奇特的中国汉代抱婴跪佣冥器。比利时大学的讲师、考古学家衡子在1928年出版的英文本《中国明器——古中国之信仰与民俗的研究》一书图版三十刊登了这两个造型大致相同的明器。衡子在原书第三章《土佣》中说："这类土佣起于汉代，可以双膝拥一幼儿的跪佣为代表。此佣的右手放在右膝之上，左手拉着幼儿的左手。最常见的是在土佣头上设一烛台，而

[1] 王万书：《中国古代灯具的符号解析》，《装饰》2006年第4期。

[2] 殷小林：《古灯史话与收藏》，百花文艺出版社2005年版，第54页。

图 3-54 ▲

汉代母子俑座陶灯

图 3-55 ▲

东汉母子俑座陶灯

图 3-56 ▲

西汉灰陶抱九子俑灯

图 3-56　西汉灰陶抱九子俑灯　一位九个孩子的母亲，拥抱着自己所有的儿女。虽然没有太多的表情，但是“心满意足，别无所求”这八个字，却写在她的脸上。

有的土俑头上则无烛台，左臂挟一柱。柱子上有一瓶，瓶盖为山形……这类带炉或瓶的土俑都是为亡者的灵魂盛放食物而设的。我认为，土俑所代表的是亡者本人，或是他的一个侍从，幼儿就是所谓的‘尸’，是亡者的代表。在古代的丧葬仪式中，亡者常以一幼儿，通常是他的孙子作为他的代表。”我国古代有以人为“尸”的习俗。“尸”指的是古代祭祀中代表死者受祭的活人。《礼记 · 曾子问》：“曾子问曰，祭必有尸乎，若厌祭亦可乎？孔子曰，祭成丧者必有尸。尸必以孙。孙幼则使人抱之。无孙则取于同性可也。祭殇必厌，盖弗成也。祭成丧而无尸，是殇之也。”(陈澔注)：空子言成人威仪具备，必有尸以象神之威仪，所以祭成人之丧者，必有尸也。尸必以孙，以昭穆之位同也。取于同姓，亦谓孙之等列也。祭成年人之丧必有尸，否则被认为是殇（古时把未成年人之死或非正常死亡称为殇），是对死者的不敬。为什么要设“尸”以代死者受祭呢?《仪礼·士虞礼》说:“祝迎尸。注:尸,主也。孝子之祭,不见亲之形象,心无所系,立尸以主意焉。”可见,“尸必以孙,以昭穆之位同也”。所谓“昭穆”是古代宗法制度所指定的一套宗庙次序,即始祖庙居中,以下父子递为昭穆。坟地葬位以及祭祀时子孙之位置均按此次序。祖死,由孙代之受祭,合乎古代的仪礼规矩。如果我们从古代盛行的灵魂信仰去分析“以孙为尸”的丧俗,就可以看出,人的肉体虽死,他的灵魂寄存于孙辈身上,以期获得再生。“尸主型魂瓶”实际上是生与死、魂与魄这些阴阳观念的具体应用——对再生的渴望。

魂瓶的再生功能有双重的含义:个体生命的再生和种族、家族生命的延续和永恒。二者是从属的关系,个体生命必须服从于种族、家族。在传统的观念看来,死亡从来就不是个人的事情,而是家族、种族的大事,关系到家族是否得以延续的大事,带有社会性。人死,亡魂只有得到家族祖先的认可、接受,使之参加到祖灵的行列之中,人才算“死得其所”,个体生命只是家族生命之链中的一环而已。生命对于个人来说,只是一个瞬间,只有加入到家族生命之链中,才能获得永恒。我们从象征祖灵世界的魂瓶中,丝毫没有看到对死亡的畏怯、恐惧,相反,我们在魂瓶上看到一派欢乐的人间景象,在汉代的尸主型魂瓶那怀抱婴儿的亡者脸上,还感觉到一种“古拙的微笑”,那是他为寻找到生命的家园而感到幸福!

“尸主型”魂瓶灯具用“魂瓶”中暗含的“种子的永生力量”和“灯具的生命之光”的双重含义来强化家族生命的永恒!

(二)装饰纹样中现实与理想的和合

造型与装饰纹样是古代灯具中重要的造型元素。它们以具象或者抽象的形式显现了古人在造物中显示的对于大自然事物的再现与表现的能力,同时,也是古人情感的写真与描摹。

河北平山战国中山王墓中出土的一件十五连盏灯,灯盏错落有次,树上有一夔、二鸟、四猴、龙游、鸟鸣、猴戏，情态各异，妙趣横生。灯柱上装饰着一群攀枝嬉戏的小猴，树下站立有两个赤裸上身的人，作抛食戏猴状，灯座有三只双身老虎承托，灯座上镂雕夔龙纹。同墓出土的银首人俑灯，以银制俑首，通体错金银，眼眶内则嵌黑宝石，服饰上也饰以黑红漆的图案花纹，俑的两臂张开，右手举托一高柱的灯盘，左手双螭纠结，与上下两层灯盘相连，灯盘均作圆凹槽形，盘中各立三只烛扦。这种灯具把人、灯和灯座进行了巧妙的设计和精美的装饰组合，生动地描绘了一个欢腾热闹的现实与理想相结合的世界。

以上所列举的青铜灯具造型别致、制作精湛，不仅反映了古代工匠们的杰出的艺术构思，而且体现了当时的铸造工艺达到了相当高的水平。战国时期处于中国古代奴隶制崩溃，封建制崛起的时代。当时新旧交替、万象更新，呈现出诸子百家，蓬勃发展的时代，文学、艺术都表现了较为活跃的特征。由于时代精神的支配，造型装饰倾向于一种活泼巧思，具有一种清新活泼的艺术特色，同时人们的审美观念已开始摆脱商周时期青铜器的那种恐怖、威严、神秘的宗教色彩。在纹饰和造型上已出现了重叠、缠绕、上下穿插、四面延伸，它既继承了传统，又摆脱了创意的束缚，趋于流畅欢快的气氛。这些出现在灯具上的造型装饰给人以生活的自由美感，比较适合战国时代审美观念的韵律。

古代有些灯具的纹样，还以现实与理想中的具有吉祥意义的动植物图案反映当时人们的审美观念以及社会意识。东汉时期的灯具，人物和动物普遍流行，无论从技法上还是题材上看，无凝都是受到了当时审美观念的影响，其艺术效果均具有古拙奔放的风格，给人以运动力量的气势美。而题材则受到社会意识的制约，反映了羽化升仙等迷信的思想，四神、羽仙、珍禽异兽、驱瘟辟邪等内容，都是常见的题材。其中，吉祥类的灯具有雁足灯，雁在人们心中是一种信鸟，用于缔结婚姻的纳彩或大夫相见的贽礼；而鹤龟灯则比拟灯长明、人长寿。由此可见，灯具的装饰艺术到了东汉以后确实有了巨大的变化，这样的变化是与当时的艺术进步，创作水平的提高以及审美的观念变化是密不可分的。它不仅表现了现实中的某些形态，而且还表现了人们意念中的某些美好象征之物。

（三）人性和神性的和合

对于灯具的创造，人们的古代思维依然离不开对大自然的模拟和演化，古人常常在其中投射了人性和神性。这一组造物的基本思维又进一步拓展了造物的“再现与表现”的内涵。

灯具的产生是以实用为目的的，但是当它被设计出来后，就成为独立的对象化的抽象个体。在中国的万物有灵论以及各种宗教信仰的熏陶下，它就具有了相对独立的对象化的意义。随生产力水平的提高，灯具设计逐渐形成为我国传统设计里独具特色的一个分支，它已不仅仅是满足照明功用的无生命的器具，还是思维的象征，是精神寓于实用、现实与幻想的完美结合体。同时，其手工制作的过程，融入了制作者的观念、情感以及审美理想。这其中，情感本身构成了一种巨大的、神秘的力量，从而使灯具具有了特殊的“神性”。正像费尔巴哈在《宗教的本质》中指出的：“对于自然的依赖感再加上那种把自然看作一个任意作为的，有人格的实体的想法就是献祭这一自然宗教的基本行为的基础。”正是基于这种想法，导致了原始宗教的产生。原始宗教包括自然崇拜、祖先崇拜、鬼魂崇拜、图腾崇拜、生殖崇拜等等，自然崇拜是其中一种主要的表现形式。原始人认为，自然界各类事物，日月、山川、水火都是具超人间力量的神灵。为了与这些神灵进行良好沟通以求得与自然界的和谐相处，人们创造了各种各样的祭祀仪式活动。火，曾是一个较受尊崇的自然物，它在作为神灵之一被崇拜、供奉的同时，被视作人与自然界其他神灵沟通的桥梁与中介。人们认为，通过火可以与神灵对话，向神灵祈祷，求得平安。火成为祭祀活动中不可缺少的一个自然物。从诞生的那天起，它就显示了一定的“神性”。

河北平山战国中山王墓中出土的“铜鸟柱盘灯”可作为这种造物中的“神性”的一个说明。这盏灯的下端为一喇叭形圆足，中腰为倒葫芦形短粗柱。灯的上部主体为一圆形、深腹、平底下凹的灯盘。盘外侧均匀分布着四个铜铺衔圆环（在中国古代灯具中较少见）。盘中心立一短细圆柱，柱顶立一展翅飞鸟，鸟身扁平，这是为承灯柱用的。柱头的飞鸟，代表着太阳，这与原始社会的太阳崇拜有关。《山海经·大荒南经》记载："汤谷上有扶木，一日方至，一日方出，皆载于鸟。"《论衡·说日篇》中也这样写道："儒者曰，'日中有三足乌，月中有兔、蟾蜍。'"良渚文化中也经常有日鸟同构的玉器。从这些构件的寓意来看，此灯具应具有某种与天相通的作用或寓意，可能用于祭天等重要场合。因为当时大部分灯具的灯盘中心设有烛扦等物，而此灯灯盘中央的小鸟身体扁平，并非普通的燃灯方式，而可能是用一种名为阳燧的铜镜反光"引'天火'以燃"。《周礼·秋公·司恒氏》中说："掌以夫遂明火于日，以鉴取明水于月，以供祭祀之明，明烛，共明水。"遂即阳燧，古人祭祀时用以取"天火"以点"明烛"。该灯整体造型端庄，特殊的使用场合赋予其通天地的深层涵义，而象征性的飞鸟，不仅丰富了灯具的整体形态，还使人产生无尽的联想。

中国古代祭祀用灯多与宗教信仰有关。"灯"在宗教中往往具有神性。佛教教义中把火光比作佛之成神，《无量寿经》中有"无量光焰，照亮无极"的说法。《红楼梦》第二十五回也有相似记载："一天多添几斤香油，点上个大海灯，这大海灯，便是菩萨献身法像，昼夜不敢息的。"这种海灯，实际上是一种容量很大的油灯。大概是从唐代开始，这种长燃不熄的灯还被用于隐喻佛法，意指佛教能破除迷暗，并且像灯一样长照久明。

化景物为神思，变心态为形象，观赏者和被观赏的灯具共同营构一种神话般的景象与境界，这就是中国传统灯具的"神性"之所在!

（四）气韵与灵动浑然一体

气韵者，神也，灯之风姿仪致，精神生动也；灵动，则指灯之极富生命的灵性与活动感。二者皆为观赏者与对象之间相互渗透，交融而产生共鸣，可感受而不可具陈。

所谓灯皆有形，然不一定有气韵，有气韵才有生命力。在广西和浦发现的西汉大型木樽墓中，曾出土了一铜凤凰形灯。该灯铜制，通体伸颈回首，头顶有花冠，两蹼并列，羽毛刻画细致，尾羽舒展下垂曳地。背部有一圆孔可放置灯盘，凤首后转，嘴衔喇叭形灯罩。罩口正对灯盘，以便吸入燃烧烟气，防止污染。灯罩颈部有套管相连，可转动拆开，并与体腔相通，以纳烟，防止污染。此灯整个造型端庄、优美、舒展、栩栩如生；巧妙运用了点、线、面、体之间的韵律组合表现，给人以静中寓动，虽静犹动，似动非动的神奇美感。正所谓“神不可自立”、“栖形感类”，神必须通过形来传达，形也只有当其蕴神于内时才具生命力。神寓于形中，寄物相通，该凤凰形灯正是达到了此完美境界。

谈到中国传统灯具的“灵动”，我们不能不提到最具有中国民族特色的灯具形式——灯彩。灯彩是在灯具的演变过程中逐渐衍生出来的，大体分为民间灯彩和宫灯灯彩两大类。最初是在农历正月十五元宵节来临时专门使用的灯具。《艺文类聚》卷八十《灯》下引诗云：“煌煌闲夜灯，修修树间亮。灯随风炜烨，风与灯升降。”又，“火树银花合，星桥铁锁开”描写的都是元宵节树上缀满灯笼的景象。元宵节历朝历代的灯彩虽都各有特色，但其热闹喜庆的气氛却是从未改变。其时，各式各样的灯彩挂满了大街小巷、鱼灯、鸟灯、龙灯、麦芽灯、灯山、灯球、走马灯、灯楼等等。各个形态逼真，生动无比。人们穿梭其中，仿佛进了灯的海洋。每种灯都各具特色，正是“大弦嘈嘈如急雨，小弦切切如私语”。宫灯也不断发展，至明清已达到了鼎盛时期。此时，兼有照明和观赏双重功能的宫灯形式已基本完善，其造型庄重、典雅，与当时宫殿建筑整体风格相协调，成为建筑的延伸。由于其独特的材料以及熠熠的火焰，给人以通灵剔透之视觉感受，作为装饰，不仅给建筑注入了生命力和情感，还无形中给建筑增添了一份灵性，起到了画龙点睛的绝妙作用。人们在这些繁华的灯彩中，与各种之灯相亲相依，感受着其气韵和灵动。

四、地方特色和艺人匠心的和合

人类生活在社会中，民艺也存在于社会环境中。人类既是产品的创造者，又是产品的受用者。自然形态的物质在经由人的加工、改进、创造过程中，打上了人类的印记，并且融入了人的情感、观念，从而成为社会和文化的构成部分。灯具作为社会文化的一部分，也具有鲜明的社会特性：浓厚的地方特色和独特的民间艺人的匠心。

江南城乡流行一种青花瓷带承盘油灯，高 13 厘米，宽 11 厘米，盅形灯盏，下接以圆柱形柄；柄上细下粗，下部还附着细管条做的耳，插在碗形承盘上；碗敞口圈足，通体饰几何纹、草卉和云海纹。西北地区民间则使用一种陶制的带承盘油灯，灯作壶形，带高足把，下还承以陶盘；壶小口垂腹，带流，系以小口灌油，而以流燃捻；足为柱形，一侧附有条形耳手把，承盘为浅盘，平底；一个灯及灯足遍饰酱色釉，此种带把、附承盘的灯，系两汉至魏晋南北朝时常用的形制。山西民间的瓷质猴顶油灯与河北地区的瓷娃娃顶油灯，古朴典雅，富有生活情趣，在灯彩的发展过程中，逐渐形成了许多地域特色鲜明的灯彩形式。如潮州的台式花灯，俗称“灯色”的佛山灯彩，还有誉满天下的江浙灯彩等等。端庄典雅、气质文秀的无骨灯、夹纱灯等都是很有代表性的苏灯精品。还有南京夫子庙的兔子灯、狮子灯、荷花灯也以其简率质朴盛名流传至今。

灯具所显示的民族地方特色实际上与民间艺人的匠心是息息相关的。民间流行的铜、铁质灯具虽没有宫廷灯具那样华丽，但造型和装饰也很有特色，表现了民间艺人的匠心。如藏族牧民使用的一件铜油灯，灯体为莲花瓣状勺形，尖端放置灯草；灯上还附有带弯钩的夹子，以用来调整灯草的长度和清除油中的杂质。流行于山西晋中地区的附油罐铜灯，一般高 26 厘米，为带承盘高柄灯；承盘作花瓣形，敞口、浅盘，底为喇叭形圈足；桶由上下两部分组成，下部为花瓶形，直接从承盘中央支起；上部为圆柱形，下粗上细，插在下部花瓶形柄上；柱顶顶着一碗形灯盏，盏内置有一壶形油罐；其有口、流和执耳，流细长便于注油；灯附灌油装置，自古有之，然而能做成如此精细油罐与灯配套者，比较少见。云南大理地区有一种铜两用灯，为白族群众常用的油灯，由上部灯勺和下部灯盘及灯柄构成。使用时，可放置在桌上，也可挂在墙上，上部的灯勺还可单独使用。灯体设计构思和造型都非常巧妙。河南用生铁铸造的附油勺灯，在喇叭形镂空环形底座上支起一浅圆形承盘，然后在承盘中央向上立起两节长柄，上顶一灯盏，灯盏内置有一油勺，油勺形制甚独特。

元宵节在它延绵流长的过程中，出现了各地的特色。比如，扬州的灯彩和苏州的元宵节。

唐诗人李绅诗“夜桥灯火连星汉”，王建诗“夜市千灯照碧云”，杜牧所写“扬州盛地夕，常有纱灯万数，辉耀罗列空中，九里十三步街中，珠翠填咽，邈若仙境。”这些诗文正是扬州繁盛的灯景之夜的形象记录。

随着商品经济特别是盐业漕运的发展，扬州在清代已成为全国著名的重要商业城市。扬州许多技艺精湛的手工艺品，适应清宫廷的需要，而大有发展。灯彩在全国也很著名，既作为传统的民间习俗广为流传，又形成官僚豪富们争奇斗胜的风气。康熙四十四年（1705），康熙帝第五次南巡，曹雪芹的祖父曹寅以巡盐御史的身份在扬州接驾，事前出巨资修缮三汊河塔湾行宫（在今高寺内），当时的盛况是“行宫宝塔上灯如龙，五色彩子铺陈古董诗画无计其数，月和如昼”。

清初扬州扎制灯彩已具有很高技艺，其一是“提灯”，其二是“举灯”，其三是“拉灯”，它们集彩扎、裱糊、剪纸、刺绣和书面、诗文于一体，是扬州灯彩艺术得天独厚之处，形成了一种鲜明的地方特色。孔尚任曾有诗云：“好奇偏是广陵商，新胜街头仰面赞”，即道灯肆之盛。

扬州的灯彩中，以“料丝灯”最为著名。“料丝灯”，据《扬州画舫录》记述：“士人制料丝灯，以线系之，于线孔中纳萤；其式方、圆、六角、八角及画舫、宝塔之属，谓之萤火虫灯。”

清代扬州以扎制灯彩为业的民间艺人，为生计所系，竭尽巧思，创造时新灯彩，来迎合人们的情趣，这也促进了灯彩造型及其装饰艺术的不断提高。《钮灯行》长诗一首中，盛赞其艺，诗中写道："人马禽兽百花丛，间以锦丈分十段。红蜡遍点透精光，色色活跳来几案。"

每当农历新旧岁交替之际，早在腊月二十三（或二十四）"送灶王"之夕，人们就用长绳系红灯笼于竹竿上，高高挑起，谓之"点天灯"，以祈天降福。这盏灯每晚点燃，至除夕夜为止，有的人家一直点到"落灯日"。扬州灯节从正月十三日起为"上灯"，至十八日"落灯"，灯期共六天。伴随着张灯，扬州地区还出现了舞龙灯的游艺活动。舞龙灯者都是身强力壮技艺娴熟的汉子。

除了正月元宵灯节之外，扬州还有在其他良辰令节张灯结彩以资游乐的习俗。农历七月十五为"中元节"，俗称"鬼节"，其时，城内闹街中搭棚结幔，在棚内设醮，请僧人作"瑜珈焰口"，超度无主亡魂，称为"盂兰会"。

除此之外，扬州的灯船也是十分有名的。《扬州画舫录》记云："选僧为水上灯船之戏。"音乐舞蹈同绝妙的灯彩艺术浑然一体，形成了别开生面的灯艺奇观，多么令人心醉!

元宵张灯、观灯习俗，由来已久，到了宋明以后，更是盛行，特别像苏州这样在当时富甲天下的城市，元宵张灯之俗就更为兴盛了。据《清嘉录》记载，当时苏州"元夕前后，各采松枝、竹叶，结棚于通衢，昼则悬彩，杂引流苏，夜则燃灯，辉煌火树。朱门宴赏，鱼龙，列膏烛，金鼓达旦……凡阊门以内，大街通路，灯彩遍张，不见天日"。可见当时吴地灯节盛况。

元宵习俗，推动了人们对灯彩的需要，至迟到宋代，灯彩已经成了商品，吴、越、燕等地都先后出现了灯市，而其中尤以苏州的彩灯最为出名，天下素有"元夕张灯，以苏灯为最"的美誉。宋代著名文学范成大曾说苏州"风俗尤竞上元，一月前已买灯，谓之灯市，价贵者数人聚博，胜则得之，喧盛不减灯市"。每至元宵前后，苏州街市到处都有店铺，出售各种彩灯。

范成大还先后写下过《上元纪吴中节物》、《咏吴中二灯》以及《灯市行》等诗，他在《上元纪吴中节物》组诗中，有“千隙玉虹明”之句，并自注道：“琉璃球灯每一隙映成一花，亦妙天下。”诗注中还有“琉璃壶瓶贮水养鱼，以灯映之”的记录。以琉璃做成金鱼缸形的灯，将鱼缸和灯光巧妙配合，可达到“映光鱼隐见”的奇妙效果，苏州工匠手艺之巧，可见一斑。此外吴地艺人还创造出了一种可以利用热气运动的走马灯。清代的周宗泰在《姑苏竹枝词·走马灯》中写道：

坐上初看吐绶红，夜深童子忽开笼。
羽毛争讶分明处，烽火都归踊跃中。
句到孟韩犹觉晦，力如刘项漫争雄。
独持一炬当樽俎，输与朱翁善折冲。
沿门彩子塔高台，一听锣声心也平。
倩女扮男男扮女，采茶灯去马灯来。

明代王鏊《姑苏志》就也提到过走马灯：“吴灯，往时最多……或悬剪纸人马于旁，以火运动，曰‘走马灯’。”同为吴地老乡的吴宽曾有一诗，专写此灯，道：“铁骑交驰映落晖，长戈应藉鲁阳挥。真成烽火连三月，早筑金城已四围。矢石深觉坚莫破，旌旗影转疾如。伯仁一炬非相戏，信落兵家第二机。”

苏州人爱赏灯，元宵节就有盛大的灯市。范成大在《灯市行》描写了当时的情景。诗云：“吴台今古繁华地，偏爱元宵灯影戏。春前腊后天好晴，已向街头作灯市。叠玉千丝似鬼工，剪罗万眼人力穷。两品争新最先出，不待三五迎东风。儿郎种麦荷锄倦，偷闲也向城中看。酒垆博塞杂歌呼，夜夜长如正月半。灾伤不及十之三，岁寒民气如春酣。侬家亦幸荒年少，始觉城中灯市好。”

第三节 灯具的社会功能

一、基本功能

从以上对灯具的艺术分类及艺术特征的分析，我们已经看出，灯具作为中国造物的一个重要文化现象，与其他造物文化一样，具有鲜明的功能特征。潘鲁生在《民艺学论纲》一书中，曾指出："民艺的基本功能有三，即造物的实用功能，造物的审美功能和造物的认知功能。"

关于造物的实用功能，"人们首先必须吃、喝、住、穿，就是说首先必须劳动，然后才能争取统治，从事政治、宗教和哲学等等"。[1] 关于造物的审美功能，"只有在人类的精神改变了物质，使人们以他们的理智及道德的见解去应用时，物质才有用处。另一方面，物质就是模塑或控制下一代人的生活习惯的历程中所不能缺少的工具。人工的环境或文化的物质设备，是机体在幼年时代养成反射作用、冲动及情感倾向的实验室"。[2] 关于认知功能，"认知功能是造物的主要构架，与造物的心理机制，视觉感受，触觉感受等因素密切相关。它作为人们又一种要求反映在造物的过程中，并为工艺技术的具体展示创造了可行的条件"。[3]

"认知功能是区别于实用功能和审美功能并使二者联系沟通的积极而活跃的因素，它更集中地体现于造物的设计、制作过程中，而其他两种功能则集中体现在创制之前的目的性和物品的功能上。"[4] "在上述三种造物的基本功能中，实用功能是首要的、基本的，是满足于人类物质性需要的功能；审美功

[1]《马克思、恩格斯选集》，人民出版社 1984 年版，第 41 页。

[2] [英] 马林诺夫斯基：《文化论》，费孝通等译，中国民间文艺出版社 1987 年版，第 5 页。

[3] [4] 潘鲁生：《民艺学论纲》，北京工艺美术出版社 1998 年版，第 140 页。

能是满足人类审美需要的精神或情感功能；而认知功能则是偏重于理性和科学性的功能。”[1]

二、特殊功能

灯作为一种民间工艺，也应具有以上几种基本的功能。而同时它又具有多种自身独特的具体功能。就实用功能而言，灯具有照明的功能；就审美功能而言，灯具有鉴赏的功能；就认知功能而言，灯具有标志的功能。除此之外，灯还有娱乐的功能、满足信仰追求的功能、喻志的功能、巩固区分社群精神空间的功能等。具体而言，灯具自诞生以来，就具有“照明”的功能，这是它作为造物发明的最基本的功能，正因为它具有“照明”的基本功能。因而，它就作为节日，如元宵节烘托节日氛围的重要装点和鉴赏的工具之一。这样，在漫长的人类历史发展过程中，灯具逐渐成为习俗节日重要的道具，慢慢地具有了习俗点题的功能和娱乐的功能。比如在元宵节中，人们创造了灯谜等传统的娱乐游戏，有些民族在端午节，以“放河灯”的习俗来点化端午的习俗。在传统习俗中，由于“灯”的烘托与点化，人们的诸多信仰便在其中得到了满足。比如，人们对于“添丁”的祈愿用“点灯”来展示。随着灯具的广泛应用，灯具也逐渐被应用于户外而被作为招幌之用。

最重要的是，“灯”已经不仅仅作为一种可见的形式存活于人们的日常生活中，而且，也常常以无形的形式或者虽以有形的形式但却以无形的力量存活在人们的意念中，从而，也形成了它独特的功能。比如，古人常常借用文学的形式，来借“灯”喻志或表达多种思念之情。有些族群运用“游灯”的形式或巩固或区分社群的精神空间。

“空间建构能力不仅体现在有形空间，也体现在精神空间。家族聚落的形成既是有形空间的拓展，也是精神空间的建构。在村落中有属于家族和村落

[1] 潘鲁生：《民艺学论纲》，北京工艺美术出版社 1998 年版，第 142 页。

的两类公共空间，它们体现了村落空间建构的地理秩序、历史秩序和家族、信仰秩序。”[1]

精神空间的建立除了依靠本家族的共同信仰外，也要靠一些有形的民俗活动来得以展现和稳固，形成本家族的地方特色和势力范围。比如，在赣南地区，有关“灯俗”的礼仪和活动一度成为家族精神空间建立和巩固的手段，也显示着家族的精神特质。“正如赣南的山区经济一样，赣南的历史与文化也非常具有特点。赣南戏曲艺术以采茶为代表，而采茶戏的形成与闽粤赣三边地区客家之间的互动有密切的关系。明清时期闽粤客家人回迁赣南，带来的采茶灯与赣南的民间灯彩艺术相糅合，辅以茶篮、纸扇等道具，发展成了颇具地方特色的赣南采茶戏。”[2]

花灯虽然表面上只是一个俗物，但是，它却是象征家族集群的一个标志物，同时，也是区别于其他家族的一个标志。赣南富东地区每年正月初十至十五都要举行“游花灯”活动，这一民俗活动辐射到附近的源村、永丰、洛口一带，但只有富东的村民才真正地掌握了花灯的制作技术。“游花灯”一度成为富东村村落政治的仪式表演。“民间的仪式表演具有深刻的象征意味。人们在具体的时空坐落中使用一定的象征符号，由于人所具有的社会归属性，人们所表演的仪式与村落的政治经济和人际关系存在着深层的互动。具体而言，家族之间的关系会影响到村落的仪式表演，同时，在仪式表演的过程中，仪式将会被村民利用来进行社会秩序的建构，而在富东村，村民更多的是利用传统的节日表达自身对家族政治、经济地位的看法。在仪式表演的过程中，家族的力量占有重要的地位，仪式的表演既是家族历史的记忆，也是家族现实的反映。”[3]

富东村的罗、李两姓，每年的正月初十至正月十三都要举行“游花灯”

[1] 刘晓春：《仪式与象征的秩序》，商务印书馆 2003 年版，第 59 页。

[2] 刘晓春：《仪式与象征的秩序》，商务印书馆 2003 年版，第 41 页。

[3] 刘晓春：《仪式与象征的秩序》，商务印书馆 2003 年版，第 143 页。

活动，村民称之为“过灯”。富东游花灯在元宵节之前，为的是将用过的花灯在十四日那天卖给附近的源村。“一般的花灯大约有1—2米高不等，八角形，由下往上共四层，第一层为一长方体空间，点放一盏盏盛满茶油的灯；第二层共有三个圈层，每一圈层都是不同的剪纸人物，民间称之为‘故事’，外圈有‘三星在户’、‘金山寺’、‘罗通扫北’、‘孙悟空斗牛魔王’，中圈为八仙，内圈分上下两层，上圈为‘四大功曹’，下圈为‘观音坐莲’；第三层共两圈，外圈镂有各种花鸟，内圈则为诗歌：‘爆竹声中一岁除，春风送暖入屠苏，千门万户瞳瞳目，总把新桃换旧符’；第四层最窄，周边均饰以镂空剪纸，有万字、破焦、双钱、十字等图案；内中剪纸人物的手脚均由细发牵引，只要底层的油灯点着，花灯内的气温升高，花灯内外的气压不同，产生空气的强烈对流，使内部各圈层转动，从而带动人物的手脚。”[1]

花灯何以在富东流传的原因通过民间一段传说可得以考证：富东罗姓一生意人在苏杭一带做生意，看见花灯的形状精致漂亮，很想把花灯传到自己的家乡，便装了三年的哑巴，把花灯制作手艺偷学到手，于是把花灯技艺带到了富东。因此，后来在某种意义上来说，“过灯”也是富东村民展示各自手艺的一个机会，在游玩的过程中，村民们有明显的相互炫耀、比试花灯制作技术的情感因素存在。

除了显示技艺之外，在过去，富东地区的“过灯”也有娱神的功能。这个地区的李姓和均门、樟树坊以及梅口罗氏均有福星菩萨，“过灯”时均门罗氏须将堡障下的福星菩萨放在“木头门”，李姓则将其放置在“忠武祠”左侧的牌坊，樟树坊罗氏则放置在“三字门”，梅口罗氏则放置在“圣旨门”，届时观看村民游灯。正月十五，村民将福星菩萨扛到每家每户的厅堂，接受族人的敬拜，福星菩萨进门时须点烛，进门与出门时各鸣放一响“神铳”。“过灯”之所以要经过村落的各个路口、水口、祠堂、社公庙，还得请福星菩萨观灯，村民认为，目的是向祖先、神、鬼等报告本坊添了多少人丁，请它们予以保佑，不致伤害，同时也向族人以及其他家族显示本家族的人丁兴旺、家族繁荣。除了“过灯”的主人之外，其他非“过灯”的人家也会制作花灯，待元宵节期间游玩。过灯的意义与象征除了被民间广泛寓意的“灯”与“丁”之间的隐喻关系

[1] 刘晓春：《仪式与象征的秩序》，商务印书馆2003年版，第143页。

之外，[①]还被村民赋予了认同家族统一体的文化政治意义，通过游灯仪式达到人丁兴旺的家族目的，使家族在人口数量上具有抵制外姓的实力。

我们从源村曾姓家族和赖姓家族的争斗可见一斑。“在历史上源村也是一个多姓村落，主要有赖姓，赖姓家族发达，人口旺盛，有‘三十六条好汉（武功高强之人）三十六口水井’之说，可见人口之多，且居住在源村的中心地带。曾姓却受赖姓的欺压，据说赖姓在村落中拦丧劫嫁，不准曾姓在择好的日子里出殡，还享有曾姓新娘的‘初夜权’。直到明朝永乐四年（1406）大厦房曾慎[①]高中进士，授翰林院编修之后，曾姓才开始有政治和经济的实力实施他们的驱赖行动，设法将赖姓挤出源村。曾慎一方面采取拉拢讨好的方式，与赖姓族长结拜为兄弟，另一方面又请来风水先生，请教如何在风水上‘制弄’赖姓，使其在源村慢慢地衰落下去。风水先生告诉他：赖姓的祖坟是猪婆形，而曾姓与赖姓交界的这块地盘正好是虎形，猪怕老虎，你们可以在此建一庙，并在庙前方的两边呈八字形栽种‘鸡婆树’（当地俗名，属于灌木）为虎须，大门两边开两个窗户，夜晚点上油灯，犹如老虎的两只眼睛，连点三年，赖姓在源村的势力便受到来自曾姓的严重挑战。在不久后，曾慎对赖姓实施毁灭性的打击，在他 63 岁生日的时候，宴请赖姓人，共有三十门席，每席均按七个曾姓一个赖姓的席位就座，赖姓坐上席。曾姓暗中将凳子与桌子用铁链链住，防备赖姓反抗时以凳子作为武器，曾姓七人将难以匹敌，等曾慎号令一发，曾姓集体动手对付赖姓，赖姓只有三人逃离，据说还是从天井上飞出去的，曾姓一直追到赣背将其中的两位毙杀之后，只留下一位逃到洛口的球田，才在那里落脚开基。从此之后，源村便基本上是曾姓的天下，在曾姓的观念里，源村只有曾姓才能在此居住，其他姓氏均不能发家。源村曾姓为了使他们能够世世代代在此兴旺发达，便在每年的正月十五举行‘过灯’仪式，以房为单位集体出资为头一年添丁的人家制作一座花灯。”[1]

由于赖姓的衰败，过灯所巡游的线路仅仅局限于家族自身成员生活的区

[1] 刘晓春：《仪式与象征的秩序》，商务印书馆 2003 年版，第 143 页。

域，不具有作为两姓村落的富东过灯时巡游两姓生活区域的仪式，因此，从这种意义理解，源村曾姓每年一度的过灯仪式也可以说是对家族占据源村、排挤外姓一历史的仪式记忆，在本质上，过灯仪式的象征与源村曾姓的排他意识是相一致的。

“过灯”仪式进行的同时也是对村落各个家族之间的生活空间与精神空间的一次仪式性勘定与确认。这样的仪式年复一年，在村民的意识中，一次又一次地强化了家族之间的生活空间与精神空间限，因此，这种仪式行为也是家族的一种空间建构。在富东“游花灯”过程中，严格规定与遵守“游花灯”的线路，不得逾矩，否则会导致罗、李两姓之间的冲突。

在仪式的实际表演过程中，村民对仪式传统的恪守是对村落现有空间秩序的认同，而对仪式传统的逾越或背离则可以说是对现有的村落空间秩序的仪式性挑战。

“1995 年，水塘李姓‘游花灯’，李姓村民到与之临近的梅口地界游玩，尽管梅口居住了四户李姓人家，但是由于传统的游灯路线规定了李姓不得在梅口与水塘的交界处游玩，这次李姓非得要在梅口游李氏家族的‘乌龟灯’，住在梅口与水塘交界处的一户罗姓人家要求李姓在梅口不得游‘乌龟灯’（李姓居住的地名为水塘，村民认为有乌龟才吉利，所以每年的元宵节，李姓都要游‘乌龟灯’。‘乌龟灯’：游玩者背上缠满稻草，插上香火，头上绕一圈稻草，也插满香火，罗姓人认为这种灯比较恐怖），由此引发了罗、李两姓之间的一场械斗。表面看来，这只是由两姓风俗习惯的不同而引起的一场争斗。其实透过这场械斗，我们可以发现罗、李两姓之间关于生活空间与精神空间的争夺历史与现实。”[1] 很显然，“游花灯”仪式中罗、李两姓共同遵守的游灯路线，实际上是各个家族基于共同生活空间的仪式行为。

通过以上分析可以看出，“游花灯”既是村落中各个家族对人丁兴旺的仪式性奖励，也是村落中各个家族对空间格局的仪式性界定，各个家族表演的

[1] 刘晓春：《仪式与象征的秩序》，商务印书馆 2003 年版，第 143 页。

仪式表达了家族村落空间建构能力的差异。

所以，富东村村落的仪式可以说是在村落特定时空制约下的一种文化创造。它既是村落历史的一种仪式性记忆，受村落时空的制约，同时，是村落历史的延续，也是家族现实力量以及村落结构的真实反映。

小　结

灯具的分类，艺术特征及其功能是有关灯具文化研究的三个紧密联系的层次。灯具的分类使得我们识得了灯具的各个品类及其基本的或本质的特征，也使得我们分析了灯具的各种形态；而对于灯具艺术特征的分析及描述，使我们从对灯具浅层的、表面的认识逐渐深入到灯具文化的内部结构，触探到了灯具的精神内涵和造型文化内涵。在对灯具的分类、灯具的艺术特征的研究基础之上，灯具的功能便逐渐突显出来。它蕴含在灯具的分类及艺术特征之中，同时，又是对前两者的认可与总结。

综上所述，灯具的分类可以有以下几个分类方法。

第一种分类方法是从灯具本身的特性来分。

首先，从灯具本身的特质，如形制、材料、燃料来审视，灯具可以这样来进行分类：(一）按灯具的形制来分类，(二）按照灯具制作的材料来分类，(三）按照灯具的燃料来分类，(四）按照灯具是否可移动、可拆卸翻转的特征来分类，(五）按照灯具的动、静态来分类，(六）按照灯具是否为独立性设计来分类。其次，从灯具是否具有实用性的角度来审视，灯具可以分为实用性灯与非实用性灯。

第二种分类方法按照灯具的社会意义和功能及其与人居环境的关系来分类。

按照灯具的社会意义和功能来分，灯具可分为祭祀类灯、娱教类灯、装饰类灯、游艺类灯、精神意义类灯。按照灯具与人居环境的关系来分，灯具可分为宫廷之灯与民间之灯，或者是室内之灯与室外之灯。

第三种分类的方法是按照灯具的出产地来分。比如，灯具可分为本土之灯、异域之灯和舶来之灯。

灯彩是中国古灯中一个重要的品类，它显得尤其丰富庞杂，因此，对灯彩的分类也显得尤其重要，它为厘清灯彩在民俗民风中的作用起着铺垫的作用。如果对之加以细分，“灯彩”还可以这样分类：

首先，按照灯彩的材质、形制和制作工艺来分；其次，中国的灯彩有些是静态的，也有些是动态的，无论以何种形制出现，它们总是与一定的民俗事象或仪式有着密切的联系，因而很多灯彩被赋予了深厚的文化内涵。据此，我们又可以根据灯彩不同的特殊文化内涵、意义和功能对它进行分类。比如，依据灯彩与不同的人生礼仪之间的关系，我们又可以将它分为：与生命意识有关的灯彩、与婚俗有关的灯彩、与丧俗有关的灯彩、与生育有关的灯彩等。灯彩与中国古代的其他文化艺术还有着一定的关联。比如，有些灯彩与中国的古代神话传说故事有关，有些灯彩与中国的戏曲舞蹈艺术、宗教文化有关。中国的灯彩艺术虽然庞杂丰富，但它们始终扎根在中华大地之上。因而，在它形成发展的过程中，灯彩则显示了鲜明的时代特征和独特的地域特色。还有些灯彩，无法笼统地归类，但是它们却有着特殊的意义，如湟源排灯、孔明灯、姓灯、鬼吹灯、春灯、善富竹灯等。还有些与灯彩有关的仪式则显示了多重的含义，如放河灯等。

我们通过对灯的分类以及对个别灯具的识读，得以总结到灯具的艺术特征和社会功能。

灯具有以下几个艺术特征：技术与审美的统一；动态与静态的结合；再现与表现的融合；民族的地方特色和民间艺人匠心的结合等。

在对灯的分类及灯的艺术特征的研究基础之上，作者又总结了灯的功能。基本功能和特殊功能。基本功能有：实用功能、审美功能和认知功能；特殊功能有：照明的功能、点化习俗的功能、娱乐的功能、满足信仰精神空间的功能、喻志的功能、巩固区分社群精神空间的功能等。本章重点描述了灯具喻志的功能和巩固区分社群精神空间的功能，因为这两个功能更能深刻地显现灯具具有的一种无形的精神引导和精神力量。

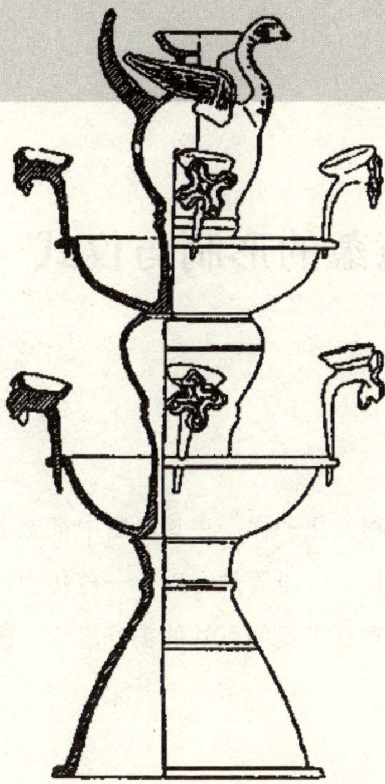

第四章

灯具的文化内涵与民俗意蕴

第一节　富有意蕴的形制与仪式

一、形制的文化内涵

中国古代灯艺术的创造与其他造物文化一样，在其形制中都融进了一定的文化内涵，比如古代的枝状灯、鳌山灯、玉管烛台以及一些仿生灯具，它们或体现了中国古代的造物思想，或寄托了民间百姓的美好愿望，或承载了丰厚的文化意蕴。

（一）枝状灯与生命树

枝状灯是中国古代灯具中常见的一种灯的形制，它包含了古代人们悠远的神话观念（如图 4-1、4-2、4-3、4-4、4-5、4-6、4-7、4-8、4-9、4-10、4-11、4-12、4-13、4-14、4-15）。

两千多年前的战国时期，一个夹道于强国之间的小诸侯国中山国，设计出了精巧独特、令世人称奇的艺术品——十五连盏灯。这是中国当前出土的年代最早、最有特点的灯具之一，每当人们提及中国灯史的源流时，都会追溯到这件灯具。由于该灯酷似一株树，并有十五条“树枝”，因此被称作“十五连枝灯”。它总高 84.5 厘米，共有八节链接而成，每节都有榫卯，可以

图 4-1 ▲

羽人座铜灯

图 4-2 ▲

陶百花灯

图 4-3 ▲

陶百花灯

图 4-4 ▲

绿釉九枝陶灯

图 4-5 ▲

三枝青铜灯

图 4-6 ▲

汉代陶九枝灯

图 4-7 ▲

汉代铜十二连枝灯

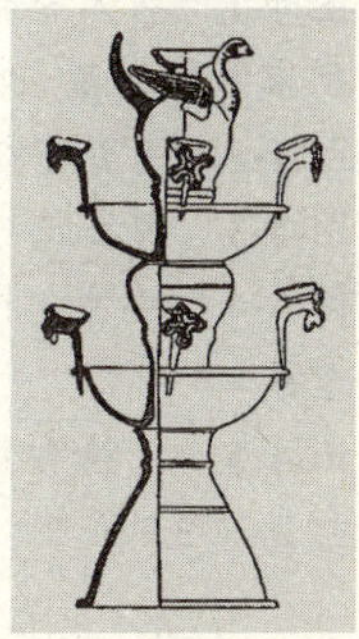

图 4-8 ▲

汉代朱雀九枝陶灯

图 4-9 ▲

汉代十枝陶灯

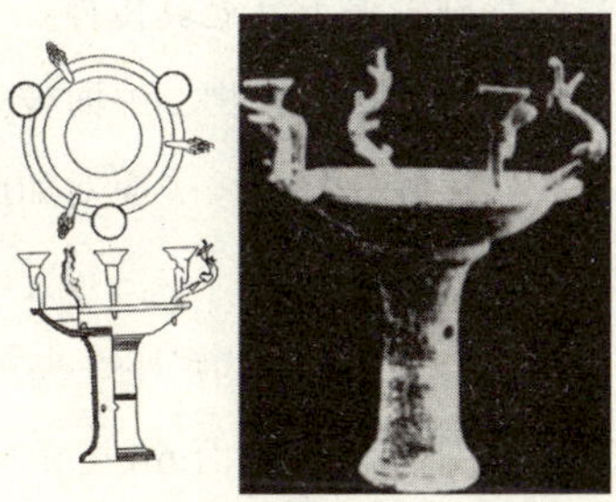

图 4-10 ▲

汉代釉陶三龙三枝灯

图 4-11 ▲

汉代凤鸟九枝陶灯

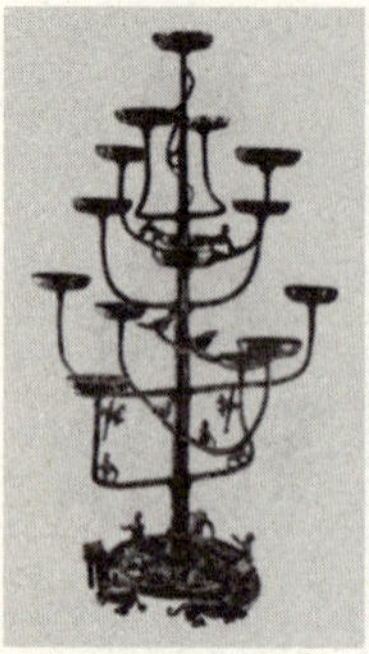

图 4-12 ▲

战国青铜十五枝灯

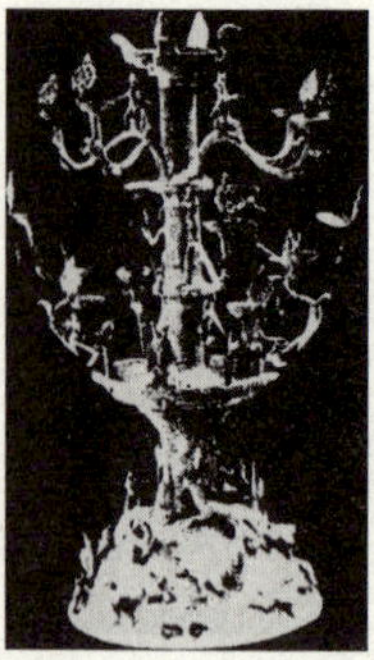

图 4-13 ▲

汉代十三枝陶灯

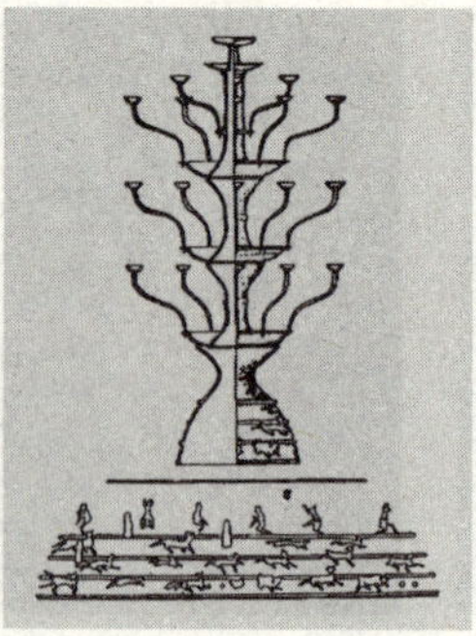

图 4-14 ▲

东汉二十九枝人物

图 4-15 ▲

清代五枝灯

图 4-1　羽人座铜灯　东汉（25—220）　高 30 厘米　底径 12.8 厘米　广西梧州市博物馆藏

图 4-2　陶百花灯　东汉（25—220）　通高 92 厘米　洛阳文物队藏

图 4-3　陶百花灯　东汉（25—220）　高 104 厘米　河南博物院藏

图 4-4　绿釉九枝陶灯　东汉（25—220）　高 65 厘米　宽 39 厘米　首都博物馆藏

图 4-5　三枝青铜灯　东晋（317—420）　高 63 厘米　灯盏直径 9.8 厘米　承盘直径 33 厘米　南京博物院藏

活泛拆装。每条枝端都顶有一个灯盘，主干顶端的灯盘最高，错落有致，美观大方。灯座为圆形，加以镂空的蟠螭纹装饰，精美细致。整件作品的点睛之笔在于枝上雕饰了两对对称的猴子嬉戏、栖鸟啼鸣以及灯座上两个男子抛食逗猴的情景，每件静物都刻画得十分逼真传神。一对猴子单手抓树枝吊在枝上，好奇地看着下面的人抛上来的食物，下面枝条上的猴子迫不及待地要去争抢，栖鸟昂首唱出婉转美妙的歌曲……面对如此富于生活的场景，观赏者很轻易地被带到悠闲和谐的大自然中。

汉代流行的一种铜质“枝灯”，圆盘底座中央主干以三截向上通天，顶端灯碗一盏。主干每截相接处，各以平面 60 度角向三个方向伸出三枝，枝头向上弯曲，枝端各灯碗一盏，共九枝九盏。这样一棵一灯居上枝、九灯居下枝的通生命之树，正是《山海经》中所描写的：“汤谷有扶桑，九日居下枝，一日居上枝”的扶桑树。这个深凹的底座圆盘正是汤谷东海。在人类观念中，黑夜里的灯和太阳一样，给人类带来光明与温暖，灯就是黑夜里的太阳，所以在扶桑树通天通神观念流行的汉代社会，枝状灯就是若木扶桑生命之树。枝状灯作为生活用具，是长寿的象征；枝状灯作为随葬器物，则有象征辟阴就阳、永生长明的功能。

冥灯普遍具有“长明灯”的含义，可为死者驱除黑暗，引领灵魂顺利到达极乐世界。而整体造型为树形，一方面能够更生动地展示多盏灯盘，更重要的是中国自古以来对树的崇拜，认为树是太阳的居所，而且是沟通人与天界的阶梯。此灯的主要用意大概是用作死者的通天工具，而树干上那条攀援而上的蛟龙，或许就是沟通天地两界的使者吧！又如北凉时期用松木制成的连枝灯、济源市桐花沟十号汉墓出土的多枝陶灯等，大概都有树崇拜的因素。

沿着中国古代灯具造型的演变和发展的轨迹，让我们的视线转到几百年后的东汉，在今酒泉市的下河清墓群中，埋藏着一件艺术珍品——摇钱树形灯。该灯高116厘米，有五节连成，同十五连枝灯一样，每节叶与灯盘、主干与叶间都有榫卯，拆装非常方便。灯座为圆形，有镂空的大象、羊、鹿、马等图案。整枝共有七个灯盘，六盏位于第一层的四片厚叶和二层的两片厚叶末端，一盏置于中柱顶端，每个灯盘口均有花叶装饰，叶片为镂空设计。一、二层中末端放灯盘的枝叶较厚，刻有鸟兽、人物、华盖连续图案，反映着人与自然界中的益鸟、益兽和平相处的祥和景象。第二层中另有两片薄页，每片以叶脉为界，上部刻画人、凤凰、骆驼等歌舞升平的景象，下部为连续的七枚方孔圆形钱币，第三层有四片薄叶，其中两片分别饰有两个男子共同猎虎的情景，另两片各饰有连续的十枚方孔圆形钱币。这些钱币被置于灯台中最易与视线接触的位置，可见其所要表达的寓意也是此灯具的重点。

当前发掘的最早、最具代表性的，当属四川广汉三星堆二号祭祀坑中的六件大小不一的“神树”。神树在入土之前均被砸烂并焚烧，当前保存情况最好的一号神树个体在其中是最大的，原高超过四米，想必地位也最为重要。这些神树普遍都刻有飞鸣的华鸟、鲜熟的果实和缥缈的祥云。二号神树树座上还有三个跪祭俑，他们双腿跪地，双手平举于胸，右手上左手下，作抓握器物状。其中一座小型铜树的树头立有一人首鸟身的怪兽，鸟身饰有华丽的勾云纹，头部为表情肃穆庄严的人面形象。这些特殊的符号都把神树与古代三星堆居民的宗教信仰、祭祀活动紧紧联系起来。神树成了他们祈求神灵庇佑、沟通人神两界的工具，同时也成为崇拜的对象。

另一具有典型代表意义的是一件随葬的髹漆自然树，2002年出土于湖北荆州五山村的战国中晚期卿大夫或封君级别的楚墓——天星观二号墓中。神树取材于一株成年自然树，经过精心修饰、雕琢，在树枝梢头等处以圆雕的手法精制了鸟、猴、豹、螺等众多动物，枝干表面与底座也经认真漆饰，将一颗自然生长的树赋予神圣的内涵。虽然中国古代神树的出土实物屡见不鲜，但以真实树木为原材料的还仅此一件，在众多研究树崇拜的数据中是十分珍贵的。

罗杰·库克原著、法国让·布来特译的《生命之树》法文版第55图例中有“中国有庙宇装饰图案的菩提树木雕”(现已被毁)。这个木雕中的菩提树就是由水中长出的扶桑、若木和通天建木，它只是把枝头九华、九日、九盏灯换成佛教太阳神的莲花座上的菩萨佛祖。其实，这种枝灯形状的生命树，在东西亚文化中是常见的。距今2300年的美索不达米亚石树枝上画的对鸟圣树，就是这种枝灯象征的圣树。罗马人洗劫耶路撒冷时，从一座庙里抢出来的烛台（公元81年以后)，也是这种枝灯。人们常常用枝状的植物和火（或光、灯）的组合状物来强化“光明”的圣树：着火的乔木和灌木（所谓光明之树）在宗教、神话和民间故事传说中是常见的，因为神圣的万物经常用火和光来表现；树干从根部汲取生命之液，在上升时集中在一起转化为珍贵的“生命之油”，能在花果里燃烧发光；犹太教几乎总是以开花的巴旦杏树代表生命树，巴旦杏树在小亚细是报春树，它的白色绚丽的花朵出现在叶子之前，摩西让人们模仿巴旦杏树的形状做出有七个分枝的烛台上的花萼、花冠和花（《圣经·出埃及记》)。“对《旧约全书》进行传统解释的犹太人所说的权也同样把神圣之光的宇宙象征和生命树的宇宙象征结合在一起。”[1]《旧约全书·出埃及记》第25章说：耶和华晓谕摩西说：“要用精金做一个灯台，……从灯台叉出来的诸个枝子都是如此……要做灯台的七个灯盏，祭司要点这灯使灯光对照。灯台的烛剪和烛花盘，出是要精金做的。”同样，中国民间艺术中的“老鼠上灯台”与“猴子上桃树”，都是这种神圣之光的宇宙象征和生命树的宇宙象征的合一。

建木说：《淮南子·坠形训》记载：“建木在都广，众帝所自上下，日中无景，呼而无响，盖天地之中也。”建木被看作是天地中心的枢轴，是神仙与人间沟通交往的“天梯”。《山海经·海内经》也说：“名曰建木，……大暤爰过，黄帝所为。”可见大暤也曾经通过建木往返于天庭与人间。神树可能被塑成可通仙界的通道，满足人们成仙的欲求。

向神灵祭拜、奉献的祭坛或供台：以大树为宗教活动的场所不是什么罕见的现象。三星堆的一号神树很可能就作为祭坛的中心，而二号神树座上的三个跪祭俑，明确地证实了神树作为祭坛的意义。

神树本身也是被崇拜的对象，古代农业民族为祈求丰收而普遍崇拜地母，社树就是地母崇拜的表现之一。中国古代曾有“夏后氏以松，殷人以柏，周人以栗”作为社树加以崇拜的记载，可见古代的社树崇拜是相当普遍的。

萨满的“巫觋”：有学者认为一些神树标本，如三星堆青铜树的结构特点明显具有强烈的“巫觋”特征，较为冒尖的表现为“以舞降神”和“沟通人神”的萨满特征，尤其与萨满中鸟类为最常见的具有通天能力的向导这一特点相吻合。

可见，枝状灯由生命树而来，而生命树的意义从中国古代的摇钱树中可见一斑。古代的摇钱树就是墓室中的“钱树”。“钱”与“树”的结合可追溯到商代。其实商代的钱树上最初挂着的并不是钱，而是璧瑗。璧为平圆有孔之玉，为天门之象征。古代天子的宫门就有“璧门”之谓。《史记·封禅书》曰：

[1] 罗杰·库克：《生命树》，法文版，让·莱特译。

"作建章宫……其南有玉堂、璧门。"天子之宫至少以紫微宫相比附，自秦始皇起便开创了"象天设都"的传统，取"在天成象"、"在地成形"之意。因此，"璧门"就是宫门。至汉代，璧瑗被钱纹取而代之，钱纹中心呈方孔状，拟指通天之门，钱以外廓之圆表示天，以中心方孔表示地。所以钱有天地抱合、阴阳相就为化生之兆，阴阳化生可以佑生安魂。现今出土的钱树残片大都出自墓葬之中，由此，我们又可以推断："钱"主要具有驱祟护墓、佑生安魂的意义。

"钱"长在"树"上与"树"当有着密切的关系：

第一，树是鬼神依附的载体。《战国策·秦策三》中有这样的一则寓言：应侯谓昭王曰："亦闻恒思有神丛与？恒思有悍少年，请与丛博（赌赛），曰：'吾胜丛，丛籍我神三日，不胜丛，丛困我。'乃左手为丛投（投掷赌具），右手自为投，胜丛。丛籍其神。三日，丛往求之，遂弗归。五日而丛枯，七日而丛亡。今国者，王之，势者，王之神，籍人以此，得无危寄存器？"这体现了神是树林的主人，主人一旦死亡，树将枯萎。所以树是鬼神之居所其原因有两个：一是归结于树"善"之本。间向《五金通义》云："有木者，土主万物，故树木也。"树善，所以鬼神愿归之。二是源于祖先回归自然的愿望。先发最早居息在丛林之中，死后愿复归。三则因树是大地直接化生之物，而树又能化生万物，与神能化生存在着共通之处。神灵依附于某物，某物就有生命；'如果离开某物，某物即告死亡，人如此，草木依然……四是树有长命百岁之意。《庄子·逍遥游》："上古大椿者，以八千岁春，八千岁为秋。"道出了树具有四季常青、生生不息的特性。而神灵出具有四季长生不死的取义。这样神灵依附于树就理所当然了。

第二，树具有大地繁殖统治中心的"寓意"。古人认为大地是母亲，而我国五行学说中木是克土的，相克寓意着主宰，因此，树林被拟作母亲的子宫，它具有生殖的功能。另外，树林是掌握着化生万物的云雨之主。《说文》："山宣也，谓能宣散气，生万物也。"山有"生万物"的功能，而这一切功能又由云雨来控制。《论衡·顺鼓》："案天将雨，山先出云，云积为雨，雨流为水。"《吕氏春秋·顺民》高诱注所谓"桑山之林，能兴云作雨"，又点画出树林掌云雨。归根结底，树成了土地繁殖力的统治中心。

第三，“树”是通天的阶梯、日月出入的宇宙之树的象征。古人的宇宙之树有建木、扶桑、若木等。《淮南子·地形训》曰：“建木在都广，众帝所自上下，日中无景，呼而无响，盖天地之中也。”《山海经·海外东经》载：“汤谷上有扶桑，十日所浴，在黑齿北，居水中。有大木，九日居下枝，一日居上枝。”《十洲记》曰：“扶桑在碧海之中……长者数千，大二千余围，树两两同根偶生，更相依倚，是以名为扶桑。”树根植于地下，树叶伸向天空，因此古人普遍认为树是天地之间的纽带。此外，这一名称还与太阳有关。神话中的“九日居下枝，一日居上枝”、“末有十日”、“十日所浴”等，点明了神树与十日的关系。日为阳，阳表生，故树为生命之树。生命之树不断长高，向上伸展，具有“就日得阳”，的特性。

从以上阐述中，我们可以看出：“钱”是通天之门，具有“除阴避祟，佑生安魂”的功用，而“树”则是鬼魂之所居、万物繁殖的统治中心、宇宙之树枝、生命之树。“钱”与“树”具有互通之处，它们的结合强化了生人亡者的“去阴得阳、安魂佑生、登天成仙、长生不死”的美好愿望。所以“摇钱树”最初是为墓葬服务的，属于明器的一种。

“钱树”上的许多附属配饰也被用于突出“钱树”在墓葬中的功用。如：钱树的树座为山形，有海中神山（度朔山之寓意），表海国路途遥远；树上的楼阁、仙人、西王母成了海国景致的缩影；而树上的神兽则演示了灵魂登天入门的情形……钱树从树座（仙岛）到树干（登天之梯）到钱纹（天门、天界），均形象地、概括地图示了亡灵一步一步登入天国的过程，表达了生者对死者的登天得阳、长乐永生的美好祝愿。由此可见，树是鬼神依附的载体，具有统治大地繁殖的神力，并且是登天之梯，通过它，便能通达天门，就日得阳。在古代的造物中，从形式上讲与“摇钱树”相近的便是中国古代的“枝状灯”。它们两者同样都是枝状，树枝上同样都有物，只是一个是钱，一个是灯，但它们均具有辟阴就阳、安魂佑生的功能。“枝状灯”中有一种灯叫“九莲灯”，它与摇钱树一样在墓葬中具有与其相同的功能。河北省冀东平原丧祭，在灵前高立在“引魂幡”左右高达两丈的“九莲灯”，即以长杆挑起由下至上连续排列的九盏莲花灯，象征若木莲华，九灯照地，乃是通天的生命之树。夜间祭灵，华灯莲华赤华照地的若木。冀东平原没有大山，没有陇晋陕黄土高原丧祭前导的“金山”、银山，起灵时是以引魂幡和左右九莲灯为前导，在墓地下葬时焚化。起灵时披麻戴孝的长子，手里拿着用白桑麻纸剪成色芒枝芽缠绕于木棒的“哭丧棒”跪于灵前，摔了瓦盆站立起来才能起耿。其实这个桑麻白纸色芒丫杈的“哭丧棒”就是扶桑，这个瓦盆就是生出扶桑的那个水盆陶盆，即河姆渡的那个生出四叶花葩的神对水盆，从而可见，这种丧俗观念可溯源于中国原始社会。

中国甲骨文中的“丧”字的象形就是“桑”，是一棵挂满了华灯的大桑树，大概就是像陕北山区丧祭的五彩引魂幡和冀东平原丧祭的九莲灯，即树枝上挂满五色灯华的景象。甲骨文“孝”字，也是“子”字头上从“树”，为孝。由此可见古代的生命长青、灵魂不死的哲学观念已经无孔不入地渗透在以后的丧俗礼仪之中，而这一切，均是借助树的神力。人们在借助树的神力之时，再给它附加上另一种有着某种意义的事物，使二者合力，成为一种具有特殊功能的事物。比如，摇钱树就是“树”与“钱”的二者合力，而枝状灯则是“树”与“灯”的二者合力。枝状灯上的“灯”其实就是太阳鸟的化身。太阳鸟，是个世代相传的美丽传说。它是一种富有诗意、吉利祥瑞的象征，这种象征一直盛开在人们的幻想和祈福里。在我国的传统中，太阳鸟的传说，年代久远。古代神话传说中的太阳就是鸟，太阳神也就是鸟。《庄子·逍遥游》中的鲲鹏，满族文化的“神鹊”图腾，四川巴人的“神鸟”符号，无不表明了中国人的“太阳鸟”情结。“羿射九日”的神话，说明我国上古时代，先民就将对太阳有着神的崇拜。“羲和浴日”所讲的也就是太阳的母亲羲和为她的十个太阳儿子沐浴的故事。“金乌西坠，玉兔东升”中的“金乌”就是太阳；“九日居下枝，一日居上枝”，描述的就是太阳鸟。灯为光明之物，它本身就与太阳极为相似，树与灯的双重叠加，其实就是神树和鸟的复合（如图 4-16、4-17、4-18、4-19、4-20），加倍地突出了先民就日得

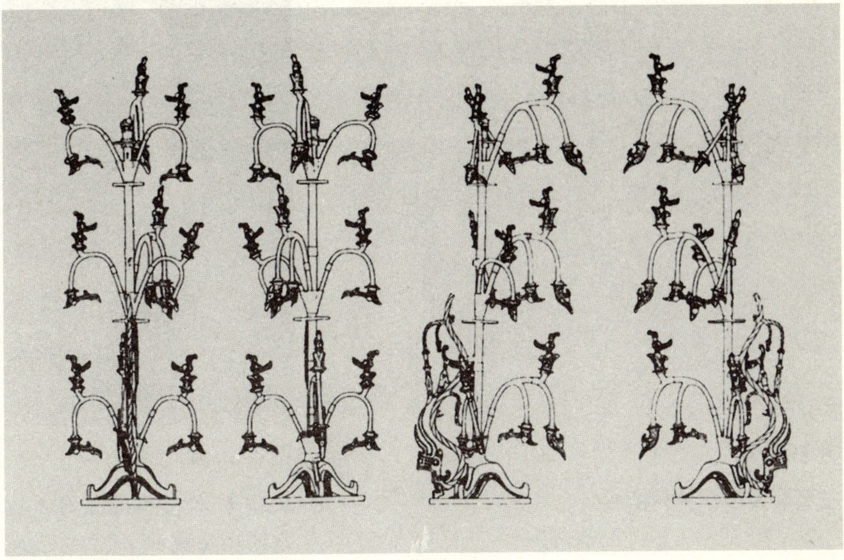

图 4-16 ▲

三星堆大型铜神树

图 4-17 ▲

三星堆大型铜神树的鸟

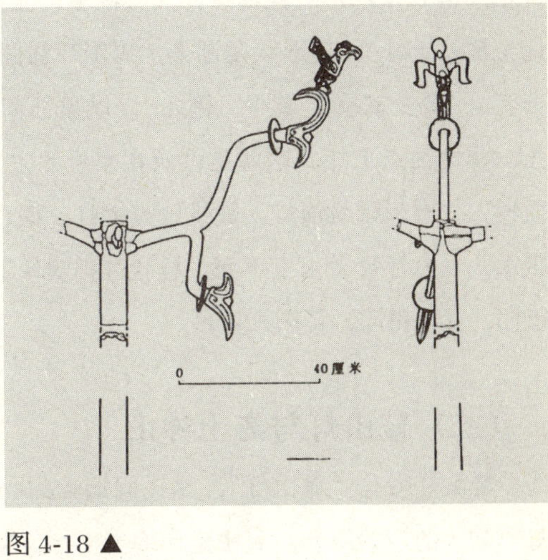

图 4-18 ▲

三星堆大型铜神树的鸟

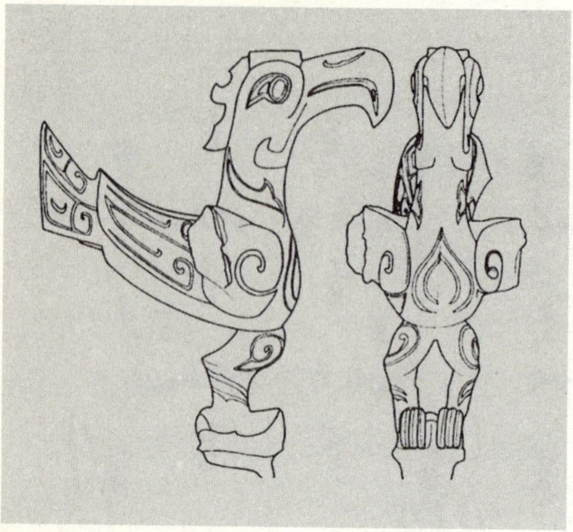

图 4-19 ▲

三星堆大型铜神树的鸟

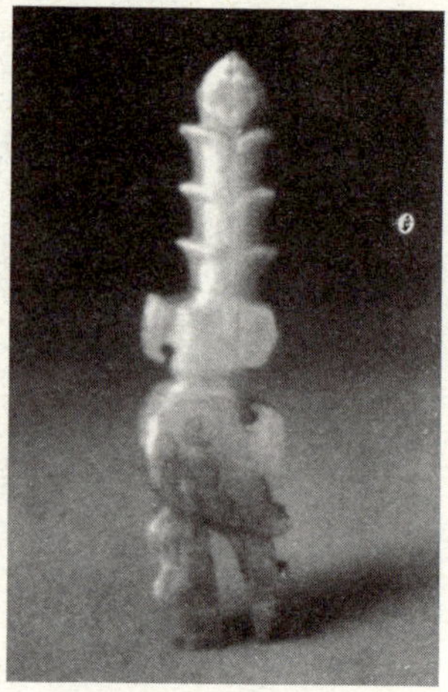

图 4-20 ▲

头顶若木枝头的玉鸟（故宫博物院藏）

阳、长命永生的愿望。在中国传统民俗中，以灯作为太阳，象征阳寿，死后又在墓葬中放进“长命灯”，象征永生，这是极为普遍的，大汶口民俗中就有正月十五家家户户捏面灯，尤其隆重的是给60岁以上的老人捏面灯，当地俗称“老灯”。其形状是圆形，周围环绕圆形捏一圈一圈的“篦儿”（花边形状），多少岁就捏多少“篦儿”，以象征阳寿。然后，在其中心挖一个碗儿，放进油点上灯，这就是供放在家里的“太阳灯”。另外，家家户户也用面捏一些圆形碗状面灯，放进油点上灯，摆在那些通天金字塔形的祖坟坟头顶端，以象征死者永生不死。枝状灯则演绎了太阳鸟的这种形态，意喻驱阴就阳，就日得阳，得阳永生。

（二）鳌山灯与海上神山

鳌山灯俗称“靠山灯”，是民间烟火的一种，可它又不同于烟火，是花灯与烟火的巧妙结合。冀中定州的鳌山灯，据史料记载，为清代同治年间一名叫“张纸匠”的人吸取前人经验所创造。先用色纸、竹篾片和篾丝扎成各种骨架，再糊成山妖、水怪、鸟兽、鱼龙等千姿百态的花灯。演出时配以音乐，会场上高高地搭起一座天棚，两侧悬挂各式花灯，中间扎成一座假山（灯山），上有“苍岩翠柏”和“古寺禅林”等。鳌山灯又叫“彩山”、“灯山”，为旧时元宵灯景之一，其相传为汉代“百戏”的“山车”演变而来，灯上所绘多以神仙为题材。宋代孟元老《东京梦华录》载：“灯山上彩，金碧相射，锦绣交辉。面北悉以彩结，山沓上皆画神仙故事。……彩山左右，以彩结文殊、普贤、跨狮子白象。”明代施耐庵著《水浒传》第三十三回：“且说这清风寨镇上居民商量放灯一事，准备庆赏元宵。科敛钱财，去土地大王庙前扎缚起一座小鳌山，上面结彩悬花，张挂五六百碗花灯。”鳌山灯在清代时依然盛行，《榕城景物考》记：福州闻山庙“每年十三至十五，架鳌山，玲珑飞动，人物花卉，都以裁缯剪彩为之，高挂异样奇灯”。宋代的张择端则在《清明上河图》中描绘了宋代的民间百态，其中就有鳌山灯海。

在清代，正月十五日之时曾在紫禁城东华门办过鳌山灯会，故有诗云：“燕赵北国古定州，鳌山灯会传流久，紫禁城里古文化，仙山琼阁祈丰收。一声巨响花团绽，毕剥几声尽戏出，彩灯变幻元宵夜，万人空巷情似酒。”总的说来，鳌山灯彩形状酷似一座山，山上则以各种景象描绘了诸多的神仙故事。这种造物形制与古代的五联罐一样，都似乎是古代“海上神山”的演绎。五联罐也叫魂瓶（如图 4-21），它是非实用的葬器，“它以有形的象征物寄托无形的信仰，作为内在精神外化形式，它体现了巫术、神话与宗教的俗用趋向和艺术表达。”[1] 魂瓶从

图 4-21 ▲

浙江上虞西晋元康四年（294）魂瓶

[1] 陶思炎：《风俗探幽》，东南大学出版社 1995 年版，第 152 页。

其功用上讲，是丧葬中的收魂、安魂之器，不过，它不收藏尸骨，仅用作亡魂的居住或者出天入地的阶梯。魂瓶的构图立意实际上是出于对远古五神山神话的图演，《列子·汤问》载：“渤海之东，不知几亿万里，有大壑焉，实惟无底之谷。其下无底，名曰归墟。八紘九野之水，天汉之流，莫不注之，而无增减焉。其中有五山焉：一曰岱舆，二曰员峤，三曰方壶，四曰瀛洲，五曰蓬莱。其山高下周旋三万里，其顶平处九千里，山之中间相去七万里，以为邻居焉。其上台观皆金玉，华实皆有滋味，食之皆不老不死。所居之人皆仙圣之种，一日一夕飞相往来者不可数焉。”五山是与世隔绝的海中神岛，同样也是不老不死的世界。魂瓶的构图正是对“五山”的仿效。高山在神话信仰中多为登天之梯，故罐口成了绝地通天的天门之象征，拟指亡灵进入天界的门户。鳌山灯彩同样以其特殊的形制与点燃后火焰不断上升的动态情景生动地演了“海上神山”的鲜活景致。鳌山灯与魂瓶最相似的地方在于，它们的身上都有海上神山的图景：山妖、鸟兽等等。鳌山灯是以糊扎花灯的手法显现出来，而魂瓶则用“堆塑”的手法把海上神山的图像渲染出来。中国古代还有一种灯具的形制与“五联罐”极其相似，它就是五管烛台。也许这证实了古代先民造物的时候，不仅会在形制上互相借代，在造物内涵上也会互相通用。

（三）仿生灯具与民间愿望

中国古代灯具中，仿生形灯具居多，它们大多以生动的形态寓意了许多民间的愿望。例如：大象灯、雁子灯、猴子灯、羊形灯等。

首先是大象灯。大象善游水，性情温驯，寿命长达二百年，自古以来就被视为吉祥动物，太平盛世的瑞应。古代传说圣王舜、禹葬时，就有象为耕田、鸟为耘地的吉祥嘉瑞。传说黄帝在泰山祭祀鬼神时，也有驾象车而驱六蛟龙的现象。故战国时期出现的象形灯，也应用向往平安吉祥之意。象，谐音“祥”，能预兆灵瑞，是兽中的“德高望重”者；象又可指天象，古书上说“在天成象，在地成形”，因而象又象征上天，象征大自然；同时，象与

图 4-22 ◀

汉代石猴顶灯

这盏灯以现实生活为源泉，把猴子天生好动、顽皮、胆小的习性，以及被迫头顶油灯，虽心有不甘，却又无可奈何的神情，表现得淋漓尽致。

佛教又相关联，佛教又称象教，拜象即是拜天、拜佛。其次是雁形灯：鸿雁是一种候鸟，常秋来春去，往返有一定的时间规律，在交通十分不便的古代，它被人们视为最好的信使。又由于鸿雁飞行有序，雄雌配偶忠贞不渝，因此旧时婚姻中男家在行纳采、问名、纳言、请期及迎新时，必有主持者执雁前导，称为奠雁。故鸿雁又有吉祥喜庆之意。汉代出现的雁形灯或雁足形灯具，也是人们祈求吉祥如意的思想在日常生活中的反映。[1] 在中国古代灯具中，猴子灯（如图 4-22）也是多见的一种灯具。猴子灯的寓意：猴子生性好动，行为敏捷，外形在动物中最与人相像，行为举止亦与人相仿，故人们将其视为聪明伶俐的象征。有人认为猴与人类出于同一祖先，是同一族类。今河南淮阳每年一度的“人祖庙会”上所供的“人祖”伏羲女娲，就是猴面人身，是亦猴亦人的“人猴”。由于猴与人的这种亲缘关系，对猴子的感情自然体现在福佑、吉祥的寓意之中。民间日常生活用的灯具塑成一只猴子，既用来照明，又表达了老百姓美好的愿望，具有深厚的文化意蕴。[2]

羊形灯在古代也是常见的，最著名的是汉代的那只羊尊形灯。有一款羊

[1] 郭灿江：《光明使者》，上海文艺出版社 2001 年版，第 56 页。

[2] 孙建君、孙和林：《民间灯具》，湖北美术出版社 2002 年版，第 42 页。

形青瓷烛座，此灯于1974年在南京西岗果木场西晋墓中出土。其整体为一只作昂首曲足跪卧之状的青瓷羊，躯体肥大，臀部丰满，背部宽平，并有阴刻的条形纹代表羊毛。羊的颈部粗壮，两胯成圆形，并雕刻有旋涡纹，而羊角卷曲绕耳，双目及耳略小。其头部正中有一圆孔，是供插火烛之用的。由于“羊”与“祥”谐音，古代往往将羊作为吉祥的象征。汉代以羊为保护神，故汉代人们除在陵墓前雕塑大型石羊用来镇墓、企望死者魂灵安宁之外，人们还常在雕刻羊或以羊造型的日用品上刻有铭文“大吉祥”的。这件三国时期的青瓷羊形烛座除了作为烛座之外，还有吉祥避邪之意。[1]

二、灯的传统风俗

（一）与“水火”有关的原始信仰与仪式

“灯”应该起源于“火”。火，对于早期人类来说，是威力无穷、变幻莫测的事物，它可以燎原大片的森林、草原，可以赶走凶残的豺狼虎豹，可以在天寒地冻之时给人们带来温暖，还让人吃了味道鲜美的熟食；但同时火又是如此的难以控制，稍不留神，就会让人葬身火海，将一切财富化为灰烬。于是人们自然地就产生了对火的崇拜，并塑造出了一个火神，认为是火神主宰着火的一切功用、活动。后来，人们渐渐掌握了火的特性，并有了专门负责看管火种、管理火务的官员——火正。我国古代，把农历六月三日称为火神生日。

缘于对“火”的崇拜，出现了有关“火”的宗教习俗。中国历史上的“拜火教”，是由古波斯传入的。任何一种宗教都崇尚光明。其实，崇尚火和光明的，不仅仅是拜火教徒，也不只是各门宗教中人，自从人类认识并掌握了火的那一天起，就注定与它紧密联系。时至今日，人们对火与光明的热情不减，遇到重大的会事，都要十分虔诚地点燃“灯火”，传递“圣火”。比

[1] 郭灿江：《光明使者》，上海文艺出版社2001年版，第106页。

如，令世人瞩目的“奥运会”，就是在一个极其隆重的场合，点燃火炬，传递文明。(《古灯史话与收藏》第68页第二段）与此同时，人们还专门选择特殊的日子，举行有关“火”的仪式活动。比如，张家口的“社火”活动：祭祀后人们在社台前点起篝火，驱魔去邪；山西的社火则有以图吉利，意寓兴旺红火，祝贺全年兴旺之意。而洞头岛在元宵节则有“迎火鼎”、“迎火兽”的习俗：所谓鼎，是以大铁锅盛柴片点燃，由两人抬着参加游乐活动，后面跟着两人，携带柴火，不断续上，不使熄灭，游到各家门口，人们纷纷向火鼎上添柴，俗信“迎火鼎”要烧得红火，象征兴旺。“迎火兽”中的“火兽”，主要以火牛、火狮为主，用篾扎纸糊彩绘而成，四蹄安装轮子，腹中置有焰火。游乐时火兽由人拉着，牵火兽者穿蓑衣、戴箬笠，扮成牧童形象，火兽的口和肛门处不断向外喷射焰火。

以上所指的这些与“火”有关的崇拜信仰、宗教礼仪习俗，均是缘于“火”本身的特殊属性，也是缘于人们对于光明的追逐，同时，也证实了缘于“火”的“灯”的意义内涵。

对于“火”的原始信仰及仪式的描绘，说明了古代的“灯”之中隐含了诸多有关“火”的内涵。在五行中，“火”与“水”是相对的，也是相克的，而相克则能相生。古代人们常用灯的形式来演绎“火”与“水”中包含的文化内涵及其功能意义。中国元宵节中的“灯彩”和“放河灯”的习俗，都是通过“灯”的形式说明了这一点。它们均以“灯”比作“火”，以“火”来诱“水”。

《左传·昭公九年》中有“火，水妃也”，“火，水之牡也”之说，民间亦有水火消长、相反相成的俗信，因此，点火即招水，以阴阳相就感孕天地，诱使作物丰稔。这样，灯节的形成不单由道教祭星活动所致，更有远古的巫术信仰，同时也包含阴阳相生相连的哲学观念。

元宵节中的“灯彩”好像是天上的繁星点点，有着“火”特征。在正月十五日这样一个新旧农事接替之时，人们以地上的“火”来引诱天上的“水”，为的是祈求雨水降临、农事丰收。河灯也叫“荷花灯”，河灯一般是在底座上放灯盏或蜡烛，中元夜放在江河湖海之中，任其漂泛。大汶口人传统民俗，在雨水调顺的丰收之年的七月十五和翌年正月十五在大汶河祭河神、放河灯。家家户户用秫秕和五彩纸扎彩船、捏面灯，条条彩船上放上点燃的盏盏面灯，放在大汶河里顺流而下，祈愿人寿年丰。在接连几年的干旱之后，河水增多，家业大丰收。在这年的七月十五，家家户户都扎彩船，放河灯，大汶尖嘴里几千盏尖嘴灯顺流而下，极为壮观。

另外，我国民间还有一个有着同样意义和功能的习俗："舞龙灯"。"龙"在民间被奉为主宰雨水的神。

龙被认为是祥瑞神兽，象征吉祥。所以龙形造物（如图 4-23）一向为人们喜好。龙灯的历史也非常悠久，据考起始于汉代。至于调龙灯（龙舞）大致于唐宋时已有了。汉代的《春秋繁露》等史籍就有舞龙的记载，到唐宋时期则更为盛行。唐代文学家张说有"龙衔火树千灯艳"的诗句，宋代吴自牧著的《梦粱录》中也有关于龙灯的记载，元宵之夜"以草缚成龙，用青幕遮草上，密置灯烛万盏，望之蜿蜒，如双龙飞走之状"。到清代，制作龙灯的技艺则更加成熟，舞龙的场面也更加盛大。据清代《沪城岁事》记载，元宵节龙灯的形状是："环竹箔作龙状，蒙以，绘龙鳞于上，有首有尾，下承以本柄旋舞，街巷前导为灯牌，必书'五谷丰登，宫清民乐'。"

舞龙之所以又称舞龙灯，是因为舞龙和花灯是不开的，有的地方，龙头本身就是一盏灯；有的地方，在舞龙的同时，周围就有不少的彩灯助威。如果是晚上，除了周围是一片灯火辉煌之外，还要"放花"。所谓放花，就是将装在若干竹筒或铁管中可以点燃的礼花，在不同的方向，同时喷射在龙身上，舞龙者则以最敏捷的速度和蜿蜒盘旋的

图 4-23 ▲

西汉龙形铜灯

动作，将四面八方喷射而来的火花挡在龙身之外。沾在身上的火花越小，表明舞龙者的技艺越高。整个“舞龙灯”的场面俨然制造了一个“灯火”的世界。整条龙灯，伴随着锣鼓的节奏，跳跃腾挪，回旋舞蹈，姿态灵动。特别是龙身中能装点蜡烛的龙灯，在元宵之夜，舞动在满天烟花之下，更是引人入胜。这种融灯彩艺术和舞蹈、杂技于一体的民间游艺一直到今天还在喜事、节庆等场合出现。

舞龙的功能，概括起来大概有这么几条：一为祈雨祈福，二为娱神娱己，三为彰显力量，四为兴旺人丁。龙灯各地都有。四川省铜梁县的龙灯比较出名。铜梁龙灯有“正龙”：头大、胫长、节内点灯，以灯光取代烟火，玩时比较安全。除“正龙”之外，还有用竹编作龙骨，纸扎龙头，布做龙脊，借助灯火而起舞的“彩龙”；用皮纸或绢绸做皮，彩绘鳞甲，龙身能伸缩转动的“肉龙”或“蠕龙”；天旱时求雨，舞时可泼水的“黄荆龙”；用白花扎成，用来祭祀亡灵的“孝龙”；用稻草扎成，插入竹竿，执持起来要舞的“草把龙”；以及由孩子们要舞的，用一棵棵大白菜插上竹竿，点燃红烛，中间串以绳索的“菜龙”等等。铜梁人认为，烧龙是为了送龙上天，龙上天后才能负起职任，及时地兴云布雨。龙灯队“盘”到子孙众多的大户人家，放“百子炮”；盘到小户人家，放三只连响炮。放炮者不能将炮蹲在地上放，认为炮一蹲地，就意味着这家子孙是“泥坯子”；要将炮提在手中放，寓意“龙子”一步登天。盘到新屋落成的人家，要让这家的妇女“摸龙须”和“龙角”(象征性地与龙交会)，让其小孩“钻龙门”(和“登龙门”意同，认为钻过“龙门”就有了成“龙”的希望)。

湖南湖北一些地方，人们相信龙灯对生育有利。在龙灯舞到门前时，那些多年求子不得的妇女，往往加钱加物，让“龙”绕一绕自己的身体，并让一个小男孩骑到龙背上绕着厅堂转一圈，扮演一番“麒麟送子”。对此，有人还作了这样一首诗：“妇女围龙可受胎，痴心求子亦奇哉；真龙不如纸龙好，能作麒麟送子来。”

在温州乐清、永嘉等地，盛行着一种叫“首饰龙”的龙灯。它和其他的龙灯不同，全身不是呈龙形，而是依照渔船结构，整个首架是以一条弧形木条做基础，上面用竹条和篾丝糊纸扎成一只龙船。前有龙头，在龙头口状部分，含珠垂须，作为龙的象征性标志，后有龙尾，中间“龙身”上有5—7层楼阁。上插各色小旗，每层左右和后方系复壁结构，内壁贴透光白纸，外壁贴淡绿色或五颜六色的细纹刻纸图案，当龙腹内点灯时，灯光映得四周刻纸奇彩纷呈，耀眼夺目。整只龙船饰有70多个制作精巧的亭台，在各层亭台中又配饰着近300个精彩的绸塑人物。组成80多出戏，内容大多取材于《三国演义》、《说岳全传》。这种龙灯民间称之为“龙船灯”，又叫“楼船”。整个龙灯还装有木制齿轮传动装置，把所有雕塑人物分别联结在一块。通过灯下的一人摇手，由一个人操作，可牵动全部绸塑人物，各自表演不同的动作，妙趣横生，逗人喜爱，显示出浓厚的地方色彩和独特的民族艺术风格。首饰龙属于观赏性龙灯，专供人们观看，一般不做舞蹈表演。当首饰龙出动时，还有一只和龙灯配套的灯，俗称“龙船月”，因它的形状像上弦的月亮。它的体形很小，没有亭台楼阁，也不贴剪纸图案，只在灯的左右绘上一点龙鳞，以做象征。

浙江东阳、金华、贵州桐梓等地盛行的“舞龙灯”则有着很详细的程序，足可以看出人们对这个习俗的重视，如表六：

表六　浙江东阳、金华、贵州桐梓等地的舞龙灯

分子息	舞完龙灯会分灯或分糖果礼物
挂　红	村主或族长给龙头上披挂红绸被面
抢　红	谁家将此被面抢购到手，谁家就子孙兴旺
产龙蛋	舞龙者进屋后，将两个红鸡蛋送给主人，让主人放到被窝里
放圆宝	将逗耍龙灯的“圆宝”在家中存放一年，来年灯会前奉还

虽然“舞龙”的功能有多样，但是其中最突出的功能应该是“祈雨祈福”，

我国传统节日端午节自古就有“舞龙”的习俗，它通过“拟龙、悦龙”而达到“诱龙”的目的，从而诱使雨从天降；而南京高淳薛城乡的花灯则是通过“游龙”、“拜龙”的习俗祈求雨从天降，同时又不希望雨水过多而殃及庄稼。

从以上的分析可以看出，无论是与“火”有关的原始信仰及仪式，还是民间的“舞龙灯”，抑或是元宵节的灯彩及放河灯的习俗，似乎都与“水火”有关。人们崇拜“火”是为了利用“火”来驱除鬼祟，寻求光明。人们又以“灯”来比拟“火”，利用“水火相克消长”“火能统治水”的功能，来引诱水，从而，祈望风调雨顺、农事兴旺。当然，这些仪式还有其他的功能，如追求人丁兴旺等。

无论形式如何变换，“重农”的观念在先民的心中根深蒂固，而“时间与生死观”又是“重农”观念中的核心内容。

我国民间有一种习俗，叫“勾灯”。“勾灯”是正月十五的社火灯舞。它是由24名舞者双手各持一盏碗灯，在伞头带领下，围绕着栽入场地高出地面约1米或平放在场地上象征十二月的12盏柱（地）灯，环绕穿插。因为此仪式由环绕柱灯（或地灯）时从代表1月的柱灯（或地灯）唱到代表12月的柱灯后再“倒勾”唱回到1月，故得名为“勾灯”。唱（跳）一个来回的称双勾，唱（跳）到12月结束，不再返回者称单勾。这个仪式循环往复的方式与中国古代的“时间生死观”有着密切的联系，以下的论述就是探讨这一古老的观念。

1. 祭祀中“重农”的“时间观”

中国作为农业大国，自古以来就有很强的时间观。而且，这个“时间观”是紧紧围绕农事而展开而且被频繁应用在各种民俗事象中。宁夏银川贺兰山出土的“类人面像”就是一个很好的例子。“头顶半圆形外轮廓上被平分为12格的文化含义（以圆周线上分割点为准）。笔者认为它是初民天文观的一种形象表述，即体现了把黄道附近一周天按照由西向东的方向分为12等分的直线，表示太阳运行位置的12次……与其说，这是古老的天文观，不如说这是古老的“时间观”。因为对太阳的关注，就是对时间的关注。这与日本的“迎旦祭”中对太阳的祭祀和“御奉射”的活动中的“环状列石”与“巨大木柱”所承担的祭祀作用是一致的。其实中、日、韩三国都有类似的祭祀活动，这些祭祀活动中隐含了很深厚的“重农”的“时间观”。比如：正月是新旧时间交替的关键时刻，中、日、韩三国人都以或欢快、或沉重的方式祭拜它，从中以表示对新的一年开始的美好祝福。如韩国和我国的苗族在秋冬两季谷物的收割以后举行的“恩山别神祭”和“鼓社节”中就寄托了对新一年谷物的愿望。而日本的正月也有类似的活动。张紫晨先生主编的《中华风俗学词典》中这样描绘日本的正月：“日本年中行事之一。在日本，正月是岁时习俗中最主要的节日。它以敬请年神降临、传祀年神、祈祷一年农耕生活安泰为主的活动，通过这些活动将一年中的风俗加以仪式化。在活动进行和演出中，有接触巫术的仪式，以得到预期限的收获。加上占卜年俗、天象的凶吉仪式，形成有多种巫术宗教性的要素组成的活动。正月的重点以元旦为中心的大正月和以初十五为中心的小正月。正月的活动从前一年年底开始，一般要坚持一个以上。”

2. 祭祀中“岁时更替”的“时间生死观”

人们重视时间，但他们更重视“岁时交替”的时间。我国传统阴阳哲学中有阴阳相生相连的思想，其中“土用”表现了这一观念。我国的阴阳思想自古以阴阳二元的对立来把握万象。显然，仅仅如此，对万象的把握是不完全的，因为万象既是对立的，同时也是可以循环和转换的。冬季并非突然地转化成春，春也不是立刻转化为夏。在各个季节之间，有一个什么不属的季节，它就是居于各季节之末的“土用”。“土用”的职责是促进这个循环。“土气的作用的特性在于其两义性：土气同时具有两种作用，即一方面有使万物还归于土的毁灭作用，而另一方面又有孕育万物的育成作用。……土气的效用就是这种强有力的转换作用。杀死该死的季节，孕育该生的季节，一年便由此顺当地变化。”从“土用”，我们可以看出：人们十分注重两个季节之间交替的中间季节，并会人为地让它们过渡与转换。

“正月”就是冬春两个季节相互交替的中间季节。在人们的心中，正月旧的秩序将要结束，新的秩序就要开始。密鲁查·艾利阿德指出：“正月是天地创立的象征性再制定”、“在正月之中，通过神话讲述万物开始的宇宙创立，并不断地再现那样的仪式，其目的是为了让时间得以恢复，使消失的时间能永久地持续下去”。这个观点起源于中国的射日神话。研究中国古代文化的卡罗·高休认为：“人类使周围的秩序加以恢复，才能得以再生，此就是射日神话的含义。在中国射日神话中表示一种时间生死的观念。”所以，人们十分重视正月这个时节。然而，对于正月的理解，不同的地方还有些偏差。例如，中国苗族大苗山的各个苗寨的正月，是在稻谷收割完毕之后，他们采用的是种生关历，所以北部的正月比较早，南部的正月比较晚。实际上，人们不仅关注正月这个中间季节，其他月份照样也深受人们的关注，因为无论什么时候，人们更为关注“岁时更替”的时间观。《三国志·东夷传》有关于马韩的祭天、祭日的记录：“常以五月下种，祭鬼神，群聚歌舞，饮酒昼夜无休。其舞，数十人俱起相随，踏地低昂，手足相应，节奏有似铎舞，十月农功毕，亦复如之，信鬼神，国邑各立一人主天神，名之天君，又诸国各有别邑，名之为苏涂，立大木，显铃鼓，画鬼部。”五月和十月是收割与丰收的转折期——播种期，所以也往往成为人们农耕祭祀的时间。但是，无论人们的祭祀活动选择在正月还是其他月份，它们都有一个共同之处，即选择的时间都是“中间季节”，通过在这个中间季节举行祭祀活动，人们企图寻找新的“时间”和“秩序”，企图在新的时间轮回中给自己带来好运：农耕的丰收和万物的再生。

至此，我们可以为“时间生死观”作如下解说：这是一种受中国阴阳相生相连哲学观念的观点的影响，在岁时更替的时节采用祭祀形式，强化在农事祭祀中寻找新的“时间”和“秩序”观念的观点，用以祈求新一轮的农事和人丁的繁荣。

3. 祭祀中“仪式和道具”所体现的“时间生死观”

古代人们在祭祀活动中通常利用仪式本身或仪式中的“道具”来达到这一目的。首先，人们以有声的活动来强化“时间生死观”。日本除夕夜里“迎旦祭”中的“切火”活动也应具有这样的功用和哲学内涵。又如中国的“鼓社节”和韩国的“恩山别神祭”，通过在仪式中把鼓和花放回原地，复归原初时刻，不断表现新旧事物的循环，同时，在新的“时间”和秩序中寻求新丰收、新生活。韩国漳州岛上正月十五日巫师们唱出的创世神话，同样也唱出了新的“时间”和“秩序”。而在日本的“迎旦祭”和“御奉射”习俗中，也有着通过年初的祭祀活动将村庄的“时间”和“秩序”加以交替和赋予新的含义。人们除了用有声的仪式表达时间观，往往还通过无声的形式来表达，甚至通过借助一些在人们心目中具有强大生命力特征的实物来强化“时间观”中的“新秩序”。如日本“迎旦祭”中使用的稻草也具有特殊的意义：稻是一种有着明显时间性的植物，也是一种高产谷物，它是一种任何时候都无法离开太阳和水的植物，也是一种在开花、抽穗时期最神经质的植物。而中国苗族正月仪式的中心地鸟停着的柱子的根部也插着白茅草，白茅草为稻科类植物，生命力强，扎根很深，它不仅象征生命力，而且还代表着稻谷，因此，利用白茅草同样具有在新的时间秩序中祈求丰收的功用。而中国元宵节中所用的柳条，它具有易于成活、春发芽早的特性，并且在许多民族中充当生殖崇拜的角色。南京歌谣曰：“杨柳而青，放风筝；杨柳而黄，击棒壤”，民间用此说明柳树具有表“时间生死”的功能。而元宵节中的“灯”则具有“水火相生相连”的内涵，因而它也可看作一种“新旧秩序相连”的道具象征。

基于以上的探讨，我们就可以理解“勾灯”中“更迭反复”的仪式形态，同时，也不难理解古人为何如此重视新旧农事更迭的“元宵节”。中国元宵节的“勾灯”、“张灯”、“放河灯”的习俗则有着这样的文化寓意：在新旧农事之交，“张灯”即“点火”，“点火”即“招水”，以阴阳相就感孕天地，诱使作物丰稔。

（二）灯与节俗

“灯”自古就与我国的传统习俗紧密结合在一起（如图4-37），比如：元宵节与农事有关的“灯彩”、“勾灯”、“放河灯”，有与麦俗有关的“点面灯”、“点红灯”；而端午节也有“放河灯”的习俗。另外“灯”还出现在中秋节中。农历八月十五日是我国传统的中秋节，也是我国仅次于春节的第二大传统节日。八月十五恰在秋季的中间，故谓之中秋节。我国古历法把处在秋季中间的八月，称谓“仲秋”，所以中秋节又叫“仲秋节”。中秋之夜，月色皎洁，古人把圆月视为团圆的象征，因此，又称八月十五为“团圆节”。祭月赏月是中秋节重要的习俗。古代帝王有春天祭日，秋天祭月的社制，民家也有中秋祭月之风，到了后来赏月重于祭月，严肃的祭祀变成了轻松的欢娱。

南宋中秋节活动，则更为丰富多彩：民间以月饼相馈，取团圆之义。是

图4-24 ▶

元宵节踏灯风俗图

清代黔阳沅江流域少数民族元宵节踏灯风俗图。人们用红绳将灯串挂起来欣赏，并举行“踏月”活动，名曰“踏灯”。在“踏灯”中女人是主角，她们梳着新奇的发式，自由选择情人，在悠悠乐曲中，尽情享受欢乐。

夕，人家有赏月之举，或携湖海，沿游彻晓。苏堤之上，联袂踏歌，无异白日，并在江上施放万盏“小点红”(小羊皮灯)，灿如繁星，十分可观。明清以来，“赏中秋”的风俗，更加盛行。许多地方还形成烧斗香、走月亮、放天灯、树中秋、点塔灯、舞火龙、曳石等特殊习俗。至今，每逢中秋佳节，民间仍盛行赏月、吃月饼和团圆饭以及舞龙、点塔灯等习俗。可见，随着时代的推移，中秋时节也有了“点灯”玩灯的习俗。

潜江古属武昌地区至今还有“中秋节玩灯”的习俗。潜江中秋节的灯的制作方法很简单，只需采摘一片带柄的荷叶，然后在荷叶中心的叶柄处插上蜡烛便可。每年中秋节，小孩子们，呼朋唤友，怀揣蜡烛，三五成群地去采摘荷叶，制作自己喜爱的灯，可以双手捧着，也可以穿根细线将荷灯吊在竹竿或木棍上。

我国有些地方，一年四季的传统习俗则都与灯有关，比如，石城几乎整年传统习俗都与“灯”有关。如表七：

“灯”与传统习俗关系密切。这可能是因为：中国先民自古就非常重视各种传统习俗，而灯作为“光明”的象征，非常适合烘托节日的氛围。近现代，“灯”与传统习俗的关系似乎不再那样密切，原因其实很明显：很多古风古俗已经逐渐变异或者式微，随之，“灯”也不再显得那样重要。有关灯的习俗产生变异的有：揭东县的“做灯酒”和“百岛洞头”的放流水灯。“做灯酒”从前“报春”的习俗已被逐渐取消，逐渐沿袭为品尝美味饮食的习俗。现在有些农村就流行“灯酒会”。而百岛洞头传统的“放流水灯”也发生了变化。在百岛洞头，过去放流水灯的时间却是在农历的七月二十九。农历七月二十九，是传说中地藏王（鬼王）的诞辰日，也是所谓的“鬼门关”即将关闭，所有外出的“鬼魂”都必须返回阴曹的最后时限。为保村岙四境平安，渔民们便在当夜将供品摆在村口滩头进行“布施”，焚烧印有衣裤图案的冥纸，放流点亮的水灯，让那些“孤魂野鬼”与水灯一起，顺着潮流漂到远洋外海。

洞头放流水灯的习俗是从闽南传入的，已有两三百年历史。水灯的制作

表七　石城灯俗

大年三十夜	家家户户到祖宗祠堂里迎灯接福守岁团年
大年初一	放铁铳敲锣打鼓送灯向祖宗拜年
元宵	村村堡堡家家户户接灯进福祈求吉祥如意，招财进宝、丁财两盛
二月花节	是石城民间结婚嫁女的最佳传统节日，许多人家张灯结彩嫁女还亲
三月清明节	各村各房悬灯扎彩开祠祭祖
四月禾苗节	青苗茁壮祈求丰年，儿童们成帮结伙，山炕垅段田间地头，每每可见川流不息的“秆龙灯”(既稻草龙)
五月端午节	打醮祭奠放“河灯”，超度溺水亡灵
六月尝新节	新谷登场喜庆丰收，新来酿酒猜拳行令，家家高挂“五谷灯”，迎接五谷神
七月中元节	驱鬼避邪施放烟火，打发孤魂野鬼祈求平安，“蛇灯”“板桥灯”串村绕屋越垅过段，宛如流星逐月火龙腾空，气势磅礴煞是壮观
八月中秋节	家家厅堂高挂“走马灯”、“嫦娥奔月灯”。尝着月饼庆团圆
九月重阳节	秋高气爽果飘香，合家老幼登高眺远，迎门高悬“花果灯”、“寿桃灯”。共祝老人增福增寿享晚年
十月小阳春	风日回暖兰菊竞秀，各种花卉灯争奇斗俏，以遣冬闲

和使用方法很简便：把彩色的油光纸裁为7厘米×10厘米大小，折糊成小碗(闽南语叫“瓯”)形状；用菜油浸透的毛边纸捻搓成上尖下大形似锥状的灯芯，粘贴在小碗当中；然后把小碗依次排列在一块块薄木板上。入夜退潮时分，点燃灯芯，放木板下水，水灯趁着潮流漂出海口，渐渐远去。放流时，灯多，人更多，过去有的地方还搞祭祷，场面颇为壮观。上世纪五六十年代，因破除迷信，摒弃陋习，渔民们不再于七月二十九放水灯了。不过，农历七月正是洞头海蜇生产季节，有的地方便把水灯改叫“海蜇灯”，选风微

浪静时在港口漂放。以后，随着海蜇资源的衰退，这种活动也渐趋式微了。90年代以后，洞头县文化部门致力于海岛特色文化建设，发掘、扬弃海岛传统习俗。为繁荣渔村文化，把水灯作为渔村文娱活动——大型渔村灯会的一个项目加以重新包装，并赋予它崭新的含义。活动时间改在每年的元宵节，当晚举办的海岛民俗灯会表演中，龙灯、鱼灯、马灯、孔明灯、水灯各显神通。在码头海滩，岸上龙灯鱼灯马灯穿梭腾跃；天上空明灯乘风冉冉升起；海上水灯成片成簇漂浮。红的、黄的、白的……各色水灯在亮光下熠熠生辉，汇成彩色的灯之海洋。近几年，水灯的使用方法也改进了，它们不再排列在木板上，而是被置放在竹筛子里，用时人们只要把竹筛在水上一捺，海水从筛孔涌上，顺流把水灯带走，更加便捷了。水灯从驱鬼保平安到祈祝海产丰收，直到演变成为如今赏心悦目欢度良宵的文娱活动项目，见证着海岛渔村的社会发展和文明进步，也从一个侧面反映了海岛人民精神生活水平的提高。幸运的是：有些灯俗都被完好地保留了下来，如上述的“滚灯”习俗。

再比如，古时候的“面灯”习俗，现在依然在一些地区流行。

面灯也叫面盏，是用面粉做的各种形式的灯盏，多流行于北方地区。民间传说元宵节的灯光是吉祥之光，能驱妖辟邪祛病。元宵节蒸灯就流传了下来，在屋内、庭院等处点燃面灯，里里外外亮亮堂堂，这一晚，大人们对新生活充满了憧憬，孩子们欢欣雀跃，载歌载舞。面灯点过之后，就可以吃了。吃的时候，或者在锅里熥热，或者在火上烤热。如果是用豆面做的可以做菜，点面灯是孩子们最期盼的时刻，而吃面灯又是孩子们最高兴的时候了。

人们用玉米面、荞麦面做灯。用白面做的叫“银灯”，用玉米面做的叫“金灯”，用荞麦面做的叫“铁灯”。形状的分类一般面灯要做成碗状，称为碗灯。龙灯就是一条盘绕的面龙托着一盏没有标志月份的面灯了。龙灯一般有四五种，就是把面搓成长条，盘成龙的形状，用剪刀在龙身上左右对称地剪出类似鳞片的花纹，再在龙嘴里含上红纸、硬币、粮食等，按所含东西的不同，分别称为粮龙、钱龙、水龙等。勺子灯，是小孩最喜欢的，那是大人们专门为孩子设计的灯。勺子灯的做法是把面捏成勺子的形状，并捏一个小老鼠趴在勺子沿上，小老鼠的眼睛用花椒粒代替。到了晚上，在勺子里倒上植物油，用一根火柴梗缠上棉花，把棉花浸湿了油，然后点燃。

面灯的做法是先用开水烫面，和面，面一定要有一定的硬度，否则做的灯会瘫软掉。等面和好了，感觉硬度也够了，就开始做灯了。捏成各种形状。最主要的有两种形状：一种是捏成碗盏形；另一种是捏成上粗下细，中间有碗，像倒挂金钟一样形状。捏好后上锅蒸熟，然后在中间放上豆油，再在里面插上灯芯子，面灯就做好了。天地灯的做法：这个灯要放在庭院的中央的，是送给天与地的。取一块面，把它揉好压平，做成草场上跑道的形状，然后在上面用擀面杖压出三个凹陷，深浅大小如半个鸡蛋壳，以便在里面做灯芯和加上植物油。正月和每个家人出生之月的灯：这种灯做起来较天地灯简单，取一块如鸡蛋大小的面团，揉好做成一个内空的圆柱体，看起来有点像那种小小的直筒玻璃杯，高度大约在5公分的样子，当然底部不能做穿了，也不能太薄，以免被灯草一插即穿。做好杯身后，就要在杯沿上捏上棱角了。正月的灯即在杯沿上捏上一个棱角，其余的即每个家人出生之月的灯则是你是哪个月份（按阴历计算）出生的就捏上几个棱角。龙灯的做法：要给龙灯加上龙鳞、龙角、龙须、龙眼以及鼻孔和嘴巴。嘴巴里要嵌上红纸片，等放到锅里蒸熟就有了一种鲜活的红色。龙灯是要放在粮囤和米面缸上的，有祈求它保佑家中米粮丰裕之意。做完面灯后，大人们还要用大白菜、萝卜、红薯之类的植物根茎做一些灯。这些灯一般是送到土地庙、祖上坟墓以及十字路口上的。其同面灯的主要区别除用料不同外，一大差别还在燃油上，一般是用煤油。但后来市场就渐渐有了专门加工好的小蜡烛（比之家中平时照明用的蜡烛要短许多，有其1/4或1/5长度的样子。有的还做成元宝或其他一些民间认为吉祥的东西的形状）出售。如此，人们为图省事，原先的用植物根茎做的灯就渐渐被这些专用的蜡烛替代了。

元宵节那一天，忙碌了一年的农民为了祈求新一年风调雨顺、富足平安。捏12盏类似碗状的面灯，每盏面灯的边缘捏上精致的褶，一盏灯代表一年中的一个月份，12盏面灯代表一年12个月。如果是闰年，还要多加一盏灯，然后放在笼屉里蒸熟。哪盏面灯里存的蒸馏水较多，就意味着这盏面灯代表的那个月份会有较多的降水。苏北地区，常年气候干旱，人们常为了雨量少而发愁，用面灯来占卜，大概寄托了人们对来年丰收的希望。面灯还可以做成各种动物的形状。常见的有狗、鸡、鱼、龙、猪等。不同的动物面灯要摆放在不同的地方。点亮的狗形面灯要放在家门口，让它保家护院；点亮的鸡形面灯放在鸡栅边，祝愿家鸡们不生病、多下蛋；鱼灯要放在水缸上，祝愿合家幸福、财源顺水来；猪灯被放在猪圈旁，祝愿家畜兴旺；龙灯要放在粮食囤上，祝愿新的一年五谷丰登。

正月十五原来是祭祀主管阴阳变化和农业丰歉的太阴神。后来佛教传入中国，佛教教义把火光比做佛的威神，所谓“无量火”，照“无极”，因此，佛教视灯为光明。同时佛教中的燃灯佛，是授记释迦牟尼的老师，释迦牟尼前世为菩萨时，就预言释迦牟尼会成佛。而释迦牟尼示现神变时，又恰恰是东土正月十五日。为纪念佛祖神变，人们便在这一天举行燃灯法会，正月十五捏面灯的风俗也随之而来。故元宵节又称灯节。清乾隆年间陕西《雒南县志》载：“正月十五，以荞麦面蒸盏燃灯，按十二月，以卜雨降。”表达了人们祈求风调雨顺的愿望。面灯在正月十六落灯之日煮或蒸而食之。清咸丰年间，山西《澄城县志》载：“正月十五日蒸荞麦面为灯盏，注油燃灯，次早食之。”目前农村仍有此俗。面条为元宵灯节落灯这天晚餐的食品。古有“上灯元宵，落灯面，吃了以后望明年”的民谚。这一食俗多流行于长江以北地区。《仪徽岁时记》载：“（正月）十八落灯，人家啖面，俗谓‘上灯圆子落灯面’，各家自为宴志庆。”落灯时吃面条寓意喜庆绵绵不断之意。

傍晚时分，即在日落星出之前，家家开始送灯。送灯的顺序是先送到祖宗板、天地板、灶里板上；然后送到仓房、牛马圈、井台、碾磨房等处；再送到大路旁、大路口。这些地方都送过后，由每家的长房长子用筐挎着面灯，到祖坟上去给祖先送灯。在祖先坟前必须送“金灯”和“银灯”。把祖坟前的“金灯”、“银灯”点燃后，再用油拌过的谷糠将祖坟围成方形，西南角留缺口，称为门，在门口放一盏铁灯。在上风头将油拌谷糠点燃，俗称

“火龙灯”。同时，把“铁灯”点燃，边点灯边念祝词，念完之后，送灯人悄悄归去。送灯仪式才算做完。送灯时，见到熟人彼此间也不能打招呼说话。点灯时，不能借用别人的火柴，否则自己家就见不到光明；给祖坟送灯时，不能送白蜡烛，当地人称“大白杆”，说若送“大白杆”，这家下辈子男人要打光棍。正月十六晚上是最后点面灯的一晚上。有的地方还有烤火的风俗。烤火用的不是柴火，而是破鞋的底子，农村穿的鞋是千层底，很耐着。这一天是最后点面灯的一天，把面灯放到着得红彤彤的鞋底上烤。面灯的香气和鞋底的臭味弥漫在空气里，有一股别样的味道。习俗是烤七家火，孩子们往往也把一个面灯在七家火上烤过之后再吃。

在徐州的一些农村，至今依然保留着“做面灯”的习俗。“做面灯”的习俗是在正月十五元宵节那天。面灯通常是做成莲花的形状，时至今日，人们开始做成随心所欲的形状，但是，莲花还是主要的形状。每到元宵节日那天，一家人就围坐在桌子边，用一种特殊的面捏成莲花形状的灯。面灯做成以后，就放进水中煮熟。煮熟后的面灯就捞出水，放在器皿中，点燃，小孩端着盛满面灯的器皿围绕着屋子走一圈，据说这是辟邪的。然后，左手端着面灯，右手提着花灯出去游玩，直到面灯熄灭。等到面灯熄灭，小孩子们就把面灯吃掉。而大人们则通常把点燃的面灯放在财神爷面前，一边烧香，一边乞求好运。

除了江苏的徐州地区，山东的腾州地区，安徽的皖北地区也有“捏面灯”的习俗。

虽然有些习俗已经发生了变异或者逐渐式微，但“灯”在传统习俗中的存在意义依然显而易见。在现当代，关于古灯习俗的建设值得我们继续深入，这在后章“中国灯艺术的研究价值”中将专门论述。

三、“灯”与人生礼仪

中国的灯具往往与人生礼仪交互在一起。它在人们的丧俗、婚俗、生育中扮演着重要的角色，并伴随着各种有形且生动的礼仪，突显它所孕育的愿望和内涵。比如，正月十五的“送灯”习俗：过去，正月十五的晚上天一黑，人们就把灯点燃，每种灯都要送到一定的位置上。比如斗灯放于祖坟坟顶，龙凤灯、莲花等主要用于寺庙，鱼灯用水瓢托着放在水缸内，狗灯放在大门口，猪灯放在猪圈墙头，牛灯、马灯放在牛棚、马棚，鸡灯则由人端着照墙角、旮旯，免得毒虫、蝎子伤人。把面灯送到墓地，以谁先点燃为吉利。往坟地送灯的人，点灯时必须用自己的火柴，如果借别人的火柴点灯，认为祖先看不见光明。点灯时要边点边说：“正月十五来送灯，送金灯、送银灯、送铁灯，有儿坟前一片明，无儿坟前黑洞洞。有心来偷灯，偷个大铁灯，背也背不动，天冷地滑闹个仰歪蹬，大布衫烧个大窟窿。”每至元宵节晚上，因为家家送灯，所以路口、野外坟地一片通明。在民间，送灯的习俗主要是祭祖、消病除灾、祈求人丁兴旺、幸福平安。

图 4-25 ▲

喜灯

中间一个“喜”，四周三个葫芦缠藤，一眼望去便知道，是旧时新婚的用具。葫芦为藤本植物，又称蒲芦、匏壶芦、瓠瓜等，葫芦结实累累，籽粒繁多，藤则缠蔓绵延，故被视作子孙万代的吉祥物。

（一）“灯”与婚俗

把婚姻看作终身大事，是中国人由来已久的观念。不论贫富，凡是有条件的，都要尽量把婚事办得风光热闹一些，而灯则是婚礼中一个重要的装饰（如图 4-25）。比如，于结婚前，古代便有“绣球灯”等习俗。仙居县就有这个习俗。仙居县的“绣球灯”由 30 片纸片粘贴拼凑而成，直径 25 公分左右，灯面有凹有凸，活像个古代大绣球。“抛绣球”是古代官宦豪富人家挑选女婿的一种风俗，也叫“抛绣球选婿”，他们相信姻缘由天配的哲理，当绣球抛到谁，谁就是天赐良缘东床女婿，贫富不能嫌弃。所以，民间把绣球灯当作彩头货，年轻人都喜欢做一盏像绣球形状的灯，挂在自家门前，预祝天赐良缘。现在看到这种灯，似乎让人们又看到了古代民俗风情。在婚礼中，人们更是重视“灯火”。在清代以前，人们遵循古时候的礼法，婚礼大多在晚上举行，所以十分重视灯火的作用。凡办喜事的人家，一定要张灯结彩，红灯要从院里一直挂到大门以外，各屋内也要比平时多加灯烛，让所有的地方都亮如白昼。

当时，有一首童谣唱道：“……小姑娘出门子给我个信，搭大棚，贴喜字儿；牛角灯，二十对儿……”词中唱的“牛角灯”就是指迎亲队伍前面执事和仪仗的灯火，若是大户人家娶亲，二十对灯是远远不够的，最多达三十二对。除了全部执事，如旗、锣、伞、盖、金瓜、斧钺以外，还有金框戳灯，也叫朝天镫，让贴着大红喜字、挑得高高的金灯作为前导，既可炫耀门庭，显示富贵，还可以用灯光驱赶不吉利的邪煞之气。同时，这也是对“执烛马前”等古代风俗的一种继承和发扬。在小说《金瓶梅》的插图里也有这样的戳灯。在举行婚礼之时，新嫁娘的轿子一进男方家的大门，要先从事先预备好的炭火盆上徐徐抬过，说是可以烧去不吉利的东西，寓意新婚夫妇日后的生活可以越过越红火。但是在南方的许多地方，这种习俗略有改变，炭火盆换成了一盏七星灯，新嫁娘用它可以剔除不祥。

镇江《西石城风俗志》载：举办婚礼时，男方在新房预设七星灯一座，注豆油燃之，取其去邪之意。在土家族的婚礼中也有类似的习俗，婚礼中，土司用筛子放上七块豆腐，豆腐上插七只蜡烛，或用杯盛茶油，同时点燃七盏。人们称此为“七星灯”，放在男家门口，让新娘跨过，然后将筛子和灯一起放在新房的床下。土家族认为：筛子象征天罗地网，可以罩住一切邪魔，而七星灯代表天上的七仙女，能够保护出嫁的新人。旧时，每个出嫁的新娘都有一份从娘家带过来的陪嫁。这份“嫁妆”可能多至百八十抬，也可能少到一两只木箱，但无论如何，嫁妆中有一样东西是新娘们必不可少的，那就是一盏“长命灯”。这盏灯要在洞房花烛之夜点燃，有的地方须点一昼夜，有些地方要点三昼夜。旧时的人认为，倘若这期间“长命灯”不熄灭，新婚夫妇便可以白头偕老。在婚礼上，还有许多盏被点燃的灯烛，虽然它们的用途各自不同，但都是用“灯”的光明为新人照亮，也给新婚夫妇带来了吉祥和幸福，同时也让他们充满了对未来生活的美好憧憬和希望。[1]

婚礼之后人们对于灯火的热情并没有减退。“甑盖灯”则是石城民间婚俗所用的灯。女子婚后第二年的元宵日，亲友送灯来祝贺她早生贵子。是夜，新娘坐在椅上，头戴甑盖，众人用丝瓜络打，散出许多丝瓜子，象征子孙满堂。

闽南一些地方，比如漳浦等地还有一叫“穿灯脚”的习俗，即在元宵夜里，村中新娶进门的新娘子和当年生男孩的小媳妇，必须穿红着绿，打扮一新，在婆婆或其他年岁大的老妇人陪同下，手拿吉祥物，口中说吉利语，从大祖祠堂的灯棚下走过，一展风采。此仪式是向祖宗和乡亲介绍新媳妇，对于已生男孩的小媳妇也要“过灯脚”，在于告慰祖宗。而对于刚结过婚的新娘子而言，风俗上说她不能在婆家过灯节，在婆家过灯节就会闹眼睛疼。快到正月十五之时，按照家乡的老规矩，女婿赶着毛驴，送新媳妇回娘家躲灯。

由此，我们可以看出，自古“灯火”在结婚之前、结婚之时、结婚之后都扮演着重要的角色。

（二）“灯”与生育

中国人自古就对“生育”这一主题十分关注。这起源于古老的生殖崇拜。

先民们常常借助有形的“灯具”来表达古老的“生殖崇拜”，并祈求人丁兴旺。人们在妇女生育前、生育后的一系列过程中，都会以有关“灯”的习俗烘托“生殖崇拜、人丁兴旺”的主题。

[1] 顾行伟：《古瓷灯话》，上海古籍出版社2002年版，第195页。

宋代的陈元靓在《岁时广记》引用了一本名叫《琐碎录》的书，这书现在已经失传了，据说现在的日本和韩国尚有断章残简，书里提到宋代的一个现象："在亳社（今属河南睢阳县）这个地方，上元夜经常有小孩偷灯盏，而且丢灯的人家将会生男子。"在河南的一些地方，据说就在民国时期还仍然留存着元宵小孩子偷灯的习俗。当然，这个"偷"却是大家都乐于碰着的事，即便不相信会因此得子，也乐得沾些童真喜气。

陕西地区也有"偷灯"的习俗：本地有无子妇女去偷灯来求子的习俗，为了防人偷灯，所以主家每天早上挂灯，晚上收灯。在正月十五晚上，偷偷拿走灯笼里的蜡烛，然后点在新人的床前燃完，俗称"偷灯"。也不是随便哪个灯笼就成，而要挑最好的灯笼偷。偷灯的大多数是妇女，她们簇在灯笼下，你推我涌，争着偷到第一根蜡烛。

元宵节给新嫁女送灯，是旧日福建的习俗，各地送的灯品式样不尽相同，但目的一样：为了"添丁"。福州一带已嫁女未生男者，娘家多于正月初以"观音送子灯"送之，是谓"送丁"；嫁后已生男者，娘家可送各式的灯，谓"添丁仔"。闽南各地给新嫁女送的是一对白芙蓉灯，给嫁后已生男者则送一红一白的。灯内点有蜡烛，弄不好会把灯烧了。花灯失火，通常被视为喜事，叫"出丁"。白灯失火视为生男吉兆，红灯失火视为生女吉兆。

长街镇山头村的"灯人"是一项集行会与灯会为一体的"添丁"民俗活动，至今已有400多年的历史。相传山头村最早的居民是南宋末年一位逃难而来的冯姓官员，那时山头村附近一带人烟稀少，后虽经几代人生存繁衍，但人丁依然不是很兴旺，所以冯氏后人就组织了"灯人"活动，通过祭祀、游灯等活动，希冀增添人丁、后代兴旺。为此，"灯人"最早又叫"丁人"。在每年的农历正月十三至十八日期间举行，由百余人组成的送灯队伍把"灯人"从村西的乾山殿送至村东的西山殿，然后连续数日在殿里唱大戏。农历正月十八日落灯后把部分"灯人"送到村里未能生育子女的村民家中，祝愿其早日添丁。

河南郑州等地为了求子，还有百人闹"走灯"的习俗，此习俗是：人们手持彩色的灯笼，围着熊熊燃烧的篝火，由慢变快，走了约10分钟。随后，其中100人蹲下身子，高举手中的灯笼，在场地中央摆成吉祥“狗”的造型。据了解，“走灯”兴起于汉朝，在郑州已经多年未见踪影。

另一种元宵乞子的习俗则是“贯灯脚”，据说欲求子的妇女从灯下穿过就可望生男孩。清人潘荣陛《帝京岁时纪胜》载：元夕妇女群游，祈免灾咎。前一人持香辟人，曰走百病。凡有桥处，三五相率以过，谓之“度厄”，传曰“走桥”。“广东省吴川县梅菉镇，正月十五被称作‘桥梁节’。是日，人们在梅菉镇城与隔海村之间的一座拱桥上张灯结彩，并用花朵点缀其间，故有‘花桥’之称。入夜，华灯竞放，男男女女，三五成群，同游花桥。育龄妇女争相采撷花桥上的有色纸花。据说，摘了白花，年内就生儿子；摘了红花，则会生女儿。人们还纷纷到桥下去洗洗手，说是能把一年的晦气都洗掉。这是‘走三桥’风俗的一种变异形式，但祈子与除厄仍是其主要的功能。”[1]“走三桥”也叫“走百病”。桥梁作为寄托信仰的神秘场所，乃因桥为连接两岸的津梁，有交通此岸和彼岸世界的寓意。在俗信中，小儿出世被认为是从彼岸投胎而来，而人谢世，则看作是魂归彼岸。因此，走桥是沟通阴阳、迎接生命的象征行为，其主调是“生”，包括生育与长生，而人的不育或短寿均为“病厄”，所以“走三桥”与上城头又有了“走百病”这一名称，以突出其俗的功利。

人们在生完孩子，尤其是生完男孩之后，又借助“灯俗”来大加庆贺。比如：“完灯”是陕北地区孩子满12周岁时送灯笼并宴请亲朋的一种风俗；“报灯”是桂东南地区把挂灯的消息告诉亲朋好友，尤其是孩子的外婆家；“开灯”是指中山民间生男孩的家庭在祠堂挂灯、入族谱的习俗。

为了庆贺“添丁”，人们还进行“割鸡”仪式。据传，在汉唐时期，石上有个李姓的大户人家，妻子一直没有生育过。盼儿心切的妻子，有一天梦见自己在村南的河边看见一座汉帝庙，跪下叩拜后就怀孕生子了。妻子把梦

[1] 陶思炎：《风俗探幽》，东南大学出版社1995年版，第25页。

境告诉丈夫，丈夫知道后很快就在村南的河边建起了一座汉帝庙。当年果然应验了这个梦，妻子怀孕生子。从此以后，村里的人都认为很灵验，纷纷拿着香烛，抱着大公鸡去庙里杀鸡（割鸡）朝拜……这种风俗直至现在。石上村“割鸡”的是头年生子添丁的人家，亲戚朋友在农历十四这天都要送上一大竹串的爆竹去做客道贺，孩子的外婆家还要请唢呐锣鼓队助兴。“割鸡”仪式是在老街的汉帝庙举行的，破旧的老街在这特别的日子里显得特别的喜庆，所有添丁人家都会集合在这里，在听到一声土炮巨响后，添丁人家按照原先抽签的顺序一家家到汉帝庙“割鸡”朝拜。“割鸡”仪式后，由披红扎彩的“龙灯”开路，由红、花、黄、白、黑五种花色竹篾扎成的“马灯”压阵，所有添丁人家要按照规定的路线，一路鸣鞭放炮锣鼓齐鸣，到李氏宗祠祭祠拜祖，告慰先人……

“千角灯”也是用来庆贺生子的一种灯。“千角灯”是宋代八角宫灯的形式，有一千个角，缀有一千盏灯，灯身为多个不同的立体三角形组成，集书画、剪纸（刻纸）刺绣等优秀民间手工艺于一体。在东莞方言中“千角灯”和“千个丁”语音相同，寓意“百子千孙”传宗接代的意思。在广东，凡添了男丁的人家，都会在男丁诞生后的开春时节（一般是正月十五前后）举行灯会。而东莞“千角灯”的制作仅是东莞赵氏家族所独有。据有关史料和《赵氏族谱》记载，赵匡胤的小妹赵美容（皇姑）因逃难定居东莞。她凭记忆中皇宫灯的样式，指导莞城艺人扎作“千角灯”，并亲手绣上“二十四孝图”的灯带 24 条，称为“皇姑带”（“文革”时已被摧毁）。

民间还有一种习俗叫“做灯酒”，这种习俗也是为了庆贺生子。揭东县炮台镇的新寨村、石牌村就有这样的习俗。据考证，新寨村灯酒始于南宋，发展于明清。每年春节过后，那些过去一年生了男孩或娶媳妇的村民便着手准备做灯酒，他们根据自己的经济能力筹备宴请亲戚朋友，规模有大有小，有办十多桌的，也有办三至四桌的，最多时全村共办了一千多桌，操办灯酒的村民根据来宾的身份、地位安排席位，并考虑进食和饮酒的礼节、仪式和上菜的程序，选聘操厨厨师。古时办灯酒的人家，还必须张贴红纸于祖祠公告，并敲锣打鼓告知全村，称为“报喜”，并以“石榴花”水为孩子沐浴，祭拜“公婆母”，祈求孩子平安健康，现在“报喜”习俗被取消，逐渐沿袭为品尝美味饮食的习俗。

台湾地区的“灯俗”在生育中，尤其在祈子的过程中则体现得更为周全。台湾方言“灯”与“丁”同音，有男孩出生的人家，都要制作或购买花灯，挂到寺庙、宗祠，以示“添丁”。而在生育前，台湾地区则有“串灯”、“出灯”、“穿脚灯”等习俗。

所谓串灯，是未出嫁的姑娘在元宵夜到游灯人群里尽情游玩，以期“天官赐福神”为她觅到一个如意郎君。旧时闺中的姑娘由于封建礼教的束缚，很少有机会迈出家门，更别说自由地谈情说爱了，她们的婚姻全凭媒妁之言。但元宵节期间，姑娘可随母亲或姐妹趁玩月赏灯之机看看对方才貌、言行，以便相亲。而婚后未生育的妇人也要串灯，以期早日得“丁”，好为人母。

在台湾地区过元宵灯节，做家长的不吝啬给小孩节日零花钱，而让他们购买喜爱的春灯，点上蜡烛，手提着走门串户，结成游灯队伍，信步游灯。各种彩灯在夜幕中游动，犹如苍穹流星。人们在尽情游灯中结友联谊，共度良辰美景。小孩们提着花灯在大街小巷穿梭，玩得不亦乐乎。有的在游灯时不慎把灯烧了，哭闹不已，大人们却不以为然，反以为喜：“这叫出灯，是人丁兴旺的好兆头呢！”台湾人俗信烧掉灯笼后会“出丁”。如果烧的是红灯预示生女孩，烧了白灯会生男孩。尽管这只是一种愿望，人们却乐意接受它。

在元宵节，台湾各村祠堂高悬多盏花灯，吉时一到，所有年内结婚的新娘都得重新打扮化新娘妆，由婆婆或姑嫂领着，到灯下俯首穿行，台湾人俗称底下为“脚”，所以此举被称为“穿灯脚”。乡亲们则在一旁围观，为的是借机认识哪一家娶的是哪一位新娘。它给人们再一次提供了看新娘的机会，场面十分热闹，也称“新娘团拜会”。

总之，“灯”在“生育”中是有着重要的地位的，这不仅源于它本身有光明吉祥的特质，而且源于它与“丁”有着相近的发音，甚至可以看作是“丁”的谐音。

（三）“灯”与丧俗

“灯”除了在婚俗、生育中扮演着重要的角色，在丧俗中同样也有着重要的地位。人死后，进入冥狱，人们常常用灯来指引亡魂、安慰亡魂。

民间有一种习俗叫“守灯”。这种习俗是家中亲人去世后，在灵床下点上一盏油灯，叫做灵灯，或者叫长明灯（如图4-26），入殓后灵灯就移到在灵柩下面，灵灯要亮着，一直到出殡以后，中间要不断地加油以防熄灭。

另有一种习俗叫“点红灯”，这是汉族民间岁时旧俗，流行于江苏、浙江等地。每逢农历正月十四、十五、十六夜，人们携带红灯和香烛到祖宗草地点燃，意思是请祖先出廓观灯。阴间和人间共同享乐，如果家中近日有人去世，则须鸣放爆竹。

而民间用来指引亡魂的灯则叫有“普渡公灯”、“七月灯”或“鬼提灯”。这些灯是夜间指引孤魂野鬼用的照明设施，于农历六月底安置在家门口或村庄

图 4-26 ▶

长明灯（李银伟收藏）

民间有许多信仰，供奉长明灯即为一例。这盏用木制成房屋形状并镶嵌玻璃的灯具，就是民间佛教信徒供于佛堂的长明灯，它象征着佛光长明之意。

出入口。烧香膜拜后，在夜半燃亮，第二天早上熄灯，入夜又再点灯，如此一直持续到鬼门关那天。“普渡公灯”的材质，大多是由铝皮和玻璃制成的四角形灯，玻璃上写有“普照阴光”或“庆赞中元”字样。有的地方还加上了斗笠形的铝皮盖。有心人家还会在灯内放胭脂花粉或香烟，供男女孤魂使用。

还有一种引魂灯亦称“路灯”、“引路灯”，即点在死人头前脚后的油灯。民间认为阴曹地府漆黑一片，死者的亡灵要借助于灯光才能看清道路，所以必须点灯，这样才能指示亡魂入冥的路径。引魂灯一般用黑陶碗，也有用面做的面灯，内盛清油，用棉做芯。引魂灯昼夜不熄，油干了立即添抽，直到出殡。

而我国有些地区的“放河灯”、“洞头百岛水灯”习俗也与祭祀亡灵有关。一些地方在农历七月十五，即传统的“中元节”有“放流水灯”祭祀亲人的习俗。

第二节 “灯”与其他传统文化

灯作为中华文化艺术的一部分，并非孤立地存在着，它不仅生动地依存在众多的传统习俗之中，而且与其他的文化，如神话传说、戏曲舞蹈、宗教文化、建筑文化、动植物文化、文学、俗语、灯谜、经济等有着互相映照的关系。

一、“灯”与神话传说、戏曲舞蹈、宗教文化

（一）“灯”与神话传说

中华之灯中常常包孕着丰富的神话传说，如宝莲灯（如图 4-27）七鲤抢河虾、盒子灯、排灯节等。“七鲤抢河虾”的传说源自三都镇的黄田村，这

种灯彩也是最早在这个村庄流传开来的，在铜鼓的大段镇、永宁镇、温泉镇都流行这种灯彩。“七鲤抢河虾”与一个美丽的神话传说故事有关。相传，花果山的齐天大圣闯进龙宫，向南海龙王索取兵器。龙王无奈，急召三海龙王议事。趁龙王离宫之际，龙王七个女儿相邀到人间游览。众龙女化作七条金丝鲤鱼，跃出龙门，在碧波荡漾的海面上尽情玩耍。巡海虾将见状，上前阻挠。龙女不便说明身份，强行通过。于是，鱼虾追逐，互不相让。顷刻，海水翻腾，波浪滔天。龙王回到宫中得知此事，大怒，命令鳌将军率兵捉拿。鳌将军化为渔翁，带上龙宫之宝——混元如意袋，就是灯彩中的渔网，将鱼虾一起逮住，带到龙宫问罪。民间根据这个故事，编排了七鲤抢虾的灯彩，于是流传至今。

图 4-27 ▲
《宝莲灯》

又称《沉香救母》，这是中国民间流传最广的灯的神话。

（二）“灯”与戏曲舞蹈

灯在民间的戏曲、舞蹈中有常常扮演着重要的角色，它在其中成为一种重要的道具（如图 4-28、4-29）。灯与戏曲舞蹈艺术静动相宜、互相映衬，组成了别开生动的民间艺术形式。在民间与“灯”有关的戏曲、舞曲有“云灯”、“蚌壳灯”、“竹马灯”、“划灯”、“滚灯”、“勾灯”、“厢灯”、“影灯”等。

“云灯”的起源与田村的“东河戏”有着紧密的联系。当时东河戏“凝秀班”每到春节，为了恭贺新年，便由演员手拿写有“恭喜发财”、“四季平安”等字迹的牌子，化装成八仙到各家去拜年，深得村民的喜爱。同时祠堂每年春节都要邀请戏班演出，按照田村的民间习俗，戏班没有灯彩是不能进祠堂演出的。为了改变这种现状，“凝秀班”老艺人利用东河戏传统剧目《白蛇传》中“水漫金山”一折的水族舞表演形式，结合田村灯彩的特点，将水族舞的“水旗”改为“云牌”，并经过老艺人的精心加工编排，改编创作了富有民间地方色彩的《云灯》舞，后在田村一带的东河班社中广为流传，逐渐成为东河班社的“班灯”。

“蚌壳灯”是流传在洪雅罗坝镇民间的一种灯舞。传说青衣江里有一只蚌成了精，变成人，能歌善舞，羡慕人间生活。一天，她正在江边晒太阳，正巧打鱼郎来到河滩，彼此一见钟情，相互倾心，互赠信物。这种情形不巧被螃蟹精窥见，它心怀嫉妒，拉乌龟精当帮凶，趁渔郎离开之际，进行挑拨离间，企图将蚌壳姑娘据为己有，卑鄙地采取各种手段，威胁利诱，但蚌壳姑娘坚贞不屈。幸好面丑心善的鱼婆见义勇为，帮助蚌壳姑娘与螃蟹、乌龟周旋，最后，渔郎赶来将它们一网打尽。根据这个完美的传说，艺人把它编成民间舞蹈，每年春节、元宵节在街头表演，深受群众喜爱。

“竹马灯”分布于沿江江南一带铜陵地区的钟鸣镇及周边县市。钟鸣镇“竹马灯”主要组织制作演出地在该镇牡东村白牡岑自然村，每年春节期间到周边村庄游玩。竹马灯于元代传入福建，成为传统艺术形式之一，千百年来，一直为群众所喜爱，“竹马灯”从人物脸谱、舞蹈动作及队形变化上来看，属于表现丰收喜庆迎宾的欢乐场面。全队共十人十骑，两个小生，一个扮书生手扶扇，另一个执令旗，各骑红马；两个小丑，项童打扮，各骑白马；其余三对扮村姑和青年，各骑黄马。四盏四角灯，两幅城墙城门布条。由骑红马小生领头，在广场作流动性表演各种队形变化的舞蹈，乐曲有《五更响》、《补缸歌》、《卖杂细》等。闽南竹马灯则多表演《昭君和番》的故事，表演者脸谱各异，服饰有别，出场时有番兵头、小丑、小生刘状元、番王等，有的还加毛延寿，也是十人十骑。

昆山太史淀畔的白家浜村，每个农历闰年的七八月间，有举行划灯的习俗。所谓“划灯”，即灯会。举行灯会前，村内德高望重的老者聚众商定具体日期，然后全村男女老少开始忙碌地扎制彩灯，并为灯会添置新衣，杀猪宰羊，准备招待前来观看灯会的亲友。划灯前，人们在船上搭起骨架，再把扎好的各式彩灯挂在架上。每条船中舱里放上长凳，长凳上搁上木砻，木砻上扎上戏文彩灯，到划灯时，木砻下安排下两人，或蹲或卧，一人牵线，一人推砻，这样绘有《梁祝》、《打虎》等戏剧图案的彩灯就像走马灯一样，缓缓地转动起来了，好看极了。到划船那天，千姿百态的灯船汇聚太史淀水面，穿红戴绿的看灯人群也涌到湖边。甚至远在苏州城和上海的亲友，也赶来观看。一时间，太史淀周围人头攒动，热闹非凡。华灯初上时分，指挥者一声令下，聚集在太史淀水面的灯船立刻鼓乐齐鸣，鞭炮万声，群情欢动，灯船也开始往来穿梭，不断变换队形。这时，天上星光月光、船上灯光水面波光，交织成一幅色彩斑斓的民俗风情画。

担灯，是陕北府谷一带的观灯活动。它变静态为动态，把秧歌和观灯结合起来。过罢春节，姑娘们就开始做灯。姑娘们做的花灯千姿百态：有西瓜灯、白菜灯、玉米灯、猪娃灯、金鱼灯……。到了元宵节晚上，姑娘们用竹扁担担上自做的一对花灯，点亮蜡烛，穿上预先约好的统一服装，一般是红衣绿裤，腰系兜肚，下穿彩鞋，按大小身高排成两列纵队，除两边一个带队者外，队列中的人，必须是双数。排好队后，从中心地点出发，走街串巷，扭着秧歌，变换各种队形，让人们尽情地欣赏花灯。担灯不仅是姑娘们“赛灯”的好机会，也是小伙子们选择对象的好机会。通过观灯不但可以看到担灯姑娘的相貌和手艺，还可听到左邻右舍对担灯姑娘人品的议论。久而久之，担灯也成了姑娘大显神通的佳节了。

滚灯，至少已有上千年的历史。流传于苏州太仓、昆山、常熟等地的滚灯，是元宵节中一道独特的风景。南宋范成大《上元纪吴中节物》中曾有“掷烛腾空稳，推体滚地轻……轻薄行歌过，癫狂社舞呈”等句，并对“掷烛腾空稳”注曰：“小球灯，时搓空中。”对“推体滚地轻”注曰：“大滚球灯。”范成大所谓的“小球灯”、“大滚球灯”，实际上就是古代的滚灯。明代话本《薛刚反唐》中也有关于滚灯的记述，并作了踩滚灯、举滚灯等描述，可见明代滚灯表演仍然盛行。“滚灯”也是民间的一种与戏曲舞蹈有关的灯俗。它由两个竹编球体组成，外球由十三根约一寸宽、三分厚的毛竹片扎成，直径约三尺，竹片抹上彩色油漆。表演时，舞者双手可以将手插入球体竹片间的空隙将球抓牢。内球置于外球之中，用宽约六分、厚约两分的竹片编成，直径约一尺八寸，蒙以色布，球内缀有小铜铃，并可插点蜡烛。因球有环形装置，无论外球如何滚动，内球的蜡烛始终都能保持在水平状态。球体滚动时，球内烛光闪烁，铃声叮当，煞是迷人。

滚灯每只四十至六十斤，过去曾有重达七十五斤者，舞滚灯体力消耗大，技巧要求高，具有较强的竞技性，因此大多由男子表演。滚灯队少则五六人，多则十余人。一般由八人组成，七人为帮手，一人（童子）为主角。主角高冠束发，上穿可黄窄袖衫，下着蓝裤，红带束腰，脚穿白布袜套一双布筋草鞋，手握红缨枪，一边舞枪，一边踩灯，随灯滚动前进。帮手身穿白色对襟上装及装笼裤，镶蓝边，袖口、裤口扎紧。滚灯表演、踩、举、腾、挪，有“三十三天”、“七十二变”等绝活。所谓“三十三天”，是滚灯的上盘功夫，即盘弄在肩部以上的三十三个动作。高手表演往往三十三个动作能一气呵成。所谓“七十二变”是滚灯着地，表演者以熊罴虎豹等动物形态，用脚、腿、肘、背、头等身体部位结合踢、撞、扑、抓去转动滚灯，使之铃声不断，旋转滚动。其时，演员与滚灯浑然一体，时而舒展，时而惊险，有时轻如无物，有时又重如压鼎。昆山花桥过去还有人表演滚灯时，在滚灯上系上短绳，可抓住绳子将灯体舞动。可惜的是，许多招式已经失传；目前尚有“鲤鱼滚水草”、“白鹤生蛋”、“和合虎跳”、“蛤蟆扑水”以及“叠罗汉”、“叠宝塔”等个人技巧与集体动作。滚灯表演时，还用大小锣、大小钹及鼓等打击乐器伴奏。出场时奏“急急风”，表演时节奏变化不多，速度则随动作而不断调整。滚灯是太仓地区最受众人欢迎的一种强身健体的娱乐活动。于是，滚灯这种古老的民间技艺，被保存了下来。滚灯不仅显身于元宵，凡庙会及重大喜庆，也都成了滚灯大显身手的日子。到近代，滚灯更从节日中游离而出，逐渐演变成了以竞技为主的赛灯。目前太仓人民正在努力，采取有力措施，要将这一古老的民间艺术奇葩保护传承下去。

前文提到的“勾灯”习俗就是集民间戏曲与舞蹈的一种综合艺术。勾灯的舞蹈动作有“摆灯步”、“担灯步”、“端灯跑”、“踏步摆灯”、“踏步举灯”、“蹲步举灯”、“举伞扭”、“转伞后踢步”、“十字步转伞”等；常用队形图有“单连环”、“双辫蒜”、“转四角”、“拜五方”、“六枝梅”、“八阵图”、“十二莲灯”等12种。伴奏乐队为吹鼓乐，多为唢呐曲牌或陕北民歌曲调。歌词多即兴演唱。打击锣鼓段如《长流水》等，唢呐曲牌如《下江南》等，民歌如《一年四季保太平》等。

“厢灯”，可谓灯中有戏，它以八仙桌之大小，扎就戏文中的人物故事，聚以数十台，展示于厅堂，做好于街坊、村道，可现可娱。这种娱乐，多在冬闲季节进行。

由上述内容可以看出，民间的众多戏曲，舞蹈与灯共同烘托了传统节日的氛围，成为民众娱乐的重要活动。其中有的戏曲舞蹈通过改编传统的戏曲，结合本地的地域特色，形成了新的戏曲舞蹈的文化如“云灯”；有的则把美丽的传说改编成群众喜爱的民间舞蹈，如“蚌壳灯”；有的地区的戏曲舞蹈则是显现了该地区丰收喜庆的热闹场面，如“竹马灯”；有的地区，如陕北府谷一带则在传说的观灯活动中，变静态为动态，把秧歌和观灯结合起来，让人们尽情地欣赏花灯，这不仅成为姑娘们“赛灯”的好机会，也是小伙子们选择对象的好机会，如“担灯”；有的关于灯俗的戏曲舞蹈艺术则从节日中游离出来，逐渐演变成了以竞技为主的赛灯活动，成为受人欢迎的一种强身健体的娱乐活动之一，如太仓地区的“滚灯”；有的则结合本地的民歌曲调，并做即兴表演，成为一种集民间戏曲与舞蹈的综合艺术，如“勾灯”；而有的则是戏中有戏，成为人民农事休闲时的消遣活动，如“厢灯”。而另一种“灯”出现在民间戏曲舞蹈中的是“升灯”，它纯粹是一种道具。

（三）“灯”与宗教文化

在中国的宗教礼仪中，灯具常常介入其中，并扮演着重要的角色，它是民间宗教礼仪中的重要道具，并烘托出宗教的文化特质。在佛教中“灯”成为一个主要的文化符号。它在佛教中有着非同寻常的意义。早在释迦牟尼成佛之前，已有一位古佛，因出生的时候身边一切光明如灯，故号“燃灯佛”。佛教中传说，是他做出释迦牟尼当能成佛的记别（即“预言”）。佛教称：灯可“照暗”，故将明灯看作是佛法的象征，佛教视传法如传灯。正所谓“灯灯相传，亘古光明灿烂”。在众佛之中便有以灯名之的燃灯古佛，日月灯光明佛等等。寺庙内常设一些巨大的油盆和油缸作为灯具，称作“灯海”或“海灯”，佛灯追求的是长明。“传灯”的意义在于：心中都能有一盏不灭的长明灯，那他无论碰上什么险恶的环境都不怕。若能像佛家所说的一灯点亮十灯、百灯、千灯、万灯乃至无尽灯，那世界真的就更美好了。因此历代有许多论证佛法教义的书籍，书名中都没有离开“灯”字。在佛家经典中就有以著名的《景德传灯录》为代表的《五灯会元》。

西汉末年，佛教从西域传入我国内地，很快便征服了众多的信徒。到东汉永平年间，明帝提倡佛法，并亲自到寺院燃灯礼佛，以表示对佛教的尊敬。自此，佛教盛行于华夏。历经两千年而不衰，与儒、道并列，成为中国的三大宗教之一。随着时间的推移，基于“灯”在佛教中的地位，佛教文化也不可避免地影响着灯具的制作。为了满足使用者的需要，制作灯具的工匠们常把某些带有佛教色彩的事物融入灯具中，如莲花、“万”字图案等。而那些置于庙堂上供桌前的佛灯、供灯，其中的宗教色彩就更加浓厚了。

从某种意义上说，莲和钵（如图 4-28）可以算做佛门的两宗宝物。关于它们的法力，在浩如烟海的历代文学作品中有许多描述，就连民间传说中也可以找到不少的例证。比如《宝莲灯》中三圣母与二郎神争夺的那盏“宝莲灯”和《白蛇传》中法海手中的“金钵”都是十分了得的法宝。可见由“宝莲”和“玉钵”这二宝汇集而成的“灯”，其含义一定是十分丰富的。

图 4-28 ▲

莲花灯

莲花在佛教中被称作“莲台”，亦称“清净台”。通常是佛、菩萨们的宝座。佛教认为：因修行深浅的不同，所依托的莲台也不一样，它分为上、中、下共计九品。灯火代表为众生指引方向的佛法（即佛教真理），莲花则象征着普度众生脱离苦海，往生极乐世界的宝舟。莲花灯在中国古代灯具中常常出现。在古代众多莲花灯之中，“有一盏白陶莲花灯是佛教艺术与中国古老文化相结合的产物：莲花和龙头装饰出现在同一器物上是这件白陶莲花灯的一大特点。唐代是佛教发展又一高峰，用一些莲花瓣形饰装饰器物仍是较为流行的形式。与此同时，龙作为中国古代文化一种十分古老而奇特的文化现象，用龙头等龙体局部作装饰在南北朝时期开凿一些石窟已开始出现，这表明龙的形象已融入佛教艺术之中。这件白陶莲花灯，应是唐代佛教艺术与中国古老文化相结合的产物”。[1] 莲花灯在中国古代比比皆是（如图 4-28、4-29）。

图 4-29 ▲

莲花灯

事实上，狮子灯也是佛教中最常见的灯具

[1] 郭灿江：《光明使者》，上海文艺出版社 2001 年版，第 142 页。

图 4-30 ◀

陶塑狮子烛台（传世　山西）

图 4-31 ▶

南朝黄釉狮形座灯

南朝黄釉狮形座灯 高 14.4 厘米 长 17.5 厘米　浙江绍兴文管会藏

图 4-32 ▲

西晋青瓷狮形单管烛台

图 4-33 ▲

西晋青瓷人骑狮形烛台

（如图 4-30、4-31、4-32、4-33）。

东汉时狮子从西域传入我国内地，它以其卷毛巨眼、张口施爪的威武外形，很快使人们慑服，被奉为百兽之王，并和龙、凤、麟一起视为吉祥的神兽，成为石雕的重要题材。在魏晋南北朝时，随着制瓷业的繁荣，狮形象逐渐被制瓷匠师用在了烛台等瓷制日用品中。“狮子性凶猛，古时又名狻猊、狻鹰，为百兽之王。《尔雅》曰：‘狻猊……食虎豹。’注曰：‘即狮子也，出西域。’又《宋书》曰：‘外国有狮子，威服百兽。’因狮子在百兽中王者的地位，旧时皇宫、王府、陵墓门前大多蹲有一对铜狮或石狮，用以象征官府权势或镇宅驱邪。因‘狮’与‘师’同音，民众多以‘狮’谐‘师’，表达吉祥、祝福的意愿。佛教比喻佛主讲经为‘狮子吼’，声振世界。尘世常以此比喻出类拔萃的人，把狮子奉为兽中之王，佛所坐卧称‘狮子座’、‘狮子床’。狮灯无疑表达了狮子这种神圣、吉祥的意义。”[1]

在河北沧州东南约二十里的旧州城址内，有一件世界闻名的重要文物：铸造于五代后周广顺三年（953）的沧州铁狮子。铁狮子身高5.35米，身长6.3米，宽3米，重约4吨。由数百块30厘米见方的铁块，采用分节叠铸法拼铸而成，它应该是世界上最古老、最大的铸铁狮子。铁狮子的头顶和项下分别刻着“狮子王”三字，项右有“大周广顺三年铸”七字，左肋有“山东李云造”五字，腹内铸隶书《金刚经》文。铁狮面南而立，昂首阔步，仿佛正要去完成一项重要的使命。在它的背上，负着一只莲花形的铁盆，它应该是“灯盆”。盆底直径1米，上口直径2米，高70厘米。铁盆可以从狮背上拆下。关于此件铁狮子最初的用途，至今说法不一。多数专家认为铁狮背上驮的是莲花座，腹内刻《金刚经》文，原先又是置于开元寺前，故判断其为文殊菩萨像的底座，当地百姓则传说铁狮子是当年铸来镇海啸的。

在佛教传说中，狮子在佛法的威慑和感召之下，早已失去了兽中之王的本性，而成为辕下之“驹”。通常，菩萨坐下之狮，都是体态端庄，神情怡然。和菩萨在一起，它只是一匹没有个性，处于从属地位的“脚力”。而这个沧州铁狮则身强体壮，充满活力，当它抬头远望，举止向前的时候，表现出一种独立的王者风范。这与在它头顶、项下都刻有的“狮子王”三个字非常相合。此时的铁狮，受命一佛，背负珠串形烛插——法灯，为天下人照明

[1] 孙建君、孙和林：《民间灯具》，湖北美术出版社2002年版，第64页。

破暗，解除疑惑。它仿佛是佛法的化身，宇宙的主宰。这个沧州铁狮与菩萨的坐下之狮，有很明显的差别。因此，人们推测它可能是一盏灯。狮子身上背负象征光明的“烛台”之造型，在古代灯具中并非罕见。

民间有一件收藏品，叫“寿山石灯”。这盏石灯的主体为钵形，靠一边有腰鼓形立柱执柄，柱头上还琢刻了一朵精巧的莲花。灯体虽然不大，也没有过多的纹饰，却给人一种十分精致，而且很大气的感觉，它是一盏佛前的供灯。钵，是僧、尼化缘的食器。同时，也是佛教师徒间传授思想和职位的信物之一。而现在它的涵义已经被引申、扩大到现实社会生活的方方面面。像我们平日常说的“衣钵相传达”就并非专指佛教。

随着有关佛教灯具的发展，与佛教有关的灯的礼仪也盛行起来。在佛教的影响下，我国的苏州地区有“燃肉身灯”的习俗。每到七月三十日，经院寺庙大多要举行法会，信众也纷纷前往礼忏诵经，烧香祈愿。有些人跪在佛像面前，伸出赤裸的臂膀，用铁钩钩在皮肉上，在铁钩上挂一盏带燃的油灯，这就是所谓的“肉身灯”。胡三省注《资治通鉴》云：“挂灯者，裸体，以小铁钩遍钩其肤，皆挂小灯，圈灯盏，贮油而燃之，俚俗称为：‘燃肉灯身’。”这些燃肉身灯者说是此举为“报娘恩”，表示代表母亲受苦，以赤诚之心来乞愿佛菩萨解脱母亲的苦难。还有些人把许多纸钱送往寺库，以作为来生之资，叫作“寄库”。这大概从“地藏”二字望文生义而来。蔡云《吴歈百绝》诗句对点肉身灯之类做法提出过批评：“最痴妇女最贪僧，旧俗曾劳大吏惩。今日开元寺中过，更无人点肉身灯。脱裙解秽一重重，村妇女投地藏宫。砖塔夜来燃珀屑，水灯放后地灯红。”在自注中，他这样写道：“七月三十日，妇女报恩于开元寺中，百十成群，裸体燃烛肩背，谓之点‘肉灯身’。男女混杂，夜以继日，此吴下伤风败俗之最甚者。”

清代的金奉尧则在《烧灯叹》中这样写道：

> 七月月晦夕，吴俗竞赛神。
>
> 赛神何所为，燃灯各纷纷。

……

亦有孝者愚，愿捐以肉身。

纤钩悬其肘，烛焰腾氛氲。

云照阿鼻狱，以报母氏恩。

汝母氏何辜，不随入转轮。

生养未能报，那补晖三春？

奈何毁遗体，重伤泉台人。

在康定藏族地区则流行元根灯会（无根会），每年藏历十月二十四至二十六日为主祭期，康定的几座黄教寺院都举行法会，摆酥油花，燃元根灯供佛。信徒们除在家供灯外，还登跑马山，赴南无寺敬灯油。入夜后成群结队涌向安觉寺，参加元根灯会。此夜，别有情趣的是，满街的小孩子手提元根灯笼互相追逐嬉玩。相传，坐落在城内的由后藏罗桑格勒等五僧所建的安觉寺竣工后，选择燃灯节这天举行开光典礼。当时所需千供（花、香、灯、水、食物等各满千数的供品）的铜、银质灯盏不够，于是便将本地盛产的无根（芜菁）中心剜空，插灯芯，倒融酥，制成元根灯供佛，以解燃眉之急。当晚，佛殿内外的供桌上、门廊、墙角等皆布满了无根灯。

闽南侨乡市镇农村把七月初一日称为“起灯脚”之日。当日黄昏在各自门口摆上五味菜肴和酒、饭，还有一盏四方形的“路灯”，“路灯”四方围以透明玻璃。“路灯”正面，即可以启闭的那一面，贴上一对小对联，上写“敬点路灯”“阳光普照”或“一心诚敬”“敬点路灯”，主人焚香祝告后便点亮了“路灯”，稍待片刻，即焚烧金楮银服，收拾完菜肴，便把“路灯”挂在自己家门口，以便那些来参加“普度”活动的“好兄弟”夜间行走方便。

除此以外，与佛教有关的灯的仪式还有东乡的“罗汉灯”。“罗汉灯”是由一百二十人操持各种人物，神仙、鬼怪、动物、花卉等扎成的灯具，以花神与仙女作烘托，表现观音娘娘频频向人间撒下滴滴甘露，造福人间。

中国的民俗活动中，有关灯的习俗除了与佛教有关，也有与我国土生土长的宗教，如与道教有关的习俗，如“顺星灯”。正月初八是祭“顺星”的日子，传说是日“诸星下界”，人们“以纸蘸油”，燃灯一百零八盏而祭之。祭时以灯照门户、堂屋、灶台、井栏等处，以“辟除不祥”。

所以，灯在宗教文化中有着独特的象征意义，起着点化、烘托习俗文化的作用。

二、“灯”与建筑文化、动植物文化

（一）“灯”与建筑文化

在中国古代，促进灯的发展的直接因素，是生产力的提高，它为灯具的迅速发展提供了重要的经济基础。当然推动灯具的发展，还有种种相关的外界条件，比如，人类赖以生存的建筑，就是一个十分重要的因素。

人在夜间的活动，常常以建筑为中心，所以灯具又必然与建筑产生密切的关系。

据《仪礼·燕礼》云：“宵则庶子执烛于阼阶上，司官执烛于西阶上，甸人执大烛于庭，阍人为大烛于门外。”这里所言的阼阶，即指堂前东阶。东阶、西阶、庭院及门外，分别由不同身份的人执灯，这不仅是古代的点灯礼节，也说明了灯与建筑的关系。在《周礼·秋官寇·司烜氏》亦云：“心邦之大事，共炆，大也。树于门外曰庭，皆所以照众为明。”

春秋以前，我国的城市规模很小，到了战国时期，由于铁工具的广泛应用，促进了农业、手工业等生产业的发展，封建经济得以进一步巩固与繁荣，城市规模随之日益增大，涌现出一批著名的大城市，如赵国的邯郸、楚国的鄢郢、齐国的临淄、魏国的大梁、韩国的宜阳等。《史记·苏秦列传》有记载：“临淄之中七万户，不下户三男子，三七二十一万。”秦汉时，大规模的皇宫与高台建筑兴起，像秦朝的阿房宫、汉朝的未央宫都是名垂史册的宏伟博大的建筑群。由于建筑业迅速发展，室内设施增多，出现了榻、案、柜、箱等家具，而这些家具上需要摆设。于是就推动了室内照明用器——灯具的发展，并涌现了一批很有特色的灯具，例如闻名中外的“长信宫灯”。

建筑业的发展，也促进了人们对室内环境卫生追求，于是发明了“取光藏烟，致巧金铜”的带烟管的灯具，即古人所称的“釭灯”。这种带烟管的灯具可以说是我国最早的防污染灯具：在燃烧过程产生的缕缕青烟，经过弯曲的烟管，溶进腹中的清水里，从而起到了保护室内环境卫生的作用。

由于室内建筑结构的变化和室内家具种类的增多以及人们的生活需求的提高，灯具逐渐产生了分工，如悬在空间的吊灯、放在桌子上的台灯、摆在地上的落地灯、挂在墙上的壁灯。现存最早的吊灯，是珍藏于湖南省博物馆里的汉末的一盏人形铜吊灯：“匍匐的人形作灯架，铜人双手前伸捧着一个大灯盘，人形被作为储油箱，其背上开口，装反扣盖，吊灯的悬链被设计得很艺术化，最上是一条短链，连接着一只展翅欲飞的凤，其下是链罩，罩下连着三根链子，它们分别系在铜墙铁壁人的双臂与臀部。这件人形铜吊灯与汉代的长信宫灯、当户灯，同属汉代古灯中的精华。”

与建筑物关系最密切的应该是吊灯。在吊灯中，最有名气的是宫灯，它既是室内照明灯具，又作建筑环境中的点缀，一般悬挂在厅堂梁上，常用优质硬木制框架，周身嵌绢画或玻璃画。而什景灯、花篮灯等一般用于地厅、轩、廊、榭、亭、阁等处，它的造型虽不如宫灯那样雍容华贵，但却玲珑剔透，具有非常强烈的装饰性。而门楼灯，也是建筑中不可少的灯具，不论是大红灯笼，还是桐油刷浸的灯笼，那灯笼罩上书写的某某府、某某宅、某某第的字样，对人们来讲，已不仅仅是一种照明的灯具，它更是建筑物主人的身价与档次的体现，是门户的象征。后来出现的牌楼灯，也成为“牌楼”中的点睛之笔，使得它更加熠熠生辉。

（二）“灯”与动植物文化

自古以来人们在塑造灯具造型时，就非常讲究造型的题材内容，除人形题材外，还常常采用与人类息息相关的动植物造型内容，创造出千姿百态的动植物造型灯具，也就是仿生灯具。

回顾两千多年的灯具史，灯具的动物造型大致可分飞禽、水族、走兽、家禽与祥兽，常见的动物则有老虎、熊、鹿、狮、猴、狼、狐、马、骆驼、雁、兔、孔雀、鸡、仙鹤、蛙、鱼类、鸟类、蟑、龟、獾、猪、牛、羊等。动物造型灯具大致有四种表现手法：（一）整体的动物造型化，这种造型保持了动物的完整性，不过增加了一个灯盏，具有较强的摆设性、装饰性，常见的动物有狮、牛、羊、雁、仙鹤、猴子等。比较典型的有羊尊灯等。（二）灯柱动物造型化，这是常见的动物造型灯具，这种灯具的足部有承托盘，动物蹲在托盘上，最常见的动物是熊。（三）局部构件动物造型化。这种灯具常常巧妙地利用动物的形状，来制作灯具的某一局部构个把，例如灯的把手、支架、吊环、座足等，所塑动物造型往往作夸大处理，且具有较强的艺术感。所见动物以鸟类居多，如雁足灯等。（四）装饰点缀造型化。这种动物造型灯上的动物，已不是灯具的主体造型了，它们的出现大多为美化灯具外部形象，使其更显得丰满而奇异。这种艺术手法，常常通过贴塑、堆塑来表现，以陶瓷灯最为常见，在青铜灯具中也有表现，如古代的枝状灯上就有许多堆塑的动物。

现存历史年代最早的具有动物形象的灯具是战国时期的青铜“骑驼人俑灯”，它于1965年在湖北江陵望山二号墓出土的，这是一件造型十分生动的灯具，它的灯座被制作成一匹昂首的双峰骆驼，站立于一块长方形的足板上，有一男俑骑在骆驼上，双手擎着高高的灯柱，以承重负载的骆驼形象来作灯座，给人一种稳固之感。在青铜器中，骆驼的形状十分罕见，以骆驼来塑造灯具，就更显得珍贵。在战国的青铜灯具中，还有一件于1976年河北平山中山王墓出土的青铜“十五枝灯”，十分出色，该灯共出现三种动物：承托灯座的虎足、攀援灯枝的猴子与栖息曲枝上的小鸟，这些动物都被塑造得活灵活现，充满着生活气息。这种以“堆塑”的手法来装饰古代器物的造物手法，颇具特点，而且并不罕见。而“堆塑”的内容也常常是动植物。

动植物题材在我国古代灯具上的出现，显然与我国的农耕文化有关。

汉民族是农耕民族，牛与农业有着十分密切的关系，以牛形铸灯，反映了当时人的信仰与追求。汉代的牛形灯多为“釭灯”，釭灯是非常有名的灯具，在历代文人墨客的笔下多有吟咏，如唐朝大诗人白居易的“斜背银钮半下帷”。目前，已发现的牛形铜钮灯有三件，它们是1949年在湖南长沙北门桂花园的一座古墓出土的“长沙牛形灯”。1975年在江苏睢宁县刘楼的东汉墓中出土的“睢宁牛形灯”。以及1980年在江苏邗县甘泉东汉墓出土的“邗江错银牛形灯”。这三件牛形灯中，以“邗江错银牛形灯”最为精美绝伦，牛身通体装饰精美华丽，而且造型比例协调匀称，形象栩栩如生。

至三国两晋南北朝，在灯具的造型上，人形俑灯减少，而动物造型灯增多，无论是油灯还是烛台，都呈现出繁荣的景象。所涉动物，除牛、羊等外，还出现了熊与狮等形象。熊型灯具，以青瓷熊形灯最有代表性，它的造型结构为在圆形盘中蹲坐着。

我国是农耕民族，大自然中的奇木异花向来被人们所重视与钟爱，它们的形象被广泛地应用于各种生活器物的造型及装饰艺术中。作为人们朝夕相伴的灯具，也不例外。

北京故宫博物院珍藏着一件战国时期的青玉灯，为传世珍品，造型仿青铜豆形，高12.8厘米。此灯用新疆和阗青玉雕琢而成。它由底座、柱、盘三部分组成，它们的表面分别雕琢着各自不同的植物花卉纹饰。其底座为喇叭形，座面雕琢着五瓣柿蒂纹与勾莲纹；灯柱呈葫芦形，中部束腰，其上端雕三叶纹，其下端则雕满莲纹。灯盘外沿则雕琢有线条圆浑的正反相间的勾莲纹，盘中雕有立体凸出的五瓣形小灯芯，形似团花。这件灯具显现了我国农耕社会时期植物文化在造物中的应用。

三、“灯”与古代文学、灯谜、俗语

（一）古代文献中有关“灯”的描述

在我国的古典文学著作中，常有述及到“灯”的片段。在《京都风俗志》、《西湖游览志余·熙朝乐事》、《开元天宝遗事》等作品中就记述到当时很多灯的品类。而《东京梦华录》、《梦粱录》、《金瓶梅词话》(如图 4-34、4-35、4-36)等作品则记录了古代灯市的盛况。《金瓶梅词话》第十五回在《佳人笑赏玩月楼》中描写灯市盛况之时，展示了一幅民间灯彩的绚丽长卷，“只见那灯市中人烟凑集，十分热闹。当街搭数十座灯架，四下围列些诸门买卖。玩灯男女，花红柳绿，车马轰雷，鳌山耸汉。怎见好灯市？但见：山石穿龙戏水，云霞映独鹤朝天。金莲灯、玉楼灯，见一片珠玑；荷花灯、芙蓉灯、散千围锦绣。绣球灯，皎皎洁洁；雪花灯，拂拂纷纷。秀才出，揖让进止，存孔孟之遗风；媳妇灯，容德温柔，效孟姜之节操。和尚灯，月明与柳翠相联；通判灯，钟馗共小妹并坐。师婆灯，挥明扇，假降邪神；刘海灯，背金蟾，戏吞至宝。骆驼灯、青狮灯驮无价之奇珍，咆哮吼吼；猿猴灯、白象灯，进连城之秘宝，玩玩耍耍。七手八脚螃蟹灯，倒戏清波；巨口大髯鲇鱼灯，平吞绿藻。银娥斗彩，雪柳争辉。……村里社鼓，队共喧闹；百戏货郎，庄齐斗巧。转灯儿一来一往，吊灯儿或仰或垂。……向西瞧，羊皮灯、掠彩灯，锦绣夺眼”。

通过这些文学名著，我们不仅领略到了古代灯具的各种品类造型、有关

图 4-34 ▲

《金瓶梅》十五回　佳人笑赏玩灯楼

图 4-35 ▲

《金瓶梅》四十二回　赏元宵楼上醉花灯

图 4-36 ▲

《金瓶梅》插图里的戳灯

灯的民俗文化、人们寄予灯具中的情感，还体会到了中国古典文学的魅力！

1. 古代文献中有关“元宵闹灯的时间考证”

而有关元宵闹灯的起源时间，历来有多种说法。这在古代的文献中也能找到许多的资料。第一种说法与佛教有关。在佛教传说中，正月十五这一天正是西方的十二月三十日，佛祖释迦牟尼示现神变、降伏神魔的日子，为纪念佛祖神变，此日须举行燃灯法会。东汉明帝时，佛僧摩腾和竺法兰东来传教，为明帝所崇，便敕令正月十五佛祖神变之日燃灯，并亲自到寺院张灯，以示礼佛。自此以后，元宵节张挂彩灯便在华夏大地蔚然成风。自元宵节张灯之俗形成之后，历朝都以正月十五张灯、观灯为一大盛事。对汉代张挂之灯由于无实物和文献资料可考，对当时灯的情况我们知之甚少。另一种说法是：汉武帝尊祀“太阳”神，将正月十五日定为“燃灯节”，开放夜禁（就是在节日期间解除夜晚戒严）。其中引用《史记·乐书》“汉家祀太一，以昏时祀到明”，专家学者一般认为“正月十五夜游观灯”是那个时候流传下来的习俗。像唐代徐坚《初学记》、宋代李昉等纂《太平御览》、后来的《直隶志书·永平县》等都有类似的说法。第三种说法是：汉文帝平定“诸吕”叛乱在正月十五日，当时就把这个日子定为元宵节，又有东汉明帝提倡佛教，曾于“上元夜”至寺院燃灯礼佛等等。尽管如此，文献中并没有对于确切时间的记载，无论元宵节究竟起源于何时，从古代文献中，可以得知：自汉代便有正月“闹灯”的习俗。在汉代，每年正月元夕，宫廷里“垒灯为山，自昏至明”，以祭祀太乙星。汉武帝时，元夕“燃九华灯（又称九光灯）于南山上，照见百里”。以后每年正月张灯结彩的风俗代代相传，延续2000年至今不衰。南朝梁简文帝的《列灯赋》描写了观灯的盛况：“何解冻之佳月，值冥荚之盛开，草含春而色动，雪飞彩以轻来，南油俱满，西漆争燃，苏徵安息，蜡出龙川。斜晖交映，倒影澄鲜。”从赋中文字可以看出“闹灯”，从时令上猜测，似乎是在初春，却不能断定就是正月十五日。所以说服力不强。又有隋炀帝《正月十五日通衢建灯夜升南楼》诗：“法轮天上转，梵语天上来；灯树千光照，花焰七枝开；月影凝流水，春风含夜梅；幡动黄金地，钟发琉璃台”。此诗的标题就已经描述得很清楚：闹灯的时间就是元宵之夜，而且在能衢，即大道之上设灯。这描述的是纵民游观，隋炀帝则登临南楼观看。据《隋书·音乐志》记载：隋炀帝大业二年（606）正月十五，在都城端门外“大放炬火，光烛天地，绵亘八里，列为戏场，金石革之声，闻于十里外，弹弦管，以上一万八千人。自是以为常焉”。在隋代之前，每年正月点燃花灯一夕，不固定时日。隋代以似乎就确定了“闹灯”的时间。而自唐初开始，才由官方正式定正月十五（上元）这天为灯节。至盛唐，又改张灯一夜为三夜，并在京城开设灯市。先天二年（公元713年）唐玄宗下谕：正月十五、十六两日在“京师安福门外作灯轮，高二十丈，衣以绵绮，饰以金玉，燃五万盏灯”，并“于灯轮下，踏歌三日夜，欢乐之极，未始有之”。《开元天宝遗事》记载了当时的盛况：杨贵妃之姊韩国夫人耗费巨资，“置百枝灯树，高八十尺，竖之高山，上元夜点之，百里皆见，光明夺月色”。有唐诗写道：“火树银花类鬼工，执花灯婢人力穷。鬼戚争奇最先出，不愁绫罗珠帛空。”至宋代，皇城的上元灯节，往往延续五夜、“四十里灯光不绝”。宋徽宗时，元宵将万盏灯彩组合成灯山，形如鳌，名为“鳌山”，与民同乐，更加形成了群众性节日文娱活动，促进了灯彩技艺的发展，创造了竞赛扎灯的技术和装饰艺术的社会条件。

2. 古文献中描写灯彩、烟火的盛况

在古文献中，古人津津乐道地描写了诸多灯彩、烟火的盛况。有关灯彩的描述有：

《东京梦华录》载：“至正月七日，人使朝辞出门，灯山上彩，金碧相射，锦绣交辉。面北悉以彩结，山沓上皆画神仙故事。”“彩山左右，以彩结文殊、普贤、跨狮子白象，各与手指出水五道，其手摇动。用辘轳绞水上灯山尖高处，用木柜贮之，逐时放下，如瀑布状。又于左右门上，各以草把缚成戏龙之状，用青幕遮笼，草上密置灯烛数万盏，望之蜿蜒如双龙飞走。自灯山

至宣德门楼横大街，约百余丈，用棘刺围绕，谓之‘棘盆’，内设两长竿高数十丈，以彩绘结束，纸糊百戏人物，悬于竿上，风动宛若飞仙。”唐张悦《十五日夜御前》：“花萼楼前雨露新，长安城里太平人。龙衔火树千灯艳，鸡踏莲花万岁春。帝宫三五戏春台，行雨流风莫妒来。西域灯轮千影合，东华金阙万重开。”

元宵夜景，除彩灯外，还有烟花以及文艺表演。烟花又名“烟火”。宋人高承《事物纪原》云：“火药杂戏，始于隋炀帝。孟襄阳谓即火树也。”高承所说的：“火药杂戏”，就是烟花。古代的烟花，用生铁杂以硝、硫磺等物制成。点燃时，焰火喷射，色彩绚丽，能幻成各种奇景。孟襄阳认为，烟花就是人们所说的“火树”。

唐代苏味道《正月十五夜》诗中也有“火树银花合，星桥铁锁开”之句，此句是不是对烟花的描述，难以确认。而宋人的诗词中，“火树”指的应该就是“烟花”。向子在《水龙吟；绍兴甲子上元有怀京师》中写道：“笑入彩云深处，更冥冥、一帘花。”描写了元宵节繁华热闹的图画：欢快的笑声直上高高的彩棚，更有那冥远的天空里到处是如雨的烟花。南宋女诗人朱淑真《元夜》诗也有“火树银花触目红，揭天鼓吹闹春风”的句子。明代诗人卓人月在《瑞鹧鸪·湖上上元》词中用“城上火树落金钱，城外湖波起碧烟”的句子所写的“火树”就是指在城墙上燃放的烟花：那烟花的光焰，像纷纷落下的金钱；烟花的烟雾，映照在城外的湖里，就像湖面升起了碧烟。明代的吴宽，也有一首描写放烟火的诗写道：“细蕊纷纷顷刻开，坐观火候亦奇哉！春回玉树微微动，风定金沙飒飒来。桂子忽从天上落，莲花谁向水中栽。夜庭一霎聊供笑，坐客休将见跋猜。”

古人除了用华美生动的诗句来描述古代烟火的盛况之外，还描写了繁多的烟花种类。古时候的烟花种类繁多，明代沈榜在《宛署杂记》中说：“燕城烟火，有响炮、起火、三级浪、地老鼠、沙锅儿、花筒、花盆诸制。有为花草、人物等到形者。花儿名百余种，统名曰‘烟火’。”其中带爆响的叫“响炮”；冲天而起的叫“起火”；而带声且连响三声者叫“三级浪”；在地上旋转着乱窜的，叫“地老鼠”；藏于盒内而外封之以泥土的，叫“沙锅儿”……可见当时的烟花已经能在天空幻化成花草、人物，乃至戏曲故事等造型了，如霸王鞭、珍珠帘、九龙抢珠、炮打襄阳城等等。

3. 文学中对古代灯盏的描述

从上文的论述中，可以看出中国古代的灯具种类丰富多彩、品类繁多。我们可以从古代的文献中找到它们的踪影。

首先烛灯在古代文献中很多见。

晋人王嘉所撰写的《拾遗记》有记载：周朝第五代王子周穆王（公元前1001年即位），在车巡大骑之谷（指春宵宫）时，屡屡提到灯烛与灯光，因为此书是一部志怪小说集，所以不可以完全相信。烛灯在唐代则很普遍，这从当时的文学、绘画作品中出现大量有关蜡烛的描写可见一斑。如吟咏的诗歌，有温庭筠的“玉炉香，红蜡泪”；皇甫松的“锦筵红蜡烛”；李商隐的“春蚕到死丝方尽，蜡炬成灰泪始干”等名句。

其次，灯笼也是古人常描述的对象，魏晋南北朝时，已出现以纱葛或纸为笼，燃烛其中的灯笼，如《南史·宋武帝纪》中就有“壁上挂葛灯笼”的记载。灯笼的出现，不仅保证了在有风情况下室外张灯正常举行，也为灯外装饰开辟了新的天地。在南朝梁武帝时，已能用纹饰华丽的锦加绘佛教、天人和神鬼故事等制成幻妙、奇特的藕丝灯了。

再次，除了对烛灯，灯笼的描述，关于其他品类的灯具的描述也是很多见的。比如玻璃灯：玻璃灯又称料丝灯，最初出现在云南。清檀萃所著《滇海虞衡志》里有料丝灯制作和传入京城，以及在民间兴衰的详细记载：“料丝灯出永昌，言取药料煎熬，抽丝织之为灯，故曰料丝。其药料则紫石英、钝磁感应、赭石之属，不一类也。始出于钱能，以此进上，不使外人烧造。能去，始习为之；顾更精，长大几二三倍，价甚昂，烧造者死，其子传其法，人竞烧之。江西人以贩于京师，料丝灯遂多，价减半，及宫取之，价益贱，为之者遂不能精矣。宦游者罔不取之。”从这些诗句中，我们读到了料丝灯的制作方法、特点、价格以及其兴衰的命运。

最后，古代文献中，人们还记载了如何使用灯具，比如吊灯在古时的宫殿和平民百姓之家都是常见的灯具。但在使用吊灯时并不容易，尤其是加油与剪灯芯。清代著名文学家李渔在他的《闲情偶寄》中，记述了他对吊灯剪灯花的创见，文云："予创二法以节其劳，一则已试而可自信者，一则未敢遽信而待试于人者。"这位老先生发明的是哪两招呢，原来第一招是特制一把轻巧的烛剪，它长三四尺，用铁为之，有此长剪，则为不必登高，灯也无需降下，真可谓是只要抬手之劳就可以了。第二招安装一根暗线索放下，剪毕则重新升起。对于如何凿缝安绳悬灯，李渔只交代了种种做法。

4. 古代文学中，有关灯俗的记录

中国古代文献中，还常出现记叙古代灯俗的文献，如：清同治版《即墨县志》在"上元"风俗篇中有"蒸面做灯，注油点之，视其烬花以占五谷丰歉，曰灯花卜"的说法。青岛民间自古以来就有"送灯"的习俗。

正月十五这一天，人们要用豆面或玉米面做成各种动物造型及各种寓意不同的灯，并在上边捏一灯碗，然后上锅蒸熟后，插上用棉絮缠裹的芦苇做成的灯芯，用食油倒入灯碗点燃。在鲍运昌、李国增编著的《青岛民俗》一书中记载道："莱西一带的习俗是做豆面灯，崂山、即墨等地还兴做萝卜灯。豆面灯分斗灯、龙凤灯、十二属相灯和各种动、植物灯等。萝卜灯是用青萝卜雕成，雕出灯碗，贴上棉芯，用食油点燃。"

5. 古代文献中透露用灯人的身份

古时候用灯是有限制的。别说用灯了，就是点个火把也要根据身份的不同而有所区别。《周礼·秋官》是这么说的：周天子可以点一百支，诸侯国的公爵可以点五十支，以下侯、伯、子、男各爵位只可以点三十。古时候的帝王，活着处处享有特权，死后亦有严格的上下等级。此处略上丧礼礼仪中其他的繁文缛节不谈，只说灵堂的灯火。《祀记·丧大记》云："君堂上二烛，

下二烛；大夫堂上一烛，下二烛；士堂上一烛，下一烛。”别小看这一烛之差，它标志着君臣之间的天壤之别。

（二）古代诗词中古人寄予的情感

灯具成为古人诗词中常见的描写对象，同时古人往往在其中寄予了丰富的情感。古人常常借助诗词来表达相思之情、思乡之情、离别之情或是古人勤奋夜读的情景，或者用诗词来描述古代灯具的品类，比如：莲花灯、塔灯、料丝灯、墨纱灯、夹纱灯、鳌山灯等。在这些诗词中，灯已经被诗化。

比如，表达相思之情的诗句有：

《除夜作》（唐·高适）

旅馆寒灯独不眠　客心何事转凄然　故乡今夜思千里　霜鬓明朝又一年。

《长相思》（清·纳兰性德）

山一程，水一程，身向榆关那畔行，夜深千帐灯。风一更，雪一更，聒醉乡心梦不成，故园无此声。

表达思乡之情的诗句有：

《邯郸冬至夜思家》（唐·白居易）

邯郸驿里逢冬至，抱膝灯前影伴身。想得家中夜深坐，还应说着远行人。

表达离别之情的诗句有：

《赠别》（唐·杜牧）

多情却似总无情，唯觉樽前笑不成。蜡烛有心还惜别，替人垂泪到天明。

古人勤奋夜读的情景：

《舟中读元九诗》（唐·白居易）

把君诗卷灯前读，诗尽灯残天未明。眼痛灭灯犹暗坐，逆风吹浪打船声。

用以描述古代灯具的品类，比如莲花灯、塔灯、料丝灯、墨纱灯、夹纱灯、鳌山灯等的诗句则有：

《咏莲灯》（元·谢宗可）

万点芙蓉午夜芳，醉看疑是水云乡。兰缸照破西湖梦，火树烧残太液香。焰暖应愁擎夜雨，烬寒不为倒秋霜。元宵庭院东风晓，零落红衣落画梁。

《塔灯》（元·谢宗可）

拔地烧空宝炬长，烛龙挂影照穹苍。七层火树云生暖，九曲神珠夜吐光。霞点彤幢归净界，星随绛节下西方。如来应到天坛上，万斛金莲绕步香。

《咏丹阳料丝灯》（明·薛惠）

淮南玉为碗，西京金作枝。未若兹灯丽，擅巧昆明池。霏微壮蝉翼，连绢侔网丝。烟空不碍视，雾弱未胜持。碧水点葱郁，彩石染葳蕤。霞叠有无色，云攒深浅姿。焚兰发香气，对竹映红滋。明月讵须侈，夜光方可嗤。

《咏墨纱灯》（明·曹学佺）

质裂横疑水，光生薄似苔。凭将彩笔画，认作剪刀裁。鸟自空中度，花从镜中开。细看若无力，不畏晓风摧。

《咏夹纱灯屏》(明·吴兆)

火树当筵出，灯屏绕席斜。逶迤一片影，匼匝九枝花。薄素流明月，层波浸百花。龙膏燃作雾，鹤彩散成霞。晓户莺窥镜，春窗蝶误纱。盈盈空内外，瞰客若为遮。

《上元观鳌山》(明·朱高炽)

盛时调玉烛，佳节灿华灯。象纬当黄道，鳌峰拥帝京。金莲春放早，宝月夜同明。圣寿天长久，讴歌乐太平。

描绘元宵灯节的诗句有：

《十五日夜御前》(唐·张说)

花萼楼前雨露新，长安城里太平人。龙街火树千灯艳，鸡踏莲花万岁春。帝宫三五戏春台，行雨流风莫妒来。西域灯轮千影合，东华金阙万重开。

(三) 市井中的灯谜文化

和张灯、观灯联系在一起的习俗，就是猜灯谜。顾禄在《清嘉录》中说：“好事者巧作隐语，拈诸灯。灯一面覆壁，三面贴题，任人商揣，谓之‘打灯谜’。谜头皆经传、诗文、诸子百家、传奇小说及谚语、什物、羽鳞、虫介、花草、蔬药，随意出之。中者，以麇、陟嫠、不律、端溪、巾扇、香囊、果品、食物为赠，谓之‘谜赠’。城中有谜之处，远近辐辏，连肩挨背，夜夜汗漫。”据说南宋时，开始有人将谜语粘贴在碧纱灯，让人猜射，这便是灯谜的发端。明清以后，灯谜已成了元宵节的重要娱乐活动。

谜语古时候也叫“庚词”，是一种隐语。古代文艺理论家刘勰在《文心雕龙》中说：“自魏以来，颇多俳优，而君子嘲隐化为谜语。谜语者，回互其词，使昏迷也。”而有一首谜底是“猜谜”的诗谜云：“一时欢乐一时愁，想起千般不对头，如若想得千般到，自解忧来自解愁。”

谜语与其他事物一样，也有一个产生和发展的过程，早在春秋战国时，一些政客为了宣传自己的主张，游说各国君，往往在发言中采用民间故事传说的隐喻办法，巧妙影射，寓以深意，希望收到良好的效果。当时人们把这种方法叫做“隐语”或“庾词”。宋人周密《齐东野语》就是谜语书面创作的最初阶段。到汉代，“庾词”、“隐语”渐渐从对话中脱离出来，逐步演变成为破译文字形义为主的灯谜。汉代灯谜多为将字离析拼合，使字的音、形、义发生变化的字谜。这时期的字谜还比较粗糙，有民间老百姓创作的，也有文人创作的。

到了三国时，谜语书面创作形式已十分盛行。

而到宋代谜语与元宵赏灯相结合，则丰富了灯节的娱乐活动。在京师、苏州、扬州这样的繁华城市，每到元宵则建上元灯篷，文人雅士前往聚观猜测灯谜，名曰“灯虎”[1]。凡猜中者可得谜赠。当时的不少文学家都是制谜高手。此时期游乐场所“瓦舍”的兴起，给灯谜发展创造了物质条件，人们聚集在“瓦舍”里猜谜，将猜谜发展成了一种专门技艺，涌现出一大批职业猜谜家，仅《武林旧事》记载，就有胡六郎等13位之多。由于当时谜社的建立，猜谜的花样越翻越新，越翻越多，有“正猜”、“下套”、“贴套”、“向因”、“横下”、“调爽”等。

明清两代是灯谜发展的极盛时期，民间猜谜已不限于元宵、中秋、七夕，有的地方平时朋友相聚也会猜上一阵子灯谜。由于灯谜活动频繁，新灯谜供不应求，特别是灯谜不比别的游戏，它一经猜破，如果再挂出来猜就如同嚼蜡一样。因此大量创作者，从诗词格律中寻求创作，拓宽路子，这时期创造出许多谜格。明代有个叫马苍山的，他首创了“广陵十八格”。谜格的出现标志着灯谜已发展到成熟阶段。

灯谜是台湾人逛灯会的一大趣事，台湾人习称猜灯谜为“打灯猜”。传统的灯猜是把谜语贴在灯上，供人边赏灯边猜谜，猜中者向主持人领取赠品，

[1] 射虎极难，猜中灯谜犹如射虎一样难，故称“灯虎”。

有的还将花灯当作赠品，起到应景作用。清代时，灯谜已是台湾元宵节不可缺少的娱乐活动，乾隆年间，布政使钱琦在《台湾竹枝词》中对此作过生动描述："烟花火树拂墙过，映带春灯谜语多。"元宵节期间，台湾人还惯于在广场、寺庙、公园搭谜台征射。

（四）市井中有关灯的俗语

俗话说：灯，不点不亮，不拨不明。故此知道，"点"和"拨"两个字均为动词，一开始都是对燃灯而言的。而后则引申为"启示"、"启发"等。而"挑拨"一词今天专指在人前搬弄是非，制造纠纷，离间他人的关系。但在宋代陈列祖咏灯的诗句："主人若也勤挑拨，敢向尊前不尽心"中，"挑拨"指的是灯烛，而并非人也。

又如"高明"一词，原意甚为简单。指灯置高处，发其光彩也。俗称"高灯下亮"。后来则引申为：指某人计出巧妙，谓之高明。今日的"借光"一词有借对方的优势达自家目的之意，亦有劳对方大驾为自己行个方便的含义。其实古人说的"借光"就是指灯光。《宋史 · 王次翁传》就有"次翁……入太学贫，甚夜持书，就旁舍借光读之"的记载；还有"匡衡勤而无烛，凿邻舍壁借光读书"这些妇孺皆知的典故。"明白"这个词应当源于古时候唐代颜真卿"破暗光初白"的咏灯诗句，意为灯光驱暗，可继白昼，今天的意思则是"破暗"的含义。

✤ ✤ ✤

第三节 灯与古代经济

灯在都市中的发展及其需求，常常与市民经济的发展联系在一起，通过它，不仅显现了市民的经济，而且还推动了市民经济的发展。

一、“灯”与市民经济

“灯”不仅成为人们观赏的物品和传统习俗不可或缺的道具和人们日常生活中的必需品，还成为人们谋生的工具（如图 4-37）。通过它，都市百姓获得基本生活的来源，如要鳌山灯的、卖灯支儿碗的、换取灯儿的，以及船灯、船舫；而乡村百姓则通过在传统习俗中用“灯”来企求农耕、采茶业、渔业的兴旺。

（一）“灯”与小商贩

1. 要鳌山灯的

在市井文化中，有各种变戏法的招儿，这些变戏法儿的，可以在任何一个庙会上看见。有时他们也走入北京的胡同中，一旦听见有人招呼，就走进人家的院里开始表演。他们常常三四人组成一伙。他们这种行当只有在新年过后，人们才特别需要他们，因为人们仍然沉浸在过年的气氛当中，需要找点东西来增加快乐。其中，有一种变戏法的招儿是要鳌山灯的

图 4-37 ▶
清代旧时灯烛摊

图 4-38 ▲

耍鳌山灯的

图 4-39 ▲

卖灯支碗儿的

(如图 4-38)。

耍鳌山灯的人敲锣、打鼓、击着钹走过胡同。他们都有副挑子，上面是几套大的圆木笼，每套都分为若干层，叫作“笼屉”，笼屉中装有各种表演用具。他们的拿手好戏是“武戏法儿”，用具是刀和剑：他们也有“文戏法儿”，包括举着灯笼翻跟头——也正是因此而得名“耍鳌山灯”，因为人们经常把他们当作一种像龙的动物“鳌”的化身。“文戏法儿”还包括手上把戏。

2. 卖灯支儿碗的

在市井中，有一类小贩这样吆喝的：

“数灯支碗儿来呦! ”

这些吆喝的小贩，叫“卖灯支儿碗的”(如图 4-39) 其实是卖瓷碗的，这种瓷碗叫“灯支碗儿”。卖灯支碗儿的有副挑子，挑子两头各有一个比较浅的篮子，篮子里堆放着供出售的小碗，这些东西在新年的前八天里开始出售，到了除夕，就由各家使用了。这些碗都经过了烘制并且被刷成黄色，直径大约 2.7 厘米。碗底有一小块凹下去的地方，里面可以放进一支由灯花儿纸做的小灯芯。灯花纸是一种黄纸。使用的时候，把香油倒入碗中，再把灯芯浸在香油里，这样，灯芯点燃以后，家里的祭台就会香气缭绕了。

买碗的时候人们通常要一次买回 48 或 108 只，这两个数字是与天空中重要的星宿数目相对应的。“灯碗儿”放在桌子上或者其他用于祭祀的地方，它们都要摆在祭祀器皿或“五供”之后。祭祀的器皿有：（1）摆在正中的香炉；（2）两侧的烛台；（3）摆在烛台边的一个花瓶。

在中国，每年的正月初一至十五是传统的祭祖和祭神的日子。

新年祭祀的顺序是这样的：头一天，敬奉玉皇大帝以及佛（各路天神）；第二天，敬财神爷；从第三天到第七天，可祭祀一神或多神，具体情况就要看中国各地所崇拜仙而定了。

3. 换取灯儿的

在过去，只有奢侈的人家的主妇才会用钱去买火柴，其他人都是用旧纸或其他物品与卖火柴的进行交换。实际上，火柴更常被人称为“取灯儿”，这是因为从前都这么叫，而且北京直到五十年前才开始用火柴。那以前，人们用火石和火镰取火，而原始的火柴只是一小条干燥的大麻秆，由打出的火星引燃后，再靠风把火吹起来。这样的小商贩叫“换取灯儿的”。（如图 4-40、4-41）

换取灯儿的分为两类。有挑子的汉子和背篓的老妪。前一类人用火柴交换旧的金属烹调用具、瓶子、旧鞋、大片纸张、旧炉子和烟筒，他也带些肥皂来换破烂儿。他们无论收集到什么样的破损物品，一律带到哈德门去，在那里把这些东西卖给那些做破烂品生意的商人和商号。

这类换取灯儿的边走边喊：“洋瓶子卖！”、“破玻璃卖！”

除去买破瓶子，这些商贩还从外国人和富裕人家的仆人那里购得未开封的酒，然后再卖到酒店去，这对买卖双方都不失为一项很好的交易，只是苦

图 4-40 ▲

换取灯儿的 1

图 4-41 ▲

换取灯儿的 2

了主人，他有时可能会多次购买原属于自己的酒。

第二种人是老年妇女，她们背上背着个大篓子，生意规模比起前一种人来要小一些，而且她们的火柴都是用于换取碎纸碎布的。有时这些老太太也带一些肥皂卖，但她们的本钱有限，不能做大宗交易。这些老人将碎纸与碎布带到齐化门外，卖给造纸的小商人。

这些老妪的吆喝声是一种非常尖厉、令人动情的声音："换取灯儿！""换取灯儿来！"

在这些吆喝声中，实则隐含和折射了火柴的商业命运，而火柴与灯相连，同样也反映了灯的命运。

（二）"灯"与旅游业

在古代，与"灯"有关的旅游业已经非常发达，在江南水乡，灯船与画舫常常作为推动旅游业的工具。苏州是江南水乡，过去城乡交通以水运为主，即使是外出游玩，也常以船代步。有时，水上船舫本身就成了人们休闲娱乐的场所。画舫，是专用于消遣、娱乐的船只。不但船身宽大，而且打造精致，船篷上有红木雕刻的挂落，船四周有红木雕刻的栏杆，船窗配有彩色玻璃，舱内绣幔绣帘、字画鎏金，如花如画，所以有“画舫”之称，也有人干脆将其称作“花船”。灯船与画舫相仿，也专用于游览。其特别之处是在这种船窗有隔层，以明瓦或大理石镶嵌，里面可以点灯。船上也悬灯结彩，暮色四起之时，船上点起灯烛，这时船灯与月光相辉映，远远望去，犹如群星自天而落，分外迷人。画舫以白日经营为主，而灯船兼能夜游。

驾舟冶游的风尚，早在明代就已盛行于苏州。据古书记载：“明季清流冶游之习亦盛……吴中亦然，据父老传说，第就松陵下邑论，则垂虹桥畔，歌台舞榭相望焉。郡城则山塘尤极其盛，画船灯舫，必于虎丘是萃。而松陵水乡，士大夫家，咸置一舟。每值嘉会，辄鼓棹赴之，瞬息百里，不以风波为苦也。”又曰群人“或泛扁舟，张乐欢饮。则野芳浜外，斟酌桥边，酒樽花气，月色波光，相为掩映。倚栏骋望，俨然骊龙出水晶宫中，吞吐照乘之珠。而飞琼王乔，吹瑶笙，击云，凭虚凌云以下集也”。

灯船的盛行，应该是到了清代以后的事。“灯舫皆吴门人所有，俗名‘淌板船’……灯舫始兴，颇尚明角琉璃灯。后玻璃盛行，则改用烧料明珠，穿以铁丝，扎成五色玻璃灯。方圆方角，随意构造，围以流苏，宛若璎珞，名曰‘珠灯’，其制亦巧。大要自乾嘉以来，迄乎同光之际，此风最盛。入夜望之，晃耀独绝。故虽妇孺蠢俗，罔不知灯船之为美，而侈谭无已也。”而后来又兴起了船上扎彩的风尚，但与灯船相比，彩船要逊色多了。

明清之际，苏州的游船几乎已形成为一个行业，有好几百人靠此营生。据《丹午笔记》记载，“万历时，吴苏大荒，当事者以岁俭禁游船。富家儿率治馔僧舍为乐，而游船数百人皆失业流徙”。可见苏州水上旅游，早在明清，已初具规模。

在驾舟冶游风尚兴起之时，炎炎夏日，画舫、灯船十分受人欢迎。一些有钱人家或文人雅士，争相雇了画舫、灯船，到柳荫、桥洞等处乘风凉，或于凉风习习之夜洲舟河上，消遣夏日长夜。过去这些画舫、灯船，大多集中在胥门万年桥、阊门山塘河、野芳浜、虎丘一带。此外，像吴江松陵等地，也多有此类游船。

雇船的游人大多聚于舱内，或作牙牌之嬉，或请名媛弹唱，或杯盘宴饮；笙歌盈耳，倍感风雅。这种船，大多船艄厨具毕备，且有专事烹饪的船娘，船娘手艺高超，河鲜海味、山珍野蔌在她们手里，都能变成脍炙人口的佳肴。著名的苏州船菜、船点，就是由此而兴的。

古人诗篇中常常描写与旅游业有关的船舫，如：

> 万历时，吴苏大荒，当事者以岁俭禁游船。富家儿率治馔僧舍为乐，而游船数百人皆失业流徙。乾隆三十二年，胡方伯文伯禁戏馆，商贾勉借会馆演剧，其可相类，异于宋范文正之救荒矣。
>
> ——清·顾公燮《丹午笔记》

> 虎丘山塘，七里莺花，一湖风月。士女游观，画船箫鼓。舟无大小，装饰精工。窗有夹层，间以玻璃，悬设彩灯，争奇竞巧，纷纶五色，新样不同。傍暮施烛，月波相激。今灯舫窗棂，竟尚大理石镶嵌，灯则习用羊角灯，取其坚而不碎也。
>
> ——清·潘奕隽《南窗杂志》

> 玻璃一片映珊瑚，上有青天下有湖。
> 岸上楼台开画锦，船中弦索皆歌珠。
> 十分明月收光避，千尺骊龙逐了趋。
> 不为水嬉夸盛世，万人连夕乐康衢。
>
> ——清·查慎行《灯舫》

> 吴阊每际莺花时，画舫来往争新奇。
> 舟楫本为济人用，此独修饰供游嬉。
> 玉箫金管两头载，纱窗窈窕藏雏姬。
> 红灯百盏夜深挂，弄珠戏舞翔龙螭。
> 银葩火树光四射，天水映合明玻璃。

芒接星斗九华灿，脂膏煎竭无留遗。

鳌波照灼罗绮艳，钗痕鬟影相参差。

富豪年少就中坐，买笑不惜倾家资。

橹柔手熟青水阔，其乃一声船自移。

……

雕文刻镂害农事，纂组锦乡伤蚕丝。

书儆巫风具明训，礼惩奢俗垂严词。

暴殄天物圣所戒，嗟彼年少何无知。

岸上老翁走相看，戏语告我堪解颐。

指点桥边求乞儿，当年游荡亦如斯。

——清 · 袁景澜《山塘灯舫》

六月廿四日，号荷花生日。则荡游船群集于葑门外之黄天荡，俗以其花盛，今通称为荷花荡矣。当斯之际，画船家家自厂中修竣，油漆一新，加以彩绸扎成栏，尤觉炫耀生光。故游客纷沓，必连绵至中元节后始止。维时溽暑初收，新秋方至。泊舟水畔，浓绿成阴，垂阳罨画，浮瓜沉李，雪藕调冰。觉销夏湾景象，恐亦无此幽绝而闲雅耳。

——明 · 陈去病《五石脂》

二、“灯”与农渔业及采茶业经济

（一）“灯”与农耕

通过上文的论述，我们已经知道：元宵节的闹灯实际上是“以火引水”，祈求庄稼丰稔。除了闹灯，民间还存在着其他的习俗，也是为了盼望农事的兴旺。比如：胶东地区的“元宵蒸面灯”。“灯”的原料主要是磨制极细的大豆面，加清水和成软硬适度的面团，反复揉过之后再将面团扣在盆中，在避免风干的常温下放四五个小时左右，以使其达到柔韧筋道的可塑状态。豆面灯的造型大致为底座略粗于上端的圆柱体，顶端中间稍凹如浅碗状，周边分别捏一至十二个褶子，以一个褶子代表一个月份，每一个豆面灯上还要捏一只元宝，故豆面灯也叫“元宝灯”。“散灯”——是在蒸好凉透的豆面灯顶部倒入豆油或花生油，将一根棉花捻成的灯芯绕在竹签上插在灯的中间（后改用小蜡烛），然后将点燃灯芯的豆面灯置于堂屋的八仙桌、粮囤、灶台、磨顶等相应地方或器具上，是谓“散灯”。当灯油燃尽之后，老人们则会根据每根灯芯所结“灯花”的多少、大小及其形状，判断一年当中每个月份的旱涝、收成和年景。

（二）“灯”与渔业

滚龙灯、跑马灯和舞鱼灯，都是石浦民间的传统节目，深受渔民的喜爱。同为东门岛、延昌、番头一带的渔民，世代耕海牧鱼。舞鱼灯的习俗，是石浦最具地方特色的民间舞蹈，同样也是人们企求渔业丰收的娱乐活动。

石浦人民在春节、元宵节和“六月六”庙会期间，都成群结队地欢舞鱼灯。其间有表现鱼化龙的鳌鱼灯、黄鱼灯、鲳鱼灯、鳓鱼灯、鲤鱼灯、鲫鱼灯、虾灯和乌贼灯等。红的、黄的、白的、绿的……异彩纷呈，栩栩如生，盏盏灯里点燃着蜡烛，银光闪烁，美丽多姿。舞鱼灯的队伍十分壮观，有牌旗、牌灯、彩旗、花灯、乐队等。20多名青年小伙子头裹白巾，身穿对襟袄，腰扎绸带，兴致勃勃地人手高举一盏鱼灯冲荡回旋，鱼贯欢舞。此时，锣鼓乐队使劲敲击，号角喧天，鞭炮齐鸣，绚烂多彩，热闹非凡。小伙子们英武灵活，舞技精湛。在通红的篮球大的“鱼珠”带领下，鱼灯的平、侧、卧、翩、沉、浮等灵活自如的舞姿，各种穿花队形互相穿织频频嬉舞的情景，表现了风和日丽、鱼群欢跃、畅游大海的美景。这时，烟花爆竹四起，焰火喷射，远远望去，只见鱼灯反扑、腾挪、翻滚、进进退退，时起时伏，上下翻舞，令人眼花缭乱，目不暇接。

鱼与“年年有余”、“富足有余”的“余”字谐音，故“鱼”便在人民心目中成了幸福、美满、吉祥的象征。在当地来说，风调雨顺，鱼蟹满舱，就是好年景，就是喜庆年岁。舞鱼灯活动托物寓意，寄托着广大渔民对美好生活的向往和愿望，表现了渔业丰收喜庆的共同心理。舞鱼灯起源于原始社会的鱼图腾舞蹈。东汉张衡写的《西京赋》就有鱼化龙、龙化鱼的生动记载。由此可见，1700多年前，西汉京都长安，鱼灯、龙灯及鱼龙舞蹈已盛极一时。

（三）“灯”与采茶业

在中华大地，有些地区以农业为主，有些地区以渔业为主，而有些地区以采茶业为主。在采茶的时候，人们自娱自乐地发明了一些以“茶”与“灯”命名的民间歌舞，以此来祝愿茶业的兴旺。

“茶篮灯”是江西赣南的客家人的传统习俗。客家人在茶歌的传唱与发展的基础之上加上采茶、摘茶的动作，借以当时盛行茶区的马灯、龙灯和舞狮形式，发展了载歌载舞的“茶篮灯”。茶篮灯在每逢年过节或茶山开市均以茶篮灯助兴而倍受欢迎。客家人一边采茶一边唱着茶歌。最早的茶歌有“十二月采茶歌”。从正月顺次唱到十二月的叫“顺采茶”，从年尾十二月唱到年头正月的叫“倒采茶”，唱春夏秋冬 的叫“四季茶”。随着茶歌的传唱与发展，客家人加上采茶、摘茶的动作，借以当时盛行茶区的马灯、龙灯和舞狮形式，发展了载歌载舞的茶篮灯，20世纪中期统称为采茶戏。

小　结

“灯”不仅以具体可感的形制出现在人们的日常生活中，给人以实用的功能，更重要的是：它以抽象无形的内涵和意义存活在人们的意念中。本章主要通过对“灯”所富有意蕴的形制与仪式的探究，通过“灯”与人生礼仪、神话传说、戏曲舞蹈、宗教文化、古代经济以及“灯”传统节俗及其他文化如建筑文化、动植物文化、文学、俗语、灯谜的探讨，来挖掘蕴含在“灯”中的文化内涵与民俗意蕴。通过对以上几个方面的研究，“灯”的文化内涵与民俗意蕴逐渐突显出来：“灯”的形制可谓丰富多彩，然而，它具体的形制背后又隐藏着古人隐形的造物意识。比如，人们把“就日得阳、安魂佑生”的生命意识、诸多祈求的美好愿望融进了各种具体可感的形制之中。枝状灯、鳌山灯、仿生灯具就是典型的例证。而在诸多“灯”的仪式、节俗、人生礼仪中，人们又融入了古老的原始信仰及有关农事、婚俗、生育、丧俗的伦理观念。人们利用“水火相生相克”的古俗观念，用拜火、社火、迎火鼎、迎火兽、舞龙、元宵灯彩等仪式或活动来祈求雨水降落，庄稼丰收。同时，又在有关灯俗的仪式和活动中强化了古老的重农时间观。同时，“灯”作为一种文化艺术造物，并不是孤立地存在着，它与其他文化之间又存在着相互依存、相互显现、相互渗透的关系。比如：“灯”与神话传说、戏曲舞蹈、宗教文化、建筑文化、动植物文化、古代经济之间都有着密切的联系，它们互相映照出中国古代的深厚文化内涵。最后，“灯”又形成了一些独特的市井文化，如灯谜及俗语等。其实，“灯”无论以怎样的形态出现在人们的日常生活中，它最后都形成自己最现实的功能，它为百姓的农耕、渔业、采茶业等助兴，是人们祈求丰收的一个独特的载体。

总之，“灯”总是以自身独特的或静态的或动态的、或隐性的或显性的形制和仪式来反映我国先民朴素的民俗心理、民族的文化内涵和民俗意蕴，并显示了独特的造物文化艺术方法和伦理观念和规范。

第五章

中国灯具艺术的研究价值与意义

第一节　中国古灯艺术的研究价值
第二节　中国灯具艺术研究的现实意义

研究中国古灯艺术，不仅是梳理中国古灯艺术的发展演变的历史以及探究其中包含的诸多文化内涵，更重要的是从这些研究的内容中纳取科学的方法，来对现当代的文化艺术建设有所引导。

第一节　中国古灯艺术的研究价值

一、灯具的发展史是中国科学技术史中的重要组成部分

每个时代的灯具，都是当时社会生产力发展的一个缩影，是艺术和科学技术相结合的产物。一部灯具发展史，也是一部科学技术发展史。

（一）从“火”到“灯”的材质之科技沿革

从灯的起源来说，人类使用的第一堆篝火，正是原始先民们发现的第一个照明光源。人类发明人工取火以后，在很长的时间里都是靠火堆的燃烧来照明，直到新石器时代有了房屋建筑也仍是如此。我国最早的灯具，与陶豆这种盛食器皿有密切的联系。最早人们是直接借用盛大羹的陶豆置些油脂来点灯，于是豆就逐渐演变为灯具。

在商周时期的文献中，没有关于灯的文字资料，却有不少“烛”的记载。“烛”，并非蜡烛，实际上是一种火炬。这些火炬，用松、苇、竹、麻等材料做芯，外面用软植物纤维加以缠束，再浸以松脂或油脂做成。火炬燃烧起来既明亮又持久，移动也较方便；从照明意义上来说，比起火堆又进展了一步。但严格来说，火炬还不能称为灯具，只能说是灯具的原始形态。

继陶灯之后，是青铜灯具的时代。春秋战国时期，青铜灯具盛行。而到了汉代，灯具的材质逐渐丰富起来。“汉代，是一个灯具蓬勃发展的时期，可谓洋洋大观。不仅有陶灯、铜灯，还有铁灯。汉代的陶灯，分灰陶和红陶。没有釉的基本上是冥器。挂釉的陶灯有冥器，也有实用器。铜灯的数量很多，除造型美观、工艺精湛以外，设计上还增加了许多功能。”[1]

三国、两晋、南北朝时期灯具发展的基本情况是：陶灯具仍在继续大量生产，瓷灯具取代了青铜灯具，成为灯具的主流。自商代中期出现原始瓷器以来，经过1000多年的探索和实践，到东汉，更完美的瓷器已逐渐形成。由于瓷器原料易取，烧制方便，比铜、漆器造价低廉，加上瓷土原料来源广泛，于是，瓷器得到了迅速推广。青铜灯具尽管豪华富丽，终因材料贵重，生产量受限制，只能为宫廷和贵族之家享用。因此，青铜灯具逐渐让位于瓷灯具是历史的必然。

唐代的瓷灯，有青瓷和白瓷，并有少量黑瓷。陶灯则有灰陶和釉陶以及新品种三彩陶。唐代瓷灯的釉彩显示了高超的技艺。陕西铜川耀州窑遗址出土的五代白瓷灯，在白釉下还有绿彩、釉彩等装饰。这些装饰可谓是美轮美奂。

明清开始流行书灯，同时，还流行烛台。明清盛行烛台，与蜡烛工艺的改进提高分不开的。此外，明清两代在玻璃灯的生产上也取得了新的成就。乾隆期间，是玻璃厂生产的高峰时期，而促成这个高潮到来的契机，是因为扩建圆明园的西洋楼需要大量玻璃灯。

---

[1] 殷小林：《古灯史话与收藏》，百花文艺出版社2005年版，第119页。

此后，随着西方的诸多外来灯具的引进，我国民间的日常灯具逐渐被煤油灯等所取代，而中国本土的灯具却逐渐式微。但是，无论如何，灯具的材质更替显示了我国古代本土灯具创造的活跃性，同时，也显示了中国造物科学技术的不断革新的活跃性。

（二）掩映在古代灯具之下的科学原理

在中国古代的灯具中，包含着诸多的科学原理：

其一是仿生技术的应用。我们常常提起的仿生技术在古代的灯具中就多有应用。古代的灯具有模仿动物的、植物的、人物的多种造型，因而出现了大雁灯、人佣灯、多枝灯等多种造型的灯具。上海博物馆藏有一件绿釉陶熊灯，灯座似覆置的平口杯，杯口朝下，灯柱为子母熊形状，下部为母熊，体态较大，拱背蹲坐，两前肢脚爪撑在双膝上，一副承受重压的神态；背上顶起四方形短柱，柱上又承托起一只小熊，姿态与母熊相类似，熊背上亦顶起短方柱；柱顶承托一个较大的圆盘，通高 46.5 厘米。这是一件典型的模仿动物造型的灯具，形态生动有趣。

其二是科学的功能设计。挡风调光是古代青铜灯具的一个突出的科学性的功能设计。釭灯就是一个典型的例子，而“长信宫灯”就是一盏典型的釭灯，这款设计集环保、科学、实用于一身。关于它，在本书的第三章已经有详细的论述。

其三是科学的结构设计。灯具的结构设计，是灯具设计中的重要一环。它考虑到节省材料、易加工、易维修、易携带等多种因素，做到既简便，又巧妙；既结构合理，又造型美观。古代的青铜灯具，在结构设计上，已经充分考虑到这些问题。汉以来的青铜灯具，灯盘与灯体的连结方法有铸接、榫接、键、铰链、活轴等。羊形灯和犀牛形灯就是采用这种结构形式来连接灯盘和灯体的。当灯盘打开时，是一件使用的照明器具；灯盘合上后，又可以成为一件完整的装饰艺术品，既美观，又省材料。

在古代，一些大型、复杂而体内中空的灯具，除了灯盘与灯体采用了铸接、榫接等造型工艺，其他主要造型部位的结构，也都采用了分铸套合组装的形式。如长信宫灯、雁鱼灯、鹅鱼灯都是由动物身体的各个部位套接而成的。其中，导烟管一般分成两段，以子母口相套接。这些结构设计便于拆卸组装和清洗烟垢。

古代吊灯的悬挂结构也显示出了科学的造物技能。如：湖南出土的人形吊灯，设计了三条吊链，其下端分别系住人形的双肩和臀部，构成三个等距离的点，使吊灯处于平衡状态。吊链上端都与一覆钵形灯盖相连，灯盖上方还有一条吊链和吊钩，便于悬挂。灯盖与灯盘的位置安排也颇具匠心，它们不在同一条垂直线上，因此，不会直接受到烟火的熏染。三条吊链不直接与灯盘发生关系，也避免产生不必要的投影而影响光照。[1]

二、灯具的形制反映中国传统造物的思想

（一）寄予美好祈愿

中国传统的造物中，常常寄予了美好的祈愿。由于灯从起源开始，就与“光明”紧密联系在一起，所以，它在以后的发展演变过程中，常常被寄予了美好的祈愿。古代的灯具常常以富有寓意的造型来寄予人们的吉祥意识。古代的凤鸟灯、多枝灯等都具有这样的功能。

凤是传说中的一种神鸟，最早曾作为古代东方部族崇拜的图腾。自原始社会以来，一直是装饰艺术的重要题材也是祥瑞的象征。朱雀亦是神鸟的一种，或者实际上是凤凰的原形演化。凤鸟是祥瑞的象征，而凤鸟灯正是寄予了这种美好的愿望。关于这类形制的灯，发掘出土的代表作品有：广西合浦县望牛岭的一对凤鸟灯，河北满城的一件朱雀灯和广州象岗的一对朱雀灯。另外，河南济源县泗涧沟出土的一件陶灯，灯盘为昂首展翅的金鸟形圆盘，盘下有兔形圆柱，柱下有蟾形座。金鸟象征太阳，兔和蟾象征月亮，日、月

[1] 孙建军、高丰：《古代灯具》，山东科学技术出版社1998年版，第170页。

相合为“明”。这盏陶灯则含有“常明”的寓意。

可见，古代灯具常常被用来作为冥器，这些灯具常常饱含着古人的厚葬观念。汉代盛行“事死如生，事亡如存”的丧葬观念，作为日常生活中的灯具也成了随葬品中的常见之物。“汉代造物规模庞大，消耗财力也相当大，《汉书·贡禹传》有‘蜀、广汉主金银器，岁各用五百万’的记载。……中山靖王刘胜与妻窦绾的墓中出土有2800件包括金缕玉衣、长信宫灯、错金博山炉的随葬物品。”[1]

广州象岗南越王墓出土的三件兽面形灯，其造型作兽面形，面扁如蟹盖，瞠目露齿，顶上双角间有一直筒状烛插。兽面灯出土的墓葬中，发现有十多具殉葬人，灯的造型似乎与当时南越王国还较多保留旧的野蛮习俗有某些关系。从这三个出土的灯具，我们可以看出，灯具在古代成为“常明”的象征作为陪葬物出现在墓葬之中。

（二）展现生活图卷

透过古代的灯具，我们可以阅读到古代人世俗生活的图卷（如图5-1、5-2、5-3、5-4），比如，元宵灯节就展现了古代人们欢度元宵节的热闹场景。我们不仅可以从一些古代的文学作品中读到当时有关灯的世俗生活图景，在一些绘画作品，如《清明上河图》中也能看到古时的灯景。

另外，灯的演变反映着城市文化的发展及商业文化的发达。灯具的演变往往与城市的发展、商业文化的发达息息相关，它们互相映衬，也互相影响。其次，灯具的尺寸和造型常常与城市的规模、室内的环境有关。

春秋以前，中国的城市规模很小，到了战国时期，城市规模才日益扩大。战国至两汉的建筑，尤其是宫殿建筑、贵族府第，追求宏伟的气魄，外形庞大，室内空间显得十分空旷。但是，与此形成对比的是，这个时期的人还保留着席地而坐的习俗。所谓坐，实如今日之跪，屈其足向后，以膝

[1] 李立新：《中国造物史运行的动力结构》，《美学与艺术学研究》，江苏文艺出版社2005年版，第184页。

图 5-1 ▶

清代的风俗图

这是一幅清代的风俗图，描绘的是过年的场面。这幅年画很有趣味，供桌上陈设着祭祀的蜡烛台，红烛高烧，一片喜气洋洋，然而在烛台的上方，悬挂着一盏玻璃罩吊灯，此情此景，正乃中西合璧。

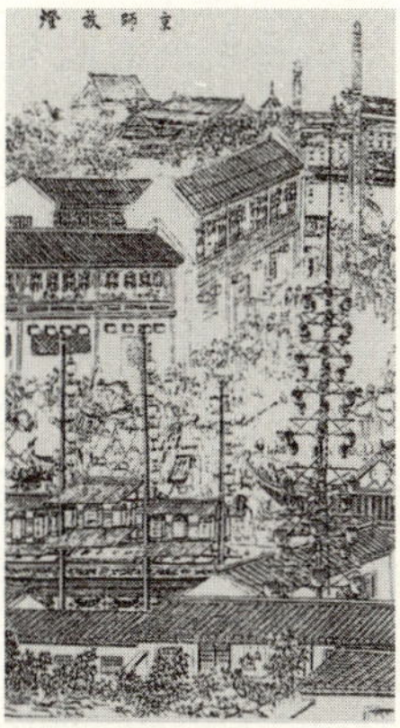

图 5-2 ▲

京师放灯图

图 5-3 ▲

丰子恺漫画《昨夜新收压岁钱》

图 5-4 ▲

“李白醉酒”月份牌广告画

图 5-2 《京师放灯图》 描绘了当时帝王的都城：众灯齐放的繁华之夜、盛世举国同庆的图景

图 5-3 丰子恺漫画《昨夜新收压岁钱》 丰子恺先生笔下的漫画，充满了浓厚的童趣，瞧，这幅《昨夜新收压岁钱》，小朋友手提着动物小灯彩，是那么欢快。

图 5-4 “李白醉酒”月份牌广告画 这张“李白醉酒”的月份牌广告画，出自民国时期上海画家金梅生的笔下。画家借用了宫女手中的灯笼，不仅将夜色渲染得朦朦胧胧，更把这位诗圣刻画得潇洒飘逸。

盖抵席子，臀部依托在脚后跟上。所以当时的一些常用的器物，如几、案、床、榻、灯具等都比较低矮。为了充分发挥灯具的照明功能，青铜灯具的尺度一般都偏小且适宜于人的视觉空间。从灯具的使用方式看，当时已经出现了立灯具、座灯、行灯、吊灯、提灯等样式。它们的尺寸，与人们跪坐在地上的尺度大体相符，因此符合当时人们局部照明的需要；同时，由于立灯都不使用灯罩，当几个或十几个灯盘同时点燃时，室内环境亦可形成明亮的大空间。而现代立灯的高度，是由现代人垂足而坐的生活方式决定的。

不仅是室内的灯具与城市的发展与商业的繁荣有关，室外的有关灯的集市也与之有关。唐代、宋代灯市的繁华显然与城市的规模、国力的兴盛有着很大的关系。扬州的灯会如此繁华，与当时当地的城市发展息息相关。据《东京梦华录》记载："茶坊每五更点灯"，"向晚灯烛萤煌，上下相照"。

通过这些，可以识读到古人当时的生活图卷和世俗场景，它为我们体察古人的生活状态提供了丰富的资料。

（三）蕴涵民族文化

中国的古代造物中，常常蕴涵了丰富的民族文化，灯作为一种造物形式，也同样如此。在第五章内容中，作者已经论述了古灯艺术与建筑文化、动植物文化、宗教文化、神话故事、戏曲舞蹈之间的关系，因此，可以看出，中国古灯艺术中蕴涵着深厚的民族文化。这为各种文化之间的横向比较提供了有力的可考之资。

三、彰显科学的理念以及朴素的情感意识

（一）环保和节俭意识

汉代的青铜灯具中，有一些在设计上解决了如何消烟除尘、防止环境污

染的问题。青铜灯具中绝大多数是燃油灯，当时的燃料主要是动物油脂，而且油脂和灯芯同在一个灯盘里。虽然点灯时灯盘里的油脂沿着灯芯慢慢上升到火焰里，但仍然会有一些没有完全燃烧的碳粒子和燃烧后留下的灰烬，随着油面上升的热气流挥发，造成室内烟雾到处弥漫，污染室内空气和环境。这一类灯具，称之为“釭灯”(如图5-5、5-6)。前面已经述及，这里不再赘述。长信宫灯、凤灯、鼎形灯、牛形灯、雁鱼灯、鹅鱼灯都属于釭灯。鼎形灯的烟管，是从灯体的肩部伸出，既可做烟道，又兼作灯具的把手。

古代的灯具除了具有环保的功能外，亦有节俭的功能。宋代流行一种省油灯，也称夹瓷盏。陆游《陆放翁集·斋居记事》中说：“书灯勿用铜盏，惟瓷盏最省油。蜀中有夹瓷盏，注水于盏唇窍中，可省油之半。”省油灯的功能和结构原理，即把灯盏做成夹层，中空，可以注水，以降低灯盏的热度，减少油的过度挥发，从而达到省油的目的。

图 5-5 ▲

西汉雁鱼铜灯

通高 52.6 厘米　长 34.6 厘米　宽 17.8 厘米　山西平朔考古队藏

图 5-6 ▲

东汉牛形座铜灯

高 27 厘米　长 22 厘米　南京博物院藏

（二）朴素的情感意识

在本书的第五章内容中，已经论述到古代一些与灯有关的诗词文学作品，在这些文学作品中可以看出，古代的灯具中往往饱含着古代人朴素的情感意识。

其次，古代灯具的使用与人的社会地位还有关系，唐代文学家韩愈有一首《短灯檠歌》写道：

长檠八尺空自长，短檠二尺便且光。
黄帘绿幕朱户闭，风露气入秋堂凉。
裁衣寄远泪眼暗，搔头频挑移近床。
太学儒生东鲁客，二十辞家来射策。
夜书细字缀语言，两目眵昏头雪白。
此时提携当案前，看书到晓那能眠。
一朝富贵还自恣，长檠高张照珠翠。
吁嗟世事无不然，墙角君看短檠弃。

这首诗写的是一位东鲁的太学儒生，从前用“短檠二尺便且光”的灯，夜夜刻苦攻读到天晓。后来当官富贵了，才得以“长檠高张照珠翠。”唐代，中国封建社会进入了鼎盛时期，经济、文化高度繁荣，人们的物质生活和精神生活都比以前更加丰富。反映在灯具方面的是，人们不但大量生产以实用为主的灯具，而且还迅速发展了兼有照明和装饰双重功能的彩灯。皇宫中使用的彩灯，称之为宫灯。从此，中国古代灯具沿着民间实用灯具和宫灯两条主线并行发展。《短灯檠歌》里的“长檠”，指的就是宫灯，而“短檠”就是指民间使用的灯具。儒生从使用“短檠”到使用“长檠”的变化，显示了其社会地位的转变，同时，也折射出灯具在不同社会层面的显现。当然，这首诗同样也描绘了中国古人融于灯中的朴素情感。

四、世界灯具艺术研究的重要构成部分

中国的灯艺术，既融合了本民族的文化艺术特色，也受到外来文化的影响，同时，也影响了世界其他国度灯具的革新。中国的灯艺术是世界灯艺术研究的重要组成部分。

（一）中国灯具艺术是本土与外来文化融合的结晶

在我国古代造物的历史中，灯具常常受到外来造物文化的影响。唐代以前，我国大都使用能在灯盘中心立硬纤维灯芯的灯具；唐代以后，由于受到西方传入灯具的影响，逐渐盛行用软纤维灯芯搭在盏唇上燃烧的灯具。在新疆巴楚出土的一件铜灯，造型似一茶壶，一侧有流，灯芯可以引入流内，搭在唇边燃烧。这件灯具与罗马灯具十分相似，可能是模仿罗马灯具制造。诸如此类的灯具，在古代并不少见，比如摩羯灯等，它们是本土与外来文化艺术交流、影响下的产物。“与佛教文化有关的装饰纹样在古代造物上就已经应用得很广泛，灯具也不例外。北齐娄睿墓出土的瓷灯，周身上下不仅满饰莲花纹，还有忍冬、联珠、宝珠、新月、太阳等纹饰。这种装饰在西域，特别是波斯萨珊工艺品上经常见到，应该说，这是一件融中外风格为一体的精彩之作。”[1]

（二）中国灯具艺术研究是中西造物史比较的一个视角

研究中国灯艺术的过程，是一个梳理中国灯具发展的过程。通过其自身的发展演变过程，以及与其他国家造物的横向比较，我们可以从中找到一个中西造物史比较的视角。我国汉代就发明了保持室内环境的油灯，而西方直至15世纪才发明出铁皮导烟灯罩。18世纪，法国人悬开和瑞士人阿甘德进一步用玻璃灯罩代替铁皮灯罩，并完善了油灯和灯罩的设计，初步解决了控制油烟污染的问题。“视觉艺术是体现一个民族和社会文化身份的重要组成部分之一。不去认识和欣赏有关的视觉文化，我们就不能深入地理解人类所居住的不同社会的意义。”[2]

灯具作为一门视觉艺术，它从不同的角度阐释着中西方造物艺术的异同以及两者之间的渊源关系。

[1] 孙建军、高丰：《古代灯具》，山东科学技术出版社1998年版，第76页。

[2] 常宁生：《西方艺术史学》，《历史、现状与未来》，《美学与艺术学研究》，江苏美术出版社1997年版，第7页。

第二节　中国灯具艺术研究的现实意义

一、古代灯具对现代灯具设计的启示

从上文可以看出，中国古代灯具在其漫长的发展过程中，记录了它发展演变的历程、显现了它独特的造型魅力、饱含了它丰富的文化内涵、更是力证了中华民族造物文化的悠久历史及深厚底蕴。

中国古代的灯具文化应该是中华民族造物史中重要的一部分。它不仅显示了作为独立造物文化的魅力，同时，有力地补充和佐证了中华民族造物曾经辉煌的历史。近现代，我们一直在努力学习国外工业设计的先进经验和成果，同时探索本国工业设计的发展之路。国外先进的工业设计经验和成果的确给我们带来了借鉴的可能，但是，我们与同为亚洲国家的日本、韩国等国家的工业设计拉开了一定的距离，在总结这些亚洲国家的设计经验的时候，一个事实摆在我们的面前：开创民族之路，才有发展的可能。

（一）传统元素的借鉴与改良

从表面上看来，一个造物如果想要带上民族的烙印，最直接的方式就是在造物中加上传统的元素。传统的元素可以是：传统的材质、传统的造型、传统的纹样、传统的功能、传统的色彩等。以往的设计经验告诉我们：我们在做设计的时候并非没有意识到这个设计的方法，但是，我们往往不能恰到好处地把握好一个度。没有了这些传统的元素，设计缺失了民族的灵魂，但是，如果用得过多或者不恰当，反而会起到相反的作用。

就拿灯具的设计为例子。古代的灯具，有许多显著的元素，从造型的角度来说，比如多管烛台的样式、钵形承盘样式、宫灯的样式、走马灯的样式、人物动物造型等；从材质的角度来说：陶瓷、木质、纸质等；从纹样的角度来说，有回形纹、龙纹、狮子纹、莲花纹等；从功能的角度来说，有除尘的功能、省油的功能、提示表识的功能等。

简单地应用这些传统的元素并不困难，难的是如何用现代人的设计理念和现代人的审美要求把它们做得“很现代”。比如，我们可以很巧妙地在灯具的某一个细微处用上一个传统的元素，比如一个纹样、一个局部的造型（如一个小小的搭扣、流嘴）等；也可以让灯具通体是纸做的，可以让它整个造型具有现代的流畅感；有些灯具也可以做得笨拙一点，但是，却可以让她透露出时尚的笨拙感，而且还很精致。一切民族的元素都要跟着时代走，否则，不仅不能显示民族的灵魂，反而会让设计显得很“土”。

（二）民族精神的探索与挖掘

传统元素的借鉴与改良只是浮在表面上的设计而已，我们的设计要在国际上得到肯定并且充分地显示一个国家的民族特色，我们更需要在设计中致力于民族精神的探索与挖掘。任何一个设计都不是表面粗浅地流于形式。

从中国古代的灯的发展历史来看，任何一个“灯”的出现或者改良都有它深刻的时代背景和烙印。陈汉民先生在设计王府井饭店的标志时，把传统的中国结与建筑墙壁上的装饰融合起来，使我们看到这个标志时，既有中国的文化的情结，又具备现代设计的特点。靳埭强先生在其招贴设计《自在》系列中，运用了中国的水墨画技法，融合了现代技术的特殊肌理效果，现代又不失传统。贝聿铭先生更是世界公认的建筑大师，在造中国的香山饭店时运用江南水乡的青砖灰瓦白墙色调，使现代建筑加上文化情怀，形成了一种共鸣。

日本的设计师 Okamoto 设计的蜂巢灯是一个值得我们借鉴的例子。蜂

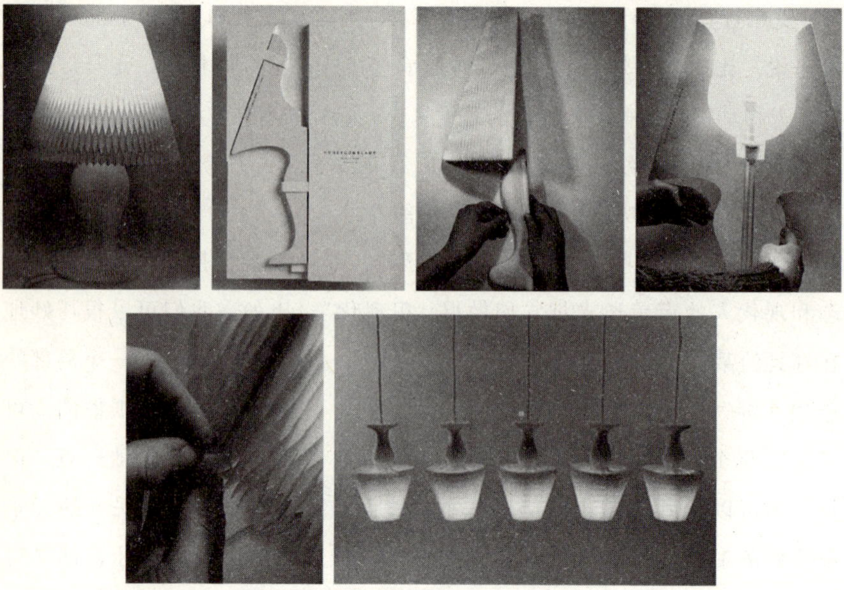

组图 5-7 ▲

Kouichi Okamoto 作品，蜂巢灯

巢灯，让人想起小时的剪纸拉花，它通过折叠形成如灯笼一般的纸质灯，灯光透过皱叠的纹理，散发出淡淡的橙色光线，给家添加了几分温馨。这盏灯具，用纸张折叠而成，不仅有着回归之意，还有着环保的功能，非常清新而简易。近似灯笼的造型，又有一种古意，然而温馨的灯光却不乏现代气息。应该说，Okamoto 设计的蜂巢灯是集现代之风与古意于一身的灯具设计的典范。

有学者在谈论到有关“中国古代灯具语意研究与设计探究”的时候，对古代灯具“形”的语意重构、“意”的升华、“神”的传承以及从古代的仿生造型设计、人机工程学等方面来探讨。这些都不乏一些科学的探讨。但笔者在从事这方面的教学工作之时，发现了一个问题：如果单从理论的角度来探讨它们，并非困难的事情，但是，当学生们真的在从事设计实践的时候，就显得非常力不从心。后来，通过观察，我发现学生们都被古代灯具固有的表面形式所牵累，而并没有真正掌握设计思想。其实，中国古代的灯具设计最显著的特征是：它们是时代的产物，非常符合当时的社会情境。有人说过：每一个时代都有它的时代艺术；又有学者指出：对于传统，我们要用最大的力气打进去，也要用最大的力气拔出来。通过梳理古代的灯具，我们应该更深入地了解、考察现代人对于灯具的要求，然后，再回过头去看，古代有哪些设计思想和方法是值得我们借鉴的。如果，完全抓住古代的灯具不放，会很容易失去当代的设计语境。重要的是，我们要在当代的语境下面创造具有时代特征的新产品。

二、灯具艺术在现代民俗旅游中的应用

（一）灯具艺术在现代民俗旅游中应用的可能性

中国古代灯艺术不仅以其独特生动的形制展现了中国古代造物的智慧，而且以动态的习俗包蕴了中国古代艺术丰厚的文化内涵。无论是静态的灯具，还是动态的灯俗，都是我国古老灿烂文化的重要组成部分。时至今日，我们不仅不能遗忘它们、忽视它们，更是应该巧妙地让它们再现于我们的现代生活，同时，智慧地让它们丰富于我们的现代生活。中国古代灯艺术既可以成为向世界展示我国灿烂文化的资源，也是面向国人用古代文化得以启示、教育的资源。无论是在上述的现代灯具的设计之中，还是在现代民俗旅游建设之中，“中国古代灯艺术”是一个开发与应用的好资源。因为，它既有传统的古老文化因子，也有活跃的现代应用的生命力；既有显性的视觉呈现，也有隐性的内涵深度。

关于灯具实物的展示，已经被国人重视。扬州市的灯具博物馆已经落成，而山东省淄博市的灯具博物馆也正在筹建之中。

而有关灯的传统习俗在历史上则非常之多，典型的有：火把节、元宵灯节、放荷灯、冰灯节等等。在现代民俗活动中，我们也能看到以上的习俗。但这些活动，仍然需要我们重新合理地开发和应用。目前，这些灯俗活动存

在的弊病：一是群众的参与和亲身的体验不够；二是灯俗本身的认知度和教育意义不突显；三是文化与经济的整合水平不到位；四是企业的参与及支持力度不够；五是灯俗的历史还原性和厚重感不深厚。总之，由于各方面力量的薄弱，有关灯的习俗并未成为人们关注的一个文化现象，尤其是它本身具有的文化意义和开发的价值并未被突现出来。

笔者认为，由于灯具本身的造物特性以及其蕴涵的丰富文化内涵，中国灯艺术可以成为我国民俗旅游的应用资源，同时，通过其在民俗旅游中的应用，它本身的意义和内涵会被逐渐彰显和突出，以及更加丰富。

“民俗作为无形文化资源，其价值在现代旅游中正日益展现出来，可以说，民俗旅游已成为最具吸引力的项目之一。民俗旅游能把自然与社会、文化与生活、观览与体验、传统与现代结合起来，因葆有丰厚的文化底蕴和多彩的生活情趣而显示着特殊的魅力。可以预见，民俗旅游在两个文明更加发展的21世纪里，必将成为人们旅游选择的一大热点。”[1]

中国古代的灯艺术有着如此之多的文化内涵和民俗资源，它应该有民俗旅游的可开发性。关于它的应用，我们可以从陶思炎先生所著的《应用民俗学》中关于民俗应用的四个层次：文化的选择、文化的保护、资源的开掘、文化的创造中得到启发。因而，我们在把“中国古灯艺术”引入“民俗旅游”中的应用之时，也应该对有关灯的文化进行理智的选择、保护、开掘和创造。

关于“选择”，我们应该对“灯艺术”中的文化因子进行合理的筛选，选择那些具有独特视觉效果、丰富的内涵文化，以及有益的文化因子，把那些最能代表中华民族造物文化及那些对于当代民众精神文明建设有利的文化因子提炼出来，按照统一的运作规律，经过规划和组织，形成一定的“应用场”。

关于“保护”，我们在对“灯艺术”进行应用的时候，要尽可能真实地

[1] 陶思炎：《应用民俗学》，江苏教育出版社2001年版，第139页。

挖掘其中可应用的文化因子，用有效的形式强调它存在的价值，并通过“诱人”的方式突现它的形态和意义，从而，起到继承和发扬的作用。“保护”有两层含义：其一是：真实地再现“灯艺术”；其二是：在“真实”的基础上加以“发扬”。

关于“开掘”，由于“灯艺术”实在太丰富庞杂，我们在对它进行开掘的时候，可以对之进行多层次的区分，如：表层开掘与深层开掘、局部开掘与整体开掘、一次开掘与连续开掘。这样，就可能形成有目标、有规划、有组织的应用与开掘，并形成有效的可持续开发。但是，我们也要注意在对之进行开发时，要尽量尊重“灯文化”的原来面貌，不要对之加以随意的扭曲，以免破坏传统文化的原汁原味。

最后，关于“创造”，这是现当代人对于传统文化的选择、改造、综合和化用后的心态与心智的体现。在创造之时，我们不仅要考虑创造主体本身的修养、水准、趣味，更要考虑到创造客体的实际潜能。“创造”一些与“灯”有关的民俗旅游产品也是一个重要的项目。

总之，民俗旅游是通过实物（景点）和活动（项目）而动态展示的旅游产品，它不是表态的博物陈列，也不是以观光为主的旅游项目，而是以“入乡随俗”为追求目标所营造的旨在使游人亲历和参与的文化与生活空间。[1]

就涉及的民俗范畴而言，民俗旅游亦可作物态民俗游、动态民俗游、心态民俗游和语态民俗游的层分。就物态民俗游而言：我们可以制作一些古代的灯具，尽量将它们制作得小巧精致，饱含中国情韵。而在这些灯具之中，又能集认知的功能、教化的功能、满足的功能于一身。如果把它们放在旅游景点，要做到既可以让中外游人识得中国古灯的文化，又能让人们认知中国造物的精深，从而让人们饱览到中国的古老文化艺术。就动态民俗游而言，我们可以在旅游景点设计一些古老灯俗的再现场面，让游人参与进来，亲身

[1] 陶思炎：《应用民俗学》，江苏教育出版社2001年版，第13页。

体验“灯俗”的乐趣。这种活动可以集观览和参与于一体；烘托出古老文化的生动性和生命力。目前，夫子庙的“灯市”和周庄镇郊白家浜村的“划灯船”是比较好的应用例子。民俗旅游是以特定地域或特定民族的传统风俗为资源而加以保护、开发的旅游产品。它赖以存在的基础是民俗，同时也是以地方性或民族性为标志的民情风俗。

“夫子庙的‘灯市’：从明代开始，南京人过年放灯十日，起于初八，止于十七，成为中国历史上最长的‘灯节’。其中，正月初八为‘上灯日’，十三为‘试灯日’，十五元宵节为‘正灯日’，此三日又称为南京‘三灯节’。南京放灯周期长，灯市也特别兴盛。旧时南京灯市在评事街、夫子庙、 桥三处，清末以来渐集中于夫子庙，并成为全国最盛的灯市……今年来，外省的灯盏也陆续进入南京，使夫子庙灯市更加活跃。1999年春节，在夫子庙灯市共有花灯品种100多个，总数量30万盏，灯节期间，夫子庙每天人流量在10万以上。灯市的组织与扩大也是民俗应用的成功。”[1]

“周庄镇郊白家浜村的划灯船活动，称作‘会灯’，有‘江南第一灯’之誉。‘会灯’由几十条满扎彩灯的船只组成，配以鼓乐，每船桨手8—9人，入夜，灯船在水上巡游，灯影摇曳，溢彩流光，美不胜收。相传，‘会灯’与康熙皇帝南巡相关。当时苏州郡守为了取悦皇上，征集民间绝技，白家浜村就拿出了他们的绝活——灯船。灯以竹篾为架，裹以彩绢，灯船上架起飞檐翘角，四周围以轻纱，纱上绘山水花卉、飞禽走兽，船架周围设几十支灯钩，挑起透亮的彩灯。透过轻纱，可看到船中旋转着戏文灯盘，有梁祝、武松打虎、李三娘推磨等戏文故事，也有松鼠葡萄等迹象图案。康熙皇帝见之大悦，从此灯会成俗，百年不衰，每隔三五年举办一次，不仅在周庄一带划，还划进过姑苏城。”[2]

夫子庙的“灯市”和周庄镇郊白家浜村的“划灯船”都属于游乐性民俗

[1] 陶思炎：《应用民俗学》，江苏教育出版社2001年版，第149页。

[2] 陶思炎：《应用民俗学》，江苏教育出版社2001年版，第146页。

活动，具有观赏性、参与性、娱乐性，其扩充了灯的文化内涵，使之更加生动形象、深入人心。

由此可见，灯艺术在民俗旅游中有其开发和应用的可能性。

（二）灯具艺术在民俗旅游中开发和应用的原则和方法

我们从上述的两个例子中得到启发：

无论是物态民俗游，还是动态民俗游，我们应该遵循以下几个原则：一、因地制宜；二、发掘特点；三、平中见奇；同时，突出它们的特性：一、质朴的民间性；二、鲜明的民族性和地方性；三、文化背景的可靠性；四、情趣的乐观性；五、时空的混融性；六、经济的有效性、鲜活的现场性、特别的教育性。

对“灯艺术”进行旅游的开发可以有以下几种方法：

第一种方法是“定点应用”。“定点应用”的方法在民俗旅游的应用中比较常见。例如，香港为开拓旅游市场在九龙荔园修筑了一座“宋城”，多面地、立体地展现宋代的民俗风情和市民文化。2002 年，在德国汉堡民俗博物馆展现了德国圣诞节的生动场面，展览现场，既有德国各种传统圣诞礼品的展现，又有模拟 ERZ 山脉地区当地人们过圣诞节的场景及人们制作圣诞木制品的场景。再如，美国利用 300 年前的民俗资料，在波士顿附近建造了一座“活人博物馆”，仿照当年的格局兴建了房舍、棚圈、碉堡、菜园等，再现了欧洲移民们的最初村落和当年的生活场景。

第二种方法是“定时应用”。“定时应用”即采用时间固定、内容单一或多样，形态较为灵活，主要突出岁时性文化的性质，及其民间性、常循性的民俗特点。例如，南京每年正月里举行的“金陵灯会”；连云港海州的“元宵灯会”；高淳县薛城乡花台每年在农历三月十八日举行，每隔 8—10 年要隆重地搭台唱戏，并连办五日，又称作“大花台”，就是典型的例子。

第三种方法是“组合应用”，“即表现为空间的非原地性、项目的多元性和形态的人工性等特点，它以拼集、合成、再造为手段，达到对一个或多个民俗资源加以综合与创用的目的。”[1]“组合应用”作为民俗文化资源的开发与利用手段，有自然借取的一面，又有人工创新的一面，其目标追求较为明显和突出。它的出现不仅能满足建设当地文化的需要，而且还作为推动经济发展的一种独特的文化手段，并由此强化了资源应用的特性。比如“薛城古社”的“花台会”。“花台会”是乡野庙会的一种形式，是旧时社戏的遗存。由于它具有高敞华丽的舞台、三百年的传承历史和宏大的场面，成为高淳县的一项重大的民俗文化活动。“花台会”的活动项目，除演剧、表演类的文艺活动，还包括古社祭祀和集市贸易等。在“花台会”期间，人们不仅能看戏听曲，也能看到当地的各种农具、生活用品和信仰物品，品尝乡间的各种小吃，沉浸在醇厚的民风民俗中，同时，还对当地的经济起到了推动作用。

笔者认为，中国传统的灯俗中有许多可以应用的事项和文化因子。比如，传统的“放荷灯”就是一个很好的例子。古时候，“放荷灯”是为了祭祀亡灵，后来，“放荷灯”的功用逐渐发生了变化，扩展到有关其他的美好祝愿，比如：祈愿农事丰收、渔业兴旺等。时至今日，人们还常常在民间开展“放荷灯”的活动。在南岳古镇一带，人们别出心裁地在水上迎春和送春。人们用彩色纸张扎制成荷花状灯，经过熟桐油浸泡过再以松香涂抹，使之不渗水，在花心中灌少量茶油，再插灯芯，点燃后放入古镇内外诸多溪流中，任其漂流。2006 年 7 月 19 日晚，济南明湖荷花艺术节上评选出来的几名“荷花仙子”在大明湖放荷灯。因为每年农历六月廿四是山东民间传说中的荷花生日，所以那天有许多济南市民在晚上来到大明湖放荷灯，祝愿生活美好。再如，4 月 14 日是著名旅美画家陈逸飞先生的生日，2005 年的 4 月 14 日，为了纪念陈逸飞对周庄作出的突出贡献，当地居民自发地来到双桥，点蜡烛、放荷灯，以自己的方式怀念他，场面甚是感人。晚上八点刚过，桥上已经被当地的居民、游客和闻讯而来的几十家各路媒体挤得水泄不通，只见在双桥两边的桥栏上点起了两百多支白蜡烛，河面上星星点点地点缀着纸荷

[1] 陶思炎：《应用民俗学》，江苏教育出版社 2001 年版，第 97 页。

花，原本是介绍景点双桥的碑石被临时改成了陈逸飞的纪念碑，碑面的上半部分是两幅陈逸飞生前在周庄的留影，在烛光下显得分外清晰，下半部分则用白纸写着“纪念陈逸飞先生六十诞辰”。不时，有人来到碑前，点上一支蜡烛，寄托自己的哀思。

可见，“放荷灯”的民俗已经深入人心，是一个容易被人们接受的习俗，也是一个在视觉上很有情趣的风俗景象。应该说，“放荷灯”可以在“动态”和“静态”中同时得到精神的满足。在“静态”的视觉中，人们在一片美丽的灯海中，得以感官需求的满足；在“动态”的活动中，人们在深情的乞愿中，得以心态需求的满足。所以，我们可以借助“放荷灯”的形式，以它为一个视觉亮点，辅以其他的展示活动或商业活动，来挖掘“中国灯艺术”的内涵和旅游应用。

民俗文化有一个特征是“变异性”。以前留存下来的民俗民风，虽然还在继续，但是，随着人们的观念和需求的改变，它也会不知不觉地产生变化，我们在对它进行保护的同时，还要适时地对它加以调整，来适合现代人的需求。

三、灯具艺术的梳理及研究有利于灯的收藏与鉴赏

古代灯具的收藏与鉴赏在人们日常生活中颇为常见。探讨我国各时期灯具的材质取料、造型特征、科学原理以及在灯具中所折射出来的造物意识、文化观念，这对灯具的收藏和鉴赏有着重要的指导意义。

古灯的收藏与鉴赏，就像收藏与鉴赏其他事物一样，是一个独立的门类。要对古灯有规律、有体系地鉴赏与收藏，除了对古灯的发展脉络有一个清晰的认识外，对个别古灯的鉴定要基于较为全面的认知之上。如对古灯的历史文化背景、其设计的特殊性、基本用途、文化象征意义有一个较为系统的认识。只有这样，才能合理地“筛选”，从而，在对古灯的收藏与鉴赏的过程中，更加完善对于中华古灯的认知与肯定，甚至形成较有民族特色和个人特

色的收藏体系。

小　结

“中国灯艺术研究”包括两个部分：一部分是关于物质形态的“灯具”的研究，另一部分是关于非物质形态的意念中的“灯”的研究。中国灯具的发展是中国科学技术史的重要组成部分；灯的形制反映中国传统造物的思想；灯具的科学设计折射出中国人的科学理念以及情感意识。而非物质形态的意念中的“灯”艺术研究则蕴涵了人们丰富的情感意识，并彰显了中国著名文献的成果。总之，中国灯艺术的研究是世界灯艺术研究的重要组成部分。一部灯的发展史，也是一部国家文化艺术的发展史。

中国古代灯艺术不仅以其独特生动的形制展现了中国古代造物的智慧，而且以动态的习俗包蕴了中国古代艺术丰厚的文化内涵。无论是静态的灯具，还是动态的灯俗，都是我国古老灿烂文化的重要组成部分。时至今日，我们不仅不能遗忘它们、忽视它们，更是应该巧妙地让它们再现于我们的现代生活，同时，智慧地让它们丰富于我们的现代生活。中国古代灯艺术既可以成为向世界展示我国灿烂文化的资源，也是面向国人用古代文化得以启示、教育的资源。无论是在上述的现代灯具的设计之中，还是在现代民俗旅游建设之中，“中国古代灯艺术”是一个开发与应用的好资源。因为，它既有传统的古老文化因子，也有活跃的现代应用的生命力；既有显性的视觉呈现，也有隐性的内涵深度。除此之外，“灯具”艺术的全面研究及梳理有利于当代人们对于灯具的收藏与维护。

附录

一、本书的研究意义及创新点

灯，或以客观存在的物质形态，或以存在于人们意念中的非物质形态，作为光明的象征，寄予了人们诸多的祈愿和希望。

“中国灯艺术研究”包括两个部分：一部分是关于物质形态的“灯具”的研究，另一部分是关于非物质形态的意念中的“灯”的研究。关于“灯具”的研究意义在于：灯具的发展是中国科学技术史的重要组成部分；灯具的形制反映中国文化的深厚意蕴；灯具的科学设计折射出中国人的科学理念以及情感意识；“灯具”艺术的全面研究及梳理有利于灯具的收藏与维护，而非物质形态的意念中的“灯”艺术及与“灯”有关的民俗文化则蕴涵了人们丰富的情感意识，并彰显了古老的造物思想、朴素的民风民情、古代著名文献的成果。总之，中国灯艺术的研究是世界灯艺术研究的重要组成部分。一部灯的发展史，也是一部民族文化艺术的发展史，它甚至能超越民族和国度，使我们看到世界的艺术之光。

本书在前人研究的基础上，针对“灯”自身的特点和发展规律，应用资料搜寻的方法和多种研究方法，如综合研究法、分类研究法、比较研究法和专题研究法，从多个学科的角度，如艺术学、民俗学、考古学、社会学等的角度较为深刻地挖掘了中国灯艺术的文化内涵、社会功能和现实意义。本书的创新点有五个方面：

1. 中国灯艺术经历了各个时代的演变，每个演变时期都有其显著的时代特征，演变过程及时代特征生动地显示了中国灯艺术的性格特征。

2. 中国灯艺术不仅包括具象的灯具，还包含依存在人们心中的灯的意念，它蕴涵着丰富的文化象征和民俗内涵，显现出其独特的造物精神。

3. 中国古代灯具艺术有着独特的内外部发展规律，其演变生动地显现了其自身的动态结构。

4. 中国灯艺术的类型庞杂丰富，其特征、功能也十分明显，它们既显示出造物的品质，也包含着丰厚的传统。

5. 中国灯艺术的研究，对于现当代的灯具设计及旅游开发有着重要的启示作用，其应用的重点在于挖掘它的精神内涵。

二、本书的基本内容及论点

“火”的发现是“灯”发明的基础和源头，人们从发现“火”到有意识地保留火种，则使得“灯”的创造成为了可能并变成现实。“灯”在被创造伊始，并不叫“灯”，而是有其他的一些名称，如“主”、“豆”、“登”、“镫”、“锭”、“烛”、“燎”等。这些名字的出现，与“灯”被创造伊始的形态、材料、规模等有关，同时，生动地反映了“灯”初具形制的文化背景起源及其语义。“灯”从诞生之时，便带上了很深的文化烙印及丰富的文化内涵。

从历史时序的角度来说，中国古代灯具经历了战国至秦汉的华镫（灯）初上、器形初具，汉代的多姿多彩、造型生动，魏晋南北朝的烛台流行、走向世俗，唐宋的彩灯显现、灯市繁华，明清的烛灯齐放、宫灯独尊等几个重要的时代。它们彰显了中国古代灯具演进的动态结构，同时映射出我国民族文化艺术更迭演化的规律。

灯作为照明的工具，实际上只要有盛燃料的盘形物，加上油和灯芯就能实现最原始的功用。而具有一定形制的灯的出现，则是人类将实用和审美相结合的成果。早期的灯，类似陶制的盛食器“豆”。“瓦豆谓之登（镫）”，上盘下座，中间以柱相连，虽然形制比较简单，却奠立了中国灯具的基本造型。生活中的“豆”，派生出一种崭新的器物——“灯”。汉代豆形灯的造型源于战国；汉代的陶豆灯又多用于墓葬之中；唐朝后，灯柱变短，灯盘的口沿变宽大，灯座常呈喇叭形，变得更为实用；明清两代的豆形灯，仍以陶瓷质地居多，铜质的也不少，而在造型上又受到蜡烛台的影响，呈高足形，另外，还融进了灯（承盘灯）的一些特点。

此后经青铜文化的洗礼，灯和其他器物一样，在造型上得到了重要的发展，象生形灯具的造型生动多样、繁复冗杂。此后，陶瓷灯具成为我国灯具的主流。从春秋至两汉，灯已经脱离了实用的具体要求，成为特定时代的礼器，“兰膏明烛，华灯错些”，折射出了当时所在社会政治的规章法度。魏晋南北朝时期，青瓷灯开始取代了此前的青铜灯。而由于青瓷灯造价低廉易于普及，具有一定造型和装饰的油灯开始为民间广为使用。此后直至隋末唐初，新材质不断运用到油灯的制作中，铜、铁、锡、银、玉、石、木、玻璃等，品种繁多。由于唐代经济的繁荣，实用兼装饰或纯装饰性质的灯开始大量出现在宫廷和灯节之中，像灯树、灯楼、灯笼、走马灯、松脂灯、孔明灯、风灯等。而至宋代，中国又出现了著名的“省油灯”。省油灯的灯盏为夹层，中空，可以注水降低灯盏热度，减少油的过热挥发，以达到省油的目的。元代，出现了名为“气死猫”的灯盏，这是为防老鼠偷吃油而设计的内藏式灯。明清时代，中国的灯具结合当时的室内装饰风格，具有了丰富多彩的造型，宫灯艺术发展到极致，灯彩艺术也颇为辉煌。

在漫长的灯具发展史上，从豆形灯到行灯，从行灯演变成槃灯，又由槃灯演变成承盘灯，承盘灯与豆形灯一样，同为我国古代灯具的基本造型。这一过程是中国古代灯具从碗灯到灯盏的动态演化的过程。这使中国的灯具从仿照生活用器（豆、盘、碗、簋、卮）外形到形成了自己的独特形象，并一直持续到西方煤油灯的闯入，显示了我国灯的造物艺术的独特内涵和创造者的心智。

古代灯具除了在自身形制上不断地演变，在装饰纹样上也不断地变化。装饰纹样的演化在某种程度上，反映着时代的文化变迁、审美观念、社会意识的转化。

可见，灯作为我国一门独特的造物文化艺术，有着自身发展的内在动力，它从“自然成形”到“象类器形”，再到“自成物象”，显示了其活跃的内在动力结构和发展规律。其中，“自成物象”是“灯艺术”自身最本质的造物规律。同时，中国灯艺术与其他造物之间也有着密切的关系：灯的创造历史与中国整体的造物活动历史有着紧密的关联。一方面，它们两者亦步亦趋，有着相似的逻辑发展规律、相似的自我调整契机以及受到传统、外来、时尚的冲击，同时，在思维和方法上还相互映照与借鉴；另一方面，每个造物品类终究有它独特的造物规律，因而，它们两者之间在演变和发展上有着差异，显示为个体与整体突破与演化的背离。然而，这正显示了“灯”作为一门独立的造物艺术品类的自身发展的内部规律。

在灯的历史演化过程中，灯逐渐形成了自身的类型、艺术特征及社会功能。灯的类型、艺术特征及社会功能是有关灯艺术研究的三个紧密联系的层次。灯的分类使得我们识得了灯具的各个品类及其基本的或本质的特征，也使得我们分析了灯的各种形态；而对于灯艺术特征的分析及描述，使我们从对灯浅层的、表面的认识逐渐深入到灯艺术的内部结构，触探到了灯的精神文化内涵。在对灯的分类、艺术特征的研究基础之上，其功能便逐渐突显出来。它蕴含在灯的分类及艺术特征之中，同时，又是对前两者的文化内涵的总结与提升。

灯的分类可以有以下几个分类方法：第一种分类方法是从灯具本身的特性来分类；第二种分类方法从灯具的社会意义和功能及其与人居环境的关系来分类；第三种分类方法是从灯具的出产地来分类。

对灯的分类逐渐显示出灯的几个艺术特征：技术与审美的统一；动态与静态的结合；再现与表现的融合；地方特色和艺人匠心的结合。

1）技术和审美的统一。长信宫灯是其中最典型的一个例子：从环保角度来分析，长信宫灯解决了环境污染的问题；从器形结构来看，长信宫灯的结构科学、尺度适宜；从造型的角度来看，其造型生动流畅；从光学方面来分析，汉人已经掌握了调节光线明暗的简要调节方法；从审美角度分析，宫女的形象朴素典雅，神态悠然，朴实无华的神态附着在富丽豪华的鎏金铜灯上，金光灿灿，显得和谐而统一。

2）动态与静态的结合。灯具作为一种重要的日常用具，与人们的日常起居有着密切的联系，它不仅以静态的形式点缀着人们的居室环境，而且以动静结合的方式显示着一种造物类型的生动形态以及丰富的内涵。灯具的动态显示为：

① 局部构造的翻合、扭转：中国古代的灯具，大多在使用的时候，被固着在某一个地方，呈现出静态的姿势，然而，又有一些灯具，为了更加简便地清洗、加油，在某些细节之处装上了可以旋转、翻盖的局部结构，使得其在使用的时候，既方便又呈现出动态之美。

② 动态的展示和静态的装饰相得益彰：中国传统灯具大都只具有静态特征，而走马灯则是在此静态特征的基础上，从中国传统戏剧的动态艺术特征中获得灵感，创造出一种集萃式的全新灯具：它以静称动，以动显静，在静和动的对比中，给人以极大的快感和美感的享受。

③ 整体造型的动静结合：河南三国时期的人形吊灯具有整体造型中动静结合的特征。这盏灯具由灯盘、储油箱和悬链三部分组成，灯的主体为一个人似在飞腾，又似在游动，裸体的铜人为卷发，深目高鼻，全身姿态作匍匐状，昂首，双手前伸，托住灯盘，盘沿紧贴胸部，人体中空与灯盘有空相同，灯盘中心有锥状灯柱可以插烛。灯盘、储油箱和悬链三部分组成了一个较为稳定的结构，而人的造型却极富有动感。

3）表现与再现的融合。古代那些在“以人为本”、“天人合一”观念影响下的灯具，首先模拟了大自然中的人或物，显现了这些自然物的外形特征，其次，在这些外形模拟的基础上，又加入了人们的造型理念，使得这些最初的简单模拟有了进一步的提升，富有了创意——表现与再现的融合。

① 造型的现实和理想的和合

在中国古代的灯具中，有一种“尸主型”的魂瓶兼做灯具的造物，在造型上显示了现实与理想的和合。“尸主型”魂瓶灯具用“魂瓶”中暗含的“种子的永生力量”和“灯具的生命之光”的双重含义来强化家族生命的永恒。

② 造型与装饰纹样的具象与抽象

造型与装饰纹样是古代灯具中重要的造型元素。它们以具象或者抽象的形式显现了古人在造物中显示的对于大自然事物的再现与表现的能力，同时，也是古人情感的写真与描摹。河北平山战国中山王墓中出土的一件十五连盏灯把人、灯和灯座进行了巧妙的设计和精美的装饰组合，生动地描绘了一个欢腾热闹的现实与理想相结合的世界。

古代有些灯具的纹样，还以现实与理想中的具有吉祥意义的动植物图案反映当时人们的审美观念以及社会意识。东汉时期的灯具，人物和动物普遍流行，无论从技法上还是题材上看，无疑都是受到了当时审美观念的影响，其艺术效果均具有古拙奔放的风格，给人以运动力量的气势美。而在题材则受到社会意识的制约，反映了羽化升仙等迷信的思想，有四神、羽仙、珍禽异兽、驱瘟辟邪等内容。

③ 人性和神性的结合

对于灯具的创造，古人的思维依然离不开对大自然的模拟和演化。古人常常在造物中隐射了人性和神性。这一组造物的基本思维又进一步拓展了造物的“再现与表现”的内涵。

灯具的产生是以实用为目的，但是当灯具被设计出来后，它就成为独立的对象化的抽象个体。在中国的万物有灵论以及各种宗教信仰的熏陶下，它就具有了相对独立的对象化的意义。随生产力水平的提高，灯具设计逐渐形成为我国传统设计里独具特色的一个分支，已不仅仅是满足照明功用的无生命的器具，而且还是造物思维的象征，它是精神寓于实用、现实与幻想的完美结合体。在其手工制作的过程，融入了制作者的观念、情感以及审美理想。这其中，情感本身具有一种巨大而神秘的力量，从而使灯具不可避免地带上了“神性”的烙印。河北平山战国中山王墓中出土的“铜鸟柱盘灯”可作这种神性的一个说明。该灯整体造型端庄，特殊的使用场合赋予其通天地的深层涵义，而象征性的飞鸟，不仅丰富了灯具的整体形态，还令人产生无尽的联想。

中国古代祭祀用灯多与宗教信仰有关。佛教教义中把火光比作佛之成神，大概是从唐代开始，佛教中的“灯海”被用于隐喻佛法，意指佛教能破除迷暗，并且像灯一样长照久明。灯是由人生产出来的，而“灯”在宗教中则又被赋予了某种不可言说的神性，所以，宗教中的灯亦具有“人性和神性的结合”的特点。

④ 气韵与灵动浑然一体

气韵者，神也，灯之风姿仪致，精神生动也；灵动，则指灯之极富生命的灵性与活动感。二者皆为观赏者与对象之间相互渗透，交融而产生共鸣，可感受而不可具陈。

所谓灯皆有形，然不一定有气韵，有气韵才有生命力，有感染力。考古学家在广西和浦发现的西汉大型木樽墓中，出土了一铜凤凰形灯。从此灯的造型上来看：整个造型端庄、优美、舒展、栩栩如生；巧妙运用了点、线、面、体，体现了韵律美，给人以静中寓动，虽静犹动，似动非动的神奇美感。正所谓“神不可自立”、“栖形感类”，神寓于形中，寄物相通，神必须通过形来传达，形也只有当其蕴神于内时才具生命力。

关于中国传统灯具的“灵动”，最具代表性的是：灯彩。《艺文类聚》卷八十《灯》下引诗云：“煌煌闲夜灯，修修树间亮。灯随风炜烨，风与灯升降。”又，“火树银花合，星桥铁锁开”描写的都是元宵节树上缀满灯笼的景象。这种由直观经迁想而实现无生命物的拟人转换，或由此以激起通感的灵性而有所得，就是这些民间灯彩的“神性”魅力所在。

4）民族的地方特色和民间艺人的匠心结合。灯具作为社会文化的一部分，也具有鲜明的社会特性：浓厚的地方特色和独特的民间艺人的匠心。在灯彩的发展过程中，逐渐形成了许多地域特色鲜明的灯彩形式。如潮州的台式花灯、俗称“灯色”的佛山灯彩，还有誉满天下的江浙灯彩等等。端庄典雅、气质文秀的无骨灯、夹纱灯等都是很有代表性的苏灯精品。还有南京夫子庙的兔子灯、狮子灯、荷花灯也以其简单质朴盛名流传至今。而以灯彩为主要道具的元宵节在它延绵流长的过程中，出现了各地的特色。如：扬州灯彩、苏州灯彩等。

灯具所显示的民族地方特色实际上与民间艺人的匠心是息息相关的。比如，民间流行的铜、铁质灯具虽没有宫廷灯具那样华丽，但造型和装饰也很有特色，表现了民间艺人的匠心。

由此，灯的功能便逐渐清晰：灯作为一种民间工艺，具有基本功能和特殊功能。基本功能有实用功能、审美功能和认知功能。就实用功能而言，灯具具有照明的功能；就审美功能而言，灯具有鉴赏的功能；就认知功能而言，灯具具有标志的功能。除此之外，灯还具有自身诸多独特的功能，如点化习俗的功能、娱乐的功能、满足信仰追求的功能、喻志的功能、巩固区分社群精神空间的功能等。具体而言，灯具自诞生以来，就具有“照明”的功能，这是它作为造物发明的最基本的功能。因而，它作为节日的重要装点，具有鉴赏的功能。这样，在漫长的人类历史发展过程中，灯具逐渐成为习俗节日重要的道具，慢慢地具有了习俗点题的功能和娱乐的功能。比如在元宵节中，人们创造了灯谜等传统的娱乐游戏，有些民族在端午节，以“放河灯”的习俗来点化端午的习俗。在传统习俗中，由于“灯”的烘托与点化，人们的诸多信仰便在其中得到了满足。比如，人们对于“添丁”的祈愿用“点丁”来展示。随着灯具的广泛应用，灯具也逐渐被应用于户外而被作为招幌的构成之一。

最重要的是，“灯”已经不仅仅作为一种可见的形式存活于人们的日常生活中，而且，也常常以无形的形式或者虽以有形的形式但却以无形的力量存活在人们的意念中，从而，也形成了它独特的功能。比如，古人常常借用文学的形式，来借“灯”喻志或表达思念之情。甚至，有些族群运用“游灯”的形式或巩固或区分社群的精神空间。

空间建构能力不仅体现在有形空间，也体现在精神空间。家族聚落的形成既是有形空间的拓展，也是精神空间的建构。在村落中有属于家族和村落的两类公共空间，它们体现了村落空间建构的地理秩序、历史秩序和家族、信仰秩序。精神空间的建立除了依靠本家族的共同信仰外，也要靠一些有形的民俗活动来得以展现和稳固，形成本家族的地方特色和势力范围。比如，在赣南地区，有关“灯俗”的礼仪和活动一度成为家族精神空间建立和巩固的手段，也显示着家族的精神特质。赣南的富东村的“游花灯”一度成为富东村村落政治的仪式表演。花灯虽然表面上只是一个俗物，但是，它确实象征家族集群的一个标志物，同时，也是区别于其他家族的一个标志。“游花灯”既是村落中各个家族对人丁兴旺的仪式性奖励，也是村落中各个家族对空间格局的仪式性界定，各个家族表演的仪式表达了家族村落空间建构能力的差异。

所以，富东村村落“游花灯”的仪式可以说是在村落特定时空制约下的一种文化创造。它既是村落历史的一种仪式性记忆，受村落时空的制约，同时，是村落历史的延续，也是家族现实力量以及村落结构的真实反映。

“灯”不仅以具体可感的形制出现在人们的日常生活中，给人以实用的功能，更重要的是：“灯”以抽象无形的内涵和意义存活在人们的意念中。中国灯艺术的创造与其他造物一样，在其形制中都融进了一定的文化内涵，比如古代的枝状灯、鳌山灯、五管烛台以及一些仿生灯具，它们体现了古人隐形的造物意识。比如，人们把“就日得阳、安魂佑生”的生命意识以及其他诸多的美好愿望融进了各种具体可感的形制之中。如“多枝灯”：“九日居下枝，一日居上枝”，描述的就是太阳鸟。灯作为光明之物，它本身就与太阳极为相似，树与灯的双重叠加，其实就是神树和神鸟的复合，加倍地突出了先民“就日得阳、长命永生”的愿望。中国元宵节的“勾灯”、“张灯”、“放河灯”的习俗则又有着这样的文化寓意：在新旧农事之交，“张灯”即“点火”，“点火”即“招水”，以“阴阳相就，感孕天地，诱使作物丰稔”的造物思想，寄予了民间百姓的美好愿望，并承载了丰厚的文化意蕴。通过以上的研究，“灯”的文化内涵与民俗意蕴逐渐突显出来：“灯”的形制可谓丰富多彩，然而，它具体的形制背后隐藏着的观念。人们以“灯”来比拟“火”，利用“水火相克消长”“火能统治水”的功能，来引诱水，从而，祈望风调雨顺。无论是民间的“舞龙灯”，抑或是元宵节的“灯彩”及“放河灯”等习俗，似乎都与“水火”有关，寓意农事兴旺。当然，这些仪式或习俗还有着其他的功能，如追求人丁兴旺等。

同时，在诸多“灯”的仪式、节俗、人生礼仪中，人们又融入了古老的原始信仰及有关农事、婚俗、生育、丧俗的伦理观念。所以，“灯”作为一种文化艺术造物，并不是孤立地存在着，它与其他文化之间又存在着相互依存、相互显现、相互渗透的关系。比如："灯"与神话传说、戏曲舞蹈、宗教文化、建筑文化、动植物文化、古代经济之间都有着密切的联系，它们互相映照出中国古代的深厚文化内涵。同时，"灯"又形成了一些独特的市井文化，如灯谜及俗语等，并显现出主人的身份。

总之，"灯"总是以自身独特的或静态的或动态的、或隐性的或显性的形制来反映我国先民朴素的民俗心理、民族的文化内涵和民俗意蕴，并显示了独特的造物文化艺术方法、伦理观念和思维方式。

从上文可以看出，中国灯艺术在其漫长的发展过程中，记录了它发展演变的历程、显现了它独特的造型魅力、饱含了它丰富的文化内涵、更是力证了中华民族造物文化的悠久历史及深厚底蕴。

中国灯艺术不仅以其独特生动的形制展现了中国古代造物的智慧，而且以动态的习俗包蕴了中国古代艺术丰厚的文化内涵。无论是静态的灯具，还是动态的灯俗，都是我国古老灿烂文化的重要组成部分。时至今日，我们不仅不能遗忘它们、忽视它们，更是应该巧妙地让它们再现于我们的现代生活，同时，智慧地让它们丰富于我们的现代生活。中国古代灯艺术既可以成为向世界展示我国灿烂文化的资源，也是面向国人用古代文化得以启示、教育的资源。无论是在现当代灯具的设计之中，还是在现代民俗旅游建设之中，"中国古代灯艺术"是一个开发与应用的好资源。因为，它既有传统的古老文化因子，也有活跃的现代应用的生命力；既有显性的视觉呈现，也有隐性的内涵深度。除此之外，"灯具"艺术的全面研究及梳理有利于当代人们对于灯具的收藏与维护。

中国的灯艺术应该是中华民族造物史中重要的一部分。它不仅显示了作为独立造物文化的魅力，同时，有力地补充和佐证了中华民族造物曾经辉煌的历史。近现代，我们一直在努力学习国外工业设计的先进经验和成果，同时探索本国工业设计的发展之路。国外先进的工业设计经验和成果的确给我们带来了借鉴的可能，但是，我们与同为亚洲国家的日本、韩国等国家的工业设计拉开了一定的距离，在总结这些亚洲国家的设计经验的时候，一个事实摆在我们的面前：开创民族之路，才有发展的可能。

作者认为，科学的现当代的灯具设计方法是：

（一）传统元素的借鉴与改良

从表面上看来，一个造物如果想要带上民族的烙印，最直接的方式就是在造物中加上传统的元素。传统的元素可以是：传统的材质、传统的造型、传统的纹样、传统的功能、传统的色彩等。以往的设计经验告诉我们：我们在做设计的时候并非没有意识到这个设计的方法，但是，我们往往不能恰到好处地把握好一个度。没有了这些传统的元素，设计失缺了民族的灵魂，但是，如果用得过多或者不恰当，反而会起到相反的作用。

简单地应用这些传统的元素并不困难，难的是如何用现代人的设计理念和现代人的审美要求把它们做得“很现代”。比如，我们可以很巧妙地在灯具的某一个细微处用上一个传统的元素，比如一个纹样、一个局部的造型（如一个小小的的搭扣、流嘴）等；我们也可以让灯具通体是纸做的，但是，我们可以让它整个造型具有现代的流畅感；有些灯具也可以做得笨拙一点，但是，我们却可以让它透露出时尚的笨拙感，而且还很精致。一切民族的元素都要跟着时代走，否则，不仅不能显示民族的灵魂，反而会让设计显得很“土”。

（二）民族精神的探索与挖掘

传统元素的借鉴与改良只是浮在表面上的设计而已，我们的设计要在国际上得到肯定并且充分地显示一个国家的民族特色，我们更需要在设计中致力于民族精神的探索与挖掘。任何一个设计都不是表面粗浅地流于形式。从中国古代的灯的发展历史来看，任何一个“灯”的出现或者改良都有它深刻的时代背景和烙印。

而在现代民俗旅游建设中，“中国灯艺术”也是一个开发与应用的好资源，对于它的民俗旅游应用，我们要注重它与现代人的精神生活需求相适应，同时，使它成为一个对外展现中国传统民族精神生活的重要窗口。我们在把

“中国灯艺术”引入“民俗旅游”中的应用之时，也应该对有关灯的文化进行理智的选择、保护、开掘和创造。无论是对于现当代的灯具设计，还是有关“中国灯艺术”的旅游文化建设，我们要致力于民族精神的探索和挖掘。

三、问　题

本书试图极尽可能地真实地阐述中国古代灯具发展演变的真实图景。但由于古代文献资料及现有研究成果的稀缺，本书并不可能做到还原中国古代灯具发展演变的真实面貌。本书只是在可能的情况下，概括地论述中国古代各时期的典型代表作及其精彩之处。如果可能，本书应该更进一步应用考古学的方法对中国古代灯具的文化背景、内部结构等作更加详细客观的考证，以弥补仅通过查阅文献资料所带来的不准确或不全面之处。所以，本书存在的首要问题是：第一手资料的不够丰富，大多的推断和结论来自整理和分析第二手资料的基础之上。这样，导致了本书难免有不确切的论述之处。

其次，本书如果能够应用横向比较的研究方法，如对中国灯艺术和西方的灯艺术进行比较，把中国灯艺术放在一个更宽广的视域里研究的话，中国灯艺术的文化内涵、形式特征和民族特色能够更加突显出来。如果可能，本书应该在现有的基础上，作这样的比较，以补充中国灯艺术的内涵。

再次，本书虽然挖掘了包含在中国灯艺术中的民俗内涵，但是，民俗文化总是处于不断变异的过程之中，本书并没有特别地厘清这些民俗文化在现当代社会的存在形态、变异过程和现当代意义。如果继续挖掘这些民俗内涵，可以更进一步地挖掘出中国灯艺术的魅力和生命力。

最后，本书在结尾之处提到了中国灯艺术中的传统元素在现代灯具设计中的应用以及“灯艺术”在现代旅游业中的应用。这一方面的研究应该建立在大量的市场研究和社会实践的基础之上，尤其要与中国现代灯具的生产商及相关旅游机构建立联系与合作，通过市场来检验、证实、探询中国灯艺术的未来方向。这样，本书的研究意义才得到了市场与实践的检验。

附录1　各个时代的主要灯具特征

朝代	主　要　形　制	主要材质及特征
远古时期	木头堆；火炬（火把）；凹石：将石材凿刻成型，其中填入干枯苔藓等天然易燃物作燃料，形成了使用较为方便、可以移动的火堆；瓦豆是最典型的形制。	枯木；大的火炬用松枝和芦苇，小的火炬用竹麻等材料做芯，外面缠上植物柔软的纤维；瓦豆多陶制，也有青铜制、竹制、木制或石头之灯。
商周时期	火炬（火把）；瓦豆：浅盘，平坦底，上面直而深的腹壁，下部是带有弦纹的高圈足，后逐渐演变成盘底中央呈乳状突起，可以插灯芯； 镫是新石器时晚期至战国时期的一种陶制餐具，上面敞开浅盘，中有高柄，下面为喇叭口形圈足。我们的祖先开始在豆的浅钵中置灯芯和油脂来照明。	大的火炬用松枝和芦苇，小的火炬用竹麻等材料做芯，外面缠上植物柔软的纤维；瓦豆和镫多陶制，也有青铜制、竹制或木制涂漆。
战国	人佣灯、仿日用器形灯、多枝灯。 人俑灯多为身份卑微的仆人形象：持灯方式有的站立两臂张开，举灯过顶，有的跽坐，两手前伸，托灯在前。一俑所持灯盘从一至三个不等。灯盘有圆不凹槽形和盘形两种形制，前者有三个支扦，后者多为一个支扦。 仿日用器形灯基本上是一些生活实用器的演变，主要为仿豆、鼎和簋等较为常见的器皿，以豆形陶灯居多，但也有一些仿鼎和簋的形制的青铜灯。 多枝灯（又称树形灯），形制如同一棵繁茂的大树，支撑着十五个灯盏，灯盏错落有致，枝上饰有游龙、鸣鸟、玩猴等，情态各异，妙趣横生。	这一时期灯具质地以青铜质为主体，除青铜外还有陶质、玉质。

主 要 燃 料	重 大 突 破
枯木、松脂混油脂、干枯苔藓等天然易燃物，动物油以牛油居多，植物油主要是麻籽油、白苏籽油、乌桕油、油菜籽油、棉籽油。	远古时期照明所使用的灯具作为灯的原始形态，是后来具有一定形制的灯具的雏形。
主要是动物油，以牛油居多；植物油主要是麻籽油、白苏籽油、乌桕油、油菜籽油、棉籽油。	瓦豆被演变成照明的工具——灯，这正反映了灯的演变发展的过程——从瓦豆演变成灯。
动物油脂、植物油。	青铜时代的灯具有一个很显著的特点：就是它改变了灯捻搭在灯盏沿上燃烧，使灯捻在油池中心燃烧；仿日用器形灯主要为仿豆，可开可合，器盖翻开即成灯盏，器身空腹，可存灯油，这种开合式样对后来汉代灯具的发展产生了很大影响。

朝代	主 要 形 制	主要材质及特征
汉代	人佣灯、仿日用器形灯、多枝灯、并出现兽形灯（集实用和装饰于一体）。	青铜灯继续盛行，陶质灯成为主流，新出现了铁灯（由于冶铁技术的进步，铁器普遍运用）和石灯。功能上，除原有座灯外，又出现行灯和吊灯。
魏晋	瓷油灯（由灯盏、灯柱、底座组成）、瓷烛台（插环式和插管式）和灯笼；从整体造型上看，一是多带有承盘形座。二是人物器座减少，动物器座增多。三是用单体碗、盘和钵作为灯盏逐渐增多。	青铜灯、铁灯、石灯衰弱，瓷灯普及、石灯发展，蜡烛广泛应用起来，造型上以温驯和威严两种不同的动物形象作为瓷灯柱座和烛台；并出现了灯笼：以竹篾为骨架，外部裱糊以葛而制作。
唐代	油灯、仿生灯、烛台、宫灯、走马灯。	至此瓷已取代了青铜，陶瓷业发达，陶有灰陶、釉陶和唐三彩；瓷灯主要有青瓷（钵形）和白瓷。
五代十国	陶制省油灯。	陶灯普及，其陶制节油灯的灯体，分上下两层，上为油池，下为储水池或水盘，灯内储水池有降温、省油、除烟等功能。

（续表）

主要燃料	重大突破
动物油脂、植物油，在油脂的使用上出现了加捻来照明。	技术上有了重大突破：出现了以长信宫灯为代表的一批带烟道式座灯，这类灯具由灯盘、灯罩、灯盖、烟道和多作灯座的收集烟灰的器体等几部分组成。灯盘供点燃灯火，盘不大多都有烛扦，就是插置烛体所用。灯罩既可挡风，又可随意调整灯光强弱和照射方向。灯盖可起到遮挡灯烟外溢的作用，让烟灰随烟道进入器体。由于全器各部分既有机结合在一起，又可以拆卸，也利经常清除灯内的积垢。这类灯具可称得上是最早的“保洁灯”。汉代还出现了烛灯。
花生油、煤油、蜡烛。	蜡烛的广泛应用使得烛台流行起来，并且由照明逐渐向祭祀和喜庆文化领域渗透；从魏晋南北朝开始至宋元时期，灯烛在作为照明用具的同时，也逐渐成为祀和喜庆等活动不可缺少的必备用品；瓷灯开始普及；具有佛家宗教意味之灯具，如莲花灯，狮子灯很多。
蜡烛、植物油、火炭、动物油脂。	走马灯（即影灯）发明，这种被热气催动的花灯，不仅仅是一种玩具。它堪称热动力学原理的鼻祖。晚唐发明了省油灯，这是一种产自蜀中邛窑的、很别致的瓷灯。走马灯的发明在技术上反映了当时人们已经学会了空气对流原理；出现了空前规模的灯展艺术盛况；宫灯及民间灯彩发展迅速。
植物油。主要是麻籽油、白苏籽油、乌桕油、油菜籽油、棉籽油、桐油等。	在战伐和朝代交替的年代，灯具的发展受严重影响，这个时期实用成了一大主题，出现了省油灯的雏形。

朝代	主 要 形 制	主要材质及特征
宋代	高足灯、省油灯、座灯、行灯和座行两用灯、宫灯。	陶、瓷、玉石、金属、陶瓷灯尤其瓷灯已成为灯具中的主体；注重功能性与美观性的结合。
元代	造型上沿袭宋代。	陶瓷灯和铜灯。
明清	青花瓷灯（油灯和烛台两类）其中青花油灯居多（分有壶和无壶两类）、烛台、宫灯。	金属、陶瓷、玉石，新出现了玻璃、珐琅、纱绢等新型材料；由于蜡烛工艺的提高，烛台流行；陶瓷灯依旧为主流；宫灯达到鼎盛时期，灯彩与灯市发展极致。

（续表）

主 要 燃 料	重 大 突 破
蜡烛、动物油、植物油、石油。	宋元时期，我国的制瓷工艺又有了长足的发展。出现了钧、汝、官、哥、定等五大名窑。故此，制灯也以瓷质为主。相比之下，其他材质如石料或青铜制作的灯具要少见得多了。宋、元灯具的形制多承袭唐代。宋代还出现了一种省油灯，这种灯通常称为夹瓷碗或清凉盏。陆游《斋居纪事》云："书灯勿用铜盏，惟瓷盎最省。蜀有夹瓷盏，注水于盏唇窍中，可省油之半"。《宋文安公集》中有《省油灯盏诗》，一端作小窍，注清冷水于其中，每夕一历之。寻常盏为火所灼而燥，故速干：此烛不然，其省油几半。 省油灯，是功能与形式完美结合的典范，科学原理：碟壁是一个中空的夹层，碟壁侧面有一个小圆嘴，用来向夹层中注水，可省下普通灯盏的一半油。同时，宋代灯市繁华。
蜡烛、动物油、植物油、石油。	出现了书灯，制瓷工艺上有了新突破：出现了红釉、蓝釉、釉里红瓷的烧制方法；造型上发生较大变化，盏座分离。
动物油、植物油、石油。	明清时期，种类繁多和花样不断翻新的宫灯的兴起，更开辟了我国灯具史上的新天地；明清两代的青花瓷灯，是古代瓷灯史上辉煌的一页，也是人们最为熟谙的古灯；此时期的省油灯与宋元时期相比，有了一些小小的不同：其一是有的省油灯把上盖去掉，由"封闭式"变成"开敞式"了；其二是有了壶形、罐形这种异形的省油灯；但是省油的原理，仍然没有任何突破。明清时期之灯彩及灯市发展至顶峰。烛台由管形和环形发展至烛钵。出现了外来的灯：煤油灯。

附录 2　历代的经典灯具

战国

名称	类型	简　介	图
陶灯	陶灯	陶灯是古灯之母，由陶制餐具发展而来。造型由简单的几何元素组合而成，简洁大方。	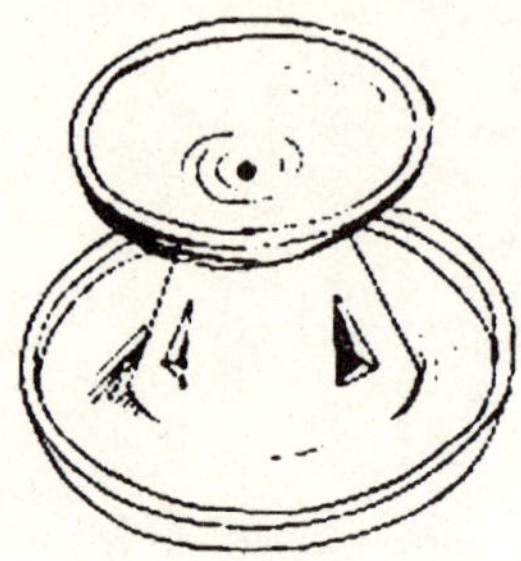
陶熏灯		精致美观的陶灯，且具有多种功能。	
盘行高柱灯		敞口，壁内弧，浅盘，平底略下凹，粗柄，中腰呈倒葫芦形隆起，喇叭形圈足。盘中央有一锥形烛柱，在盘底一侧伸出一圆柄，柄上铸一只小鸟，低首引颈，口衔盘沿，两翅并拢，尾部上翘，并呈扇形散开，适于用手把持。鸟足用一铜销固定于柄上。	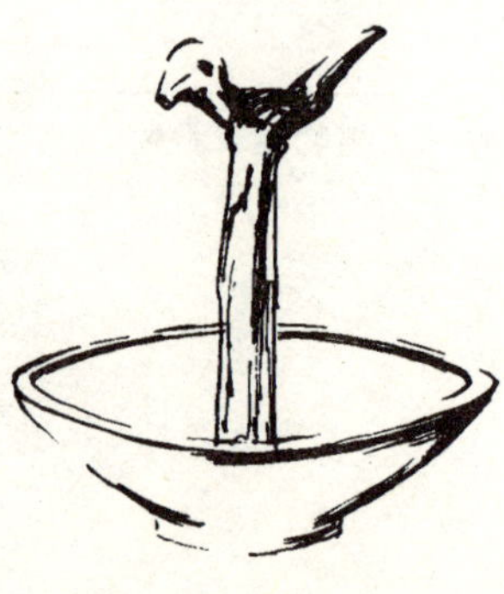

（续表）

名称	类型	简　介	图
青铜灯1	青铜灯	此灯高29厘米，器身光素无纹，底座饰以夔龙纹一圈，造型简约，端庄大气。	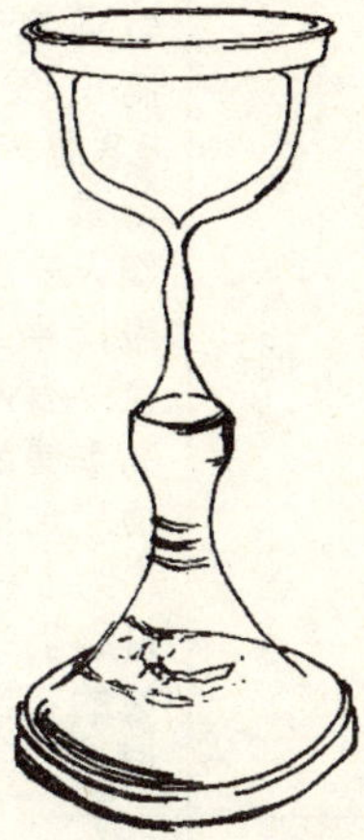
青铜灯2		战国以青铜灯居多，此灯是青铜灯的最基本最原始造型。	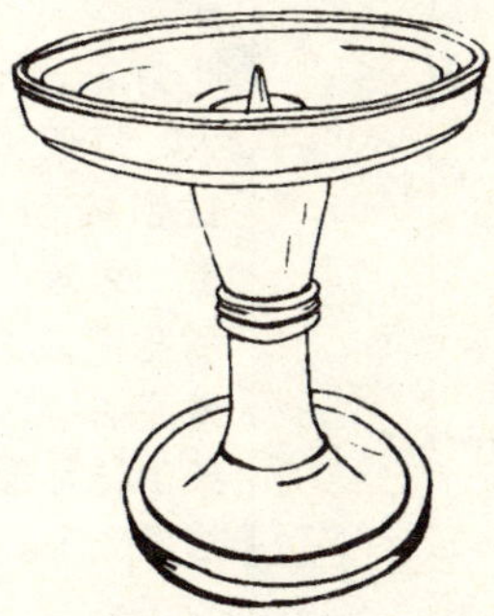
鸟柄青铜灯		战国以青铜灯居多，此灯造型栩栩如生，既实用又美观。	

（续表）

名称	类型	简　　介	图
鎏金人擎铜灯	人佣铜灯	灯通高19.2厘米，铜人高6.9厘米，灯盘口径8.8厘米。这是一件照明用具，由灯盘、灯柱和铜人三部分组成。灯盘较浅，平沿内斜，斜弧壁，盘外有两周凸棱，盘中有高1厘米的锥状钉，用来插蜡烛或缠绕灯芯，灯盘下为上粗下细的圆形灯柱，灯柱上端有浮雕蟋蜗纹组成的花瓣状柱座，中间接口为子母口，拆卸方便。	
跽坐人漆绘铜灯	人佣铜灯	此灯造型逼真，由跽坐人、灯架和灯盘三部分分铸铆接而成。跽坐人偏髻、束冠、身着长袍，腰系宽带，以带钩扣合，两臂平伸，手握丫形灯架，架上托环形灯盘，盘内设烛座三个。	
立人形座铜灯		此灯造型逼真，一个人站立着，手紧紧地握着铜灯。	

（续表）

名称	类型	简　介	图
银首人形灯	人佣铜灯	战国中晚期。灯为长袍男子形。首系银质，两目嵌宝石。衣上花纹可见朱、黑两色填漆。其右手握螭，螭口衔柱，柱顶为一灯盘。柱饰错银龙纹，绕以浮雕螭龙，并有一猴作攀援状。左手持螭尾，螭身天桥横出，口托另一灯盘。螭下方又有灯盘，有螭蟠卧其中，翘首攫噬。人形足下有兽纹方座。	
擎双盘人形铜灯		此灯人佣立于蟠透空的龙座之上，两手向左右伸开，各擎灯盘一盏。	
站立人形铜灯		此灯也是典型的人佣形灯，一个宫女双手捧着一盏铜灯。	

（续表）

<table>
<tr><th>名称</th><th>类型</th><th>简　介</th><th>图</th></tr>
<tr><td>人骑骆驼擎灯</td><td>人佣铜灯</td><td>在长方形平底座上站立一只昂首垂尾的双峰骆驼，一人双脚后夹端坐于驼身，双手稳稳握住一圆形灯盘的灯柱。整个青铜雕塑制作精巧，人与骆驼的形象以曲线为主导，旨在传神，而不着意细部逼肖。从整体来看，底座、骆驼、人物与灯柱、灯盘浑然一体，驼背上的人举重若轻，似擎一顶华盖，其重心设计极为科学合理。</td><td></td></tr>
<tr><td>青铜象灯</td><td rowspan="2">艺术灯</td><td>写实的艺术手法，造型生动，一尊大象卷着长鼻，拖着灯盏，缓缓走来。</td><td></td></tr>
<tr><td>青铜牛载人双手持柱凤鸟艺术灯</td><td>青铜牛载人双手持柱凤鸟艺术灯，造型极其精美，铜人右足有残，高 28 厘米，长 22 厘米。</td><td></td></tr>
</table>

（续表）

名称	类型	简　介	图
十五枝铜灯	树形灯	青铜质。通高82.9厘米。十五连盏灯由灯座和七节灯架构成。灯座和灯架均有插孔和插榫，每节榫头形状各异。灯座平面圆形，下由等距环布的双身虎承驮。灯架七节，每节中间有上下插接的圆形灯柱，灯枝除顶上一层为三枝外，余均左右两枝，呈弓形，枝头各托一圆形灯盏。盏心树一烛扦，灯枝上有猿猴嬉戏、飞鸟驻立、神龙攀附。	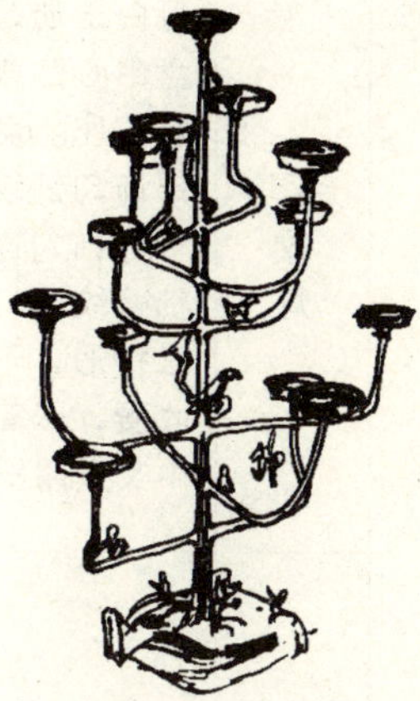
错金银嵌绿松石青铜灯	云纹灯	此灯是目前年代最悠久的传世青铜灯具。该灯全器满饰菱格纹和云纹，这些流畅变幻的纹饰均采用嵌错工艺，反映出战国时期辉煌的科技文化。	
错银豆形铜灯		灯具通体布满了银丝、银片镶嵌的卷云纹和菱形几何图纹。造型虽然简单，却银光浮动，华丽异常。最大的特点就是精美绝伦。	

（续表）

名称	类型	简　　介	图
玉勾云纹灯	云纹灯	灯白玉质，有赭色沁。灯盘中心凸雕一五瓣团花为灯芯座。盘外壁和灯柱上部饰勾云纹，内壁及灯柱下部饰勾连云纹，底座饰柿蒂纹。灯柱上部处理成三棱形，下部为圆柱形并收腰，于简单流畅的造型中又显露出丰富的变化。	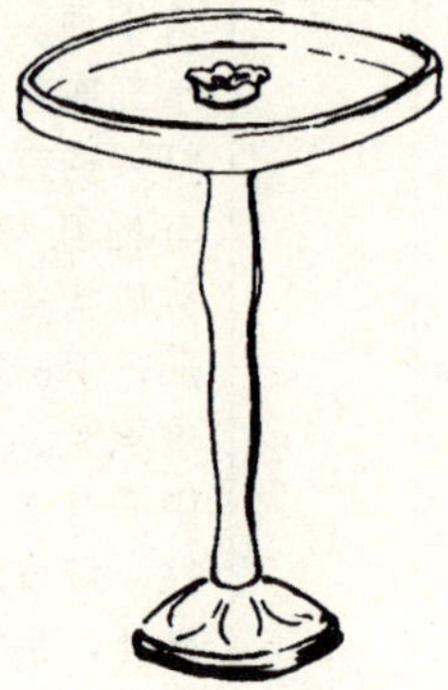
鼎形铜行灯	翻盖灯	此灯也是一盏翻盖灯，鼎盖被高高托起而成为灯盏。	
簋形铜灯		此灯是目前所能见到的最早的翻盖灯。灯体由簋身和簋盖组成，以铰链相连，可以开合，器盖成灯盏，器身用以盛油。这是一件罕见的战国翻盖灯，它的巧妙设计手法，启发了后来汉代的灯具工匠。	

三国两晋南北朝

名称	类型	文字说明	图
青瓷龙柄灯	青瓷灯	通高23厘米，灯座似盘形，平底，内有凸弦纹，灯柱上细下粗，顶有浅盘，盘上承托一灯盏。中部贴塑一夔龙的首和颈部，独角引颈，圆目张口，形制简单但形象生动。不仅装饰了灯具，也是把柄。 灯柱把柄式、承盘式古瓷灯。	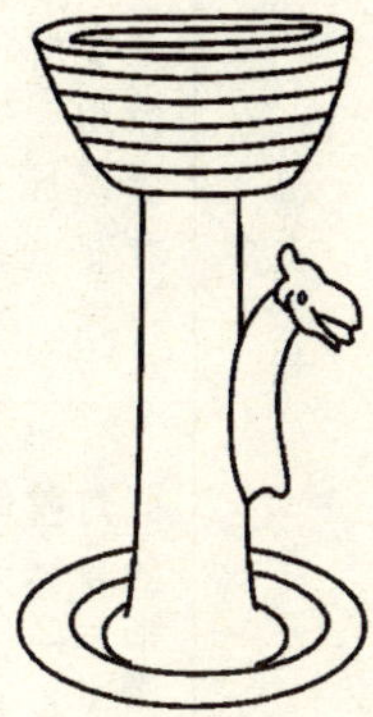
怪兽青瓷灯		古代房舍建筑上的装饰和墙壁张贴的图像，多用怪兽来镇宅护院。灯盏上的怪兽有相同的寓意。	
青瓷熊灯		在基本形状的基础上，一些灯具的承盘再加三兽蹄足，灯柱高度相对缩短。有的承盘加大，灯柱部分作动物形或覆莲形，上承灯盘。 此灯通高11.5厘米，灯柱作成熊形，蹲坐于承盘内，头顶和前肢托着灯盏。	

（续表）

名称	类型	文字说明	图
青瓷牛形灯	青瓷灯	高13.5厘米，在一个侈口、直壁的平底盘中心有一墩形灯盏，上腹圆鼓部分塑一牛头，前肢两蹄叉腰，压在后肢上，一粗壮柄把盘和中心盏联在一起。	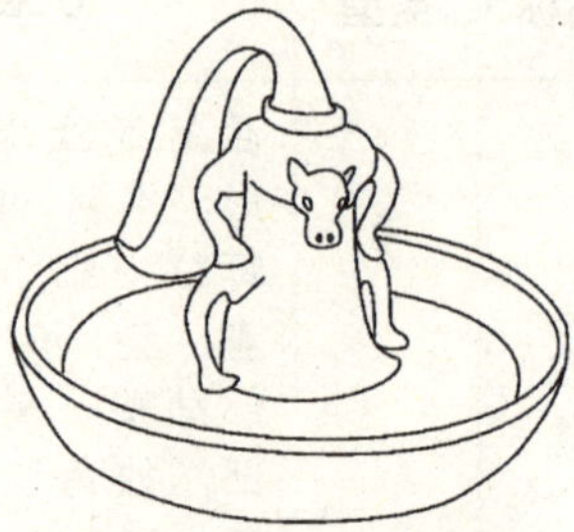
青瓷鸟形灯盏		此灯整体成鸟的形状，鸟的身体为灯的主体，灯的把手一边是鸟头部，另一边为鸟尾巴。真个灯具的形态完整。	
凹弦纹青瓷灯		该灯整体形态完整，比例协调，贯穿整个灯具的凹弦纹起到了修饰和美化灯具作用。	
堆塑人物青瓷灯		这款青瓷灯在整个灯身上都使用了雕刻的手法，雕刻出各种各样栩栩如生的人物，显示出灯具制作的精良以及它的珍贵之处。	

（续表）

名称	类型	文字说明	图
酱褐斑青瓷油灯		瓷油灯的造型基本上由灯盏，灯柱，底座三部分构成。 有的灯盏和灯座均为大小近似的碗形，盘中的灯柱为内空通底、上细下粗的管状，高约 15—30 厘米。	
北齐瓷油灯	油灯	通高 50.2 厘米，灯径 18 厘米，底径 20 厘米，柄长 28 厘米。上部为浅钵形灯碗，碗底凸出尖状榫，插合于柱柄上端的口内，中部柱形柄约占整高度的 3/5，与下部喇叭形底座相连。全灯上下用模印贴花，刻花，浮雕手法装饰出莲花纹，忍冬纹。 南北朝莲花纹的盛行和佛教的传入有关，忍冬、联珠、宝珠、新月、太阳等纹饰又具有西域波斯的风格。	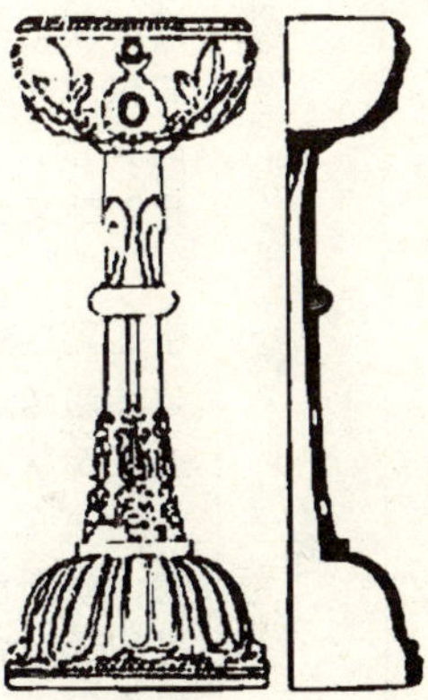
南朝瓷质油灯		瓷质的油灯造型简洁，分别由里外两个圆盘构成，内部圆环中设有安放灯芯的地方。	

（续表）

<table>
<tr><th>名称</th><th>类型</th><th>文字说明</th><th>图</th></tr>
<tr><td>越窑双柄油灯</td><td>油灯</td><td>此罐因其广口如盘，又可称盘口壶，细颈，削肩，圆腹至底足内收，平底，肩部有桥形双系，可见宽窄凸凹不一的弦纹。釉水较薄，青中闪黄，施釉不到底，底露胎，可见铁色火石红，是开门的晋代越窑系青釉作品。</td><td>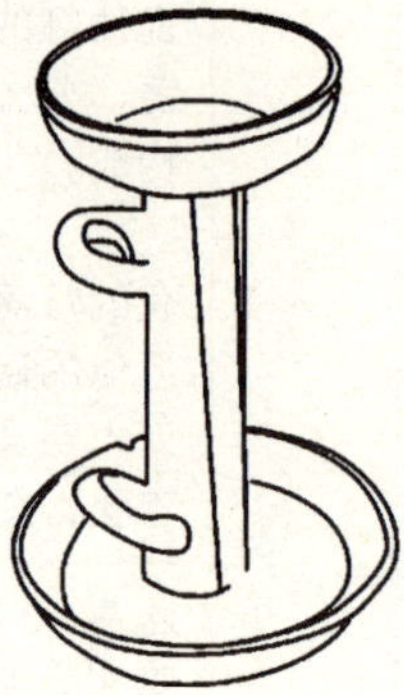</td></tr>
<tr><td>青黄釉三足炉形承盘灯</td><td rowspan="2">釉灯</td><td>南北朝时期的盘托三足炉式供灯是从三足香炉演变而来的，为祭祀的供器，是南朝墓葬中常见的器型。

南北朝的瓷油灯造型有简化的趋势，在盘形底座中置三蹄状足炉作灯盏。此灯通高7.3厘米，青黄釉陶，浅圆盘内承托一只三足炉形灯盏。
施青釉，釉汁莹润，开冰裂碎纹。</td><td>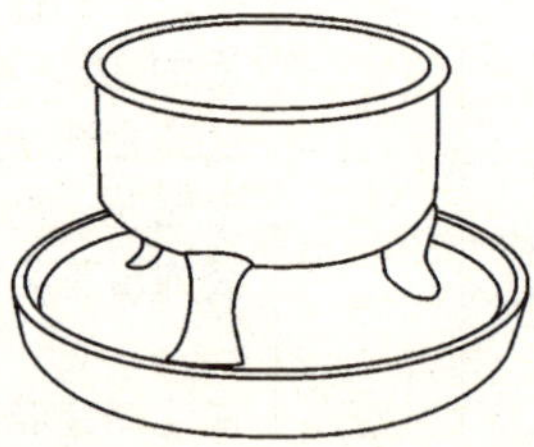</td></tr>
<tr><td>青釉折边花纹灯盏</td><td>该灯采用了折边的方法，并在灯身上印花。</td><td></td></tr>
</table>

（续表）

名称	类型	文字说明	图
洪州窑黄釉油灯	釉灯	该灯造型简洁，主要由灯盘，灯把手以及灯底座构成。	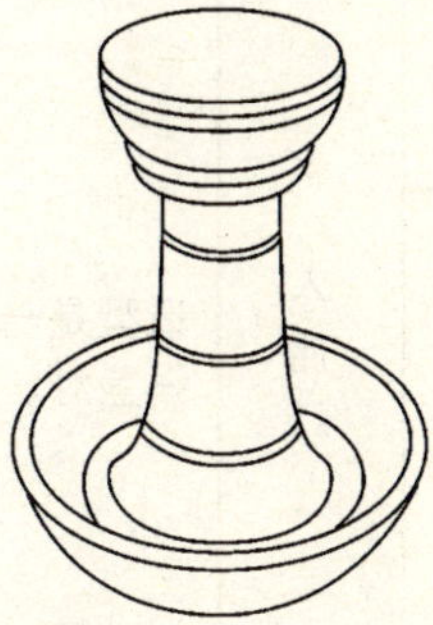
青釉双环灯		可同时安插两枝有“跋”之烛，烛台下面的承盘可集烛泪或烛烬。	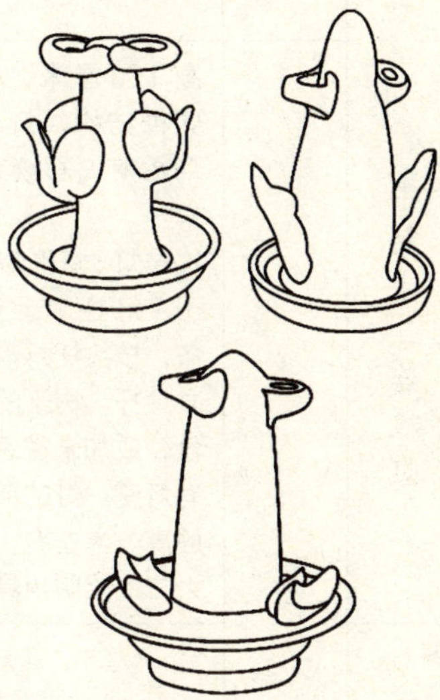
越窑青釉灯盏		胎呈深浅不同的灰色，坚硬细致。釉为淡青色或青灰色，釉汁纯净。	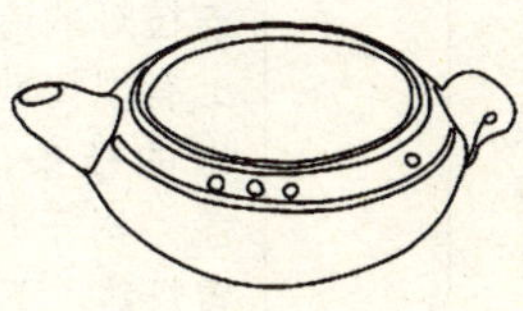

（续表）

名称	类型	文字说明	图
武士俑灯盏	人俑灯	造型是一个武士手中捧着一盏灯。	
木制十二连枝灯	多枝灯	高 120 厘米，幅 80 厘米，卯榫结构，灯枝上镂刻凤鸟图案，彩绘装饰。 连枝灯：灯形似花树，在树干（灯柱）上分层伸出枝条，枝头托灯盘，盘中常见立烛扦。树干的顶端亦置灯盘，或加朱雀装饰，树干下有灯座。灯的形体高大，一般高一米左右，一般为豪门大户的照明用具。	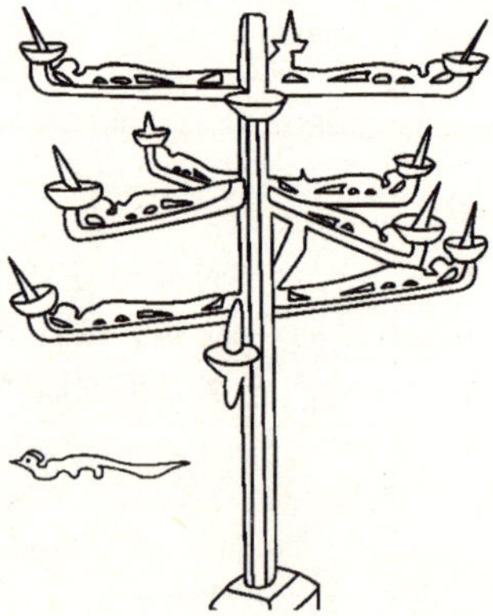
三枝铜灯		连枝灯的造型犹如在树干上有规律地分层对生而伸出的枝条，枝头上托灯盏；树干（灯柱）顶端亦置灯盏，下有灯座。	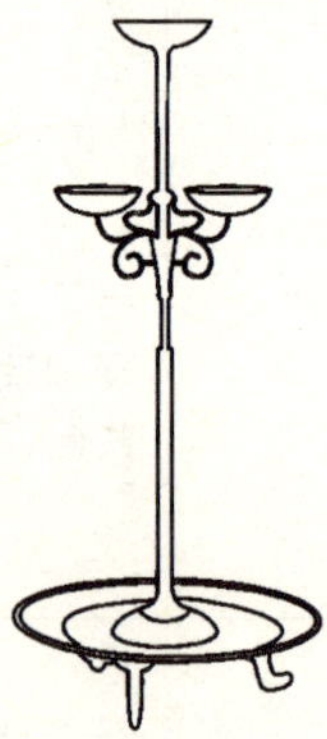

（续表）

名称	类型	文字说明	图
人形陶灯	陶灯	人形灯又称人佣灯，持灯人动作多为屈服卑微姿态，表明主人的身份。跪拜式人佣灯多为宫廷和富贵人家所用的器物。	
陶灯		多为普通人家使用，或作为富贵人家的随葬明器，因此造型比较简单，多做豆形。 此灯盏是由砖刻的灯座和陶灯碗组合而成的。	
红陶台灯		底足上有一圈变形的莲花，灯柱上装饰一道道紧密的玄纹。 大量的民间灯具只带玄纹，无其他纹饰。	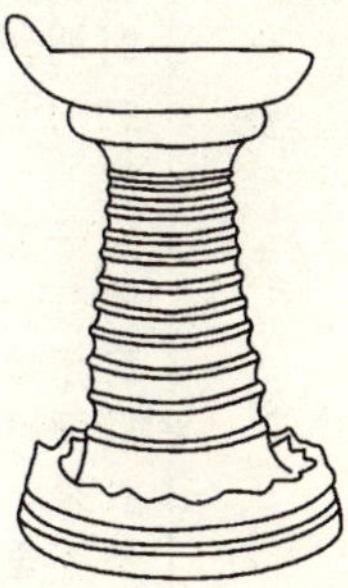
灯盏	黑瓷灯	高5.8厘米，口径20.2厘米通体施褐釉，盆底内心堆塑一鸟饰，造型十分别致。	

（续表）

名称	类型	文字说明	图
褐色点彩三足灯	褐色点彩	该灯分上中下三部分，底部的灯盘是由鼎式的三足支撑起来的。	
人形灯台	青瓷仿生烛台	高 12.7 厘米，口径 10.7 厘米，底径 14.5 厘米。此器由盏、柱、盘三部分构成。灯盏为碗形，外沿有凹弦纹两周。灯柱为一小人形象，双目炯炯，天真可爱。双手拱于腹前，结跏趺坐于盘中。	
青瓷狮形单管烛台		瓷质烛台始于三国、西晋时期，早期以羊、狮等动物的形制为多见。 狮子整体作仰首蹲伏状，背有一浅管，与器内不通，可用以插物，竖耳，双目前视，张口露齿，颔下饰长须，背脊分披鬃毛，自然下垂腹部，腹侧毛旋卷如水波。短组前曲，足部压印斜方格纹。尾巴弯曲上拱，紧贴于臀部，呈蕉叶状。全身施青釉，匀净无瑕，造型优美，富有情趣，既是一件工艺品，又是一件有西晋建兴三年（315）可考的实用器皿。	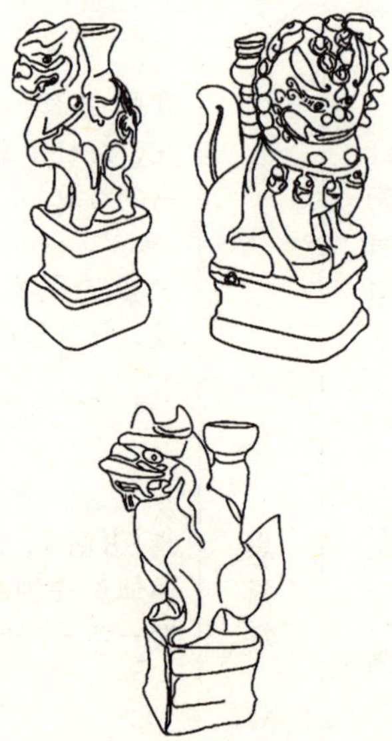

（续表）

名称	类型	文字说明	图
青瓷辟邪烛台	青瓷仿生烛台	辟邪烛台是六朝时期，特别是西晋的特有器物，以前常因其形象类狮而称之为“狮形烛台”。此类形象的器物有两种，一种腹部有翼，是辟邪；一种不带翼，是狮。高12.5厘米，长19厘米，通体遍施青釉，釉质晶莹润亮，状似狮形，双目圆睁，张口露齿，颌下有须，项背分披鬃毛，腹部两侧刻画有羽翼，四足屈于腹下，尾巴呈蕉叶状。脊背上有一供插烛用的高3厘米的柱形圆管，与腹部相通。	 
越窑狮形烛台		该器做成一只缩颈屈足作蹲伏状的威武狮子，正面仰首龇牙，双目怒睁，背面束腰，上小下大，为标准的葫芦形。狮子左边五爪扶膝，右爪上握一物状，头顶双耳中间安一圆形短管，与腹腔通，用以插烛照明。全器高8厘米，插管口径2.5厘米，最大腹径7.2厘米。	

（续表）

<table>
<tr><th>名称</th><th>类型</th><th>文字说明</th><th>图</th></tr>
<tr><td>青瓷人骑狮形烛台</td><td rowspan="3">青瓷仿生烛台</td><td>人的形体即是造型主体之一，也是装饰。

高 17.7 厘米。此器是西晋瓷塑制品的典范，人骑于兽背，双手握兽角，头戴网纹卷沿冠状高帽，帽中空，可插烛。骑兽人高鼻圆眼，颌下有须；兽则伏卧，龇牙瞋目。人、兽之身都戳印圆形纹，兽面篦划须纹，长尾垂。通体施青黄色釉。</td><td></td></tr>
<tr><td>青瓷虎形烛台</td><td>高 30.1 厘米 长 12 厘米 口径 3.7 厘米。烛台呈虎形，虎四肢伏地，昂首瞪眼，双耳竖立，口略显虎牙，尾巴上翘，表现出猛虎守卫烛台的姿态。烛管呈竹节形。

此种虎形烛台，在两晋时颇为少见，它不仅为了实用，更主要的是起到辟邪、镇墓的作用。</td><td></td></tr>
<tr><td>熊形青瓷烛座</td><td>完整的熊的造型，顶部放蜡烛。</td><td></td></tr>
</table>

（续表）

名称	类型	文字说明	图
青瓷羊形烛台	青瓷仿生烛台	魏晋灯具的造型变化较多，继承古代的图腾崇拜之风，仿照有祥瑞之意的动物为灯形，如羊，鹿，狮，虎等，其中以羊形居多。在古文中，“羊”与“祥”两字是相通的。 青瓷羊形烛台出现于三国，东晋盛行，照明点在羊头上。长17厘米，高14.7厘米，羊形作昂首跽伏状，羊角后弯且缠着双耳，较丰满的身躯，施以润厚的青绿色釉，别具匠心的是褐斑彩巧施于双目，神情中透出几分惊奇，而微张的口作吐舌状，仿佛咩咩有声，静中寓动，使瓷羊平添了生气。	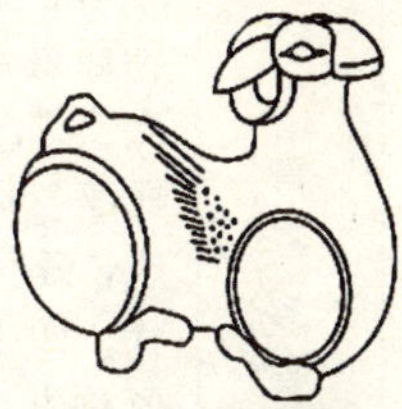
青瓷烛台	青瓷多管烛台	通高20厘米，底径11.2厘米，烛台底座呈倒立的莲蓬状，刻覆莲花形。上置横条隔板，竖有四根烛管。 莲花纹：莲花是佛教中的圣洁物，随着佛教的影响深入到文化意识的各个领域，在瓷器、陶器纹饰中经久不断。西晋后期出现莲瓣纹，一件器有几个莲瓣；六朝时期莲瓣的特征是短、肥胖、粗大，多为刻花。 烛台是祭祀的供器，饰以莲纹图案，显得端庄肃穆，是南朝佛教盛行的反映。	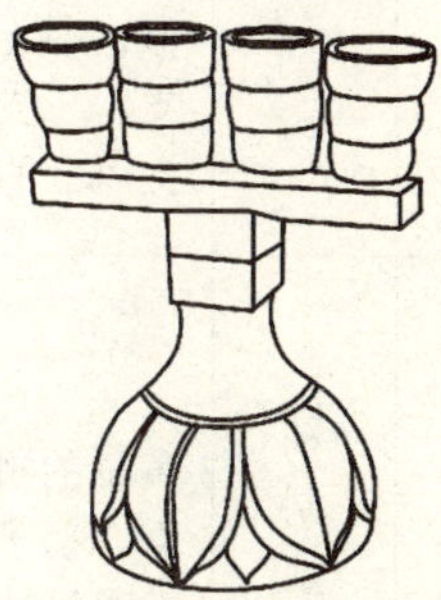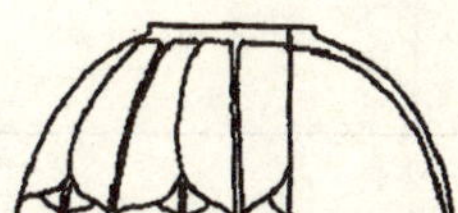

（续表）

名称	类型	文字说明	图
青瓷四管烛台	青瓷多管烛台	南朝时期，部分南方地区开始流行单管、双管、四管及荷花信式样的瓷质烛台，此器即是其中的代表作品。 烛台胎质细腻坚硬，胎骨厚重，通体施淡青绿釉，釉面滋润。高13.9厘米，底径7.55厘米。其形由托座与插管两部分粘接而成，座呈两层喇叭形台阶状，四小杯形插管置于方形块板上，块板四角切削，既便于使用，又与由大至小的托座浑然成一体，使整个造型显得匀称稳重、简练美观。	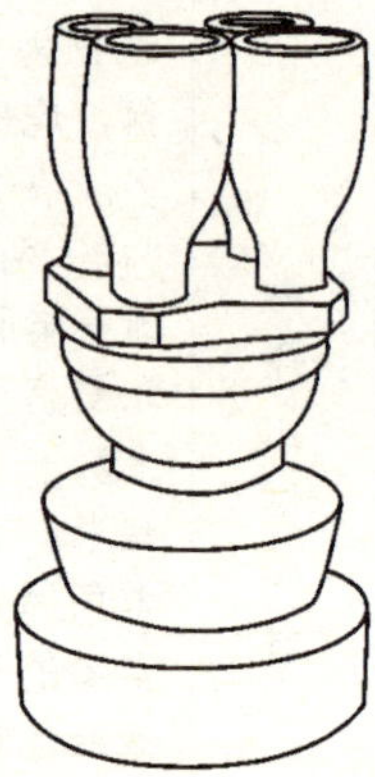
插管式烛台		瓷制插管式烛台，使用的蜡烛和今天的蜡烛形状相似，烛台有插一支、二支、三支、五支，甚至七支以上的。	
黄釉狮形烛台	釉制烛台	黄釉的狮子烛台，造型逼真，狮子歪着头，身上背着双管烛台。	

（续表）

名称	类型	文字说明	图
青釉单环烛台	青釉烛台	瓷制插环式烛台，使用的是有跋的蜡烛。 烛台作圆唇敞口平底盘，盘中心有一不高的烛管。	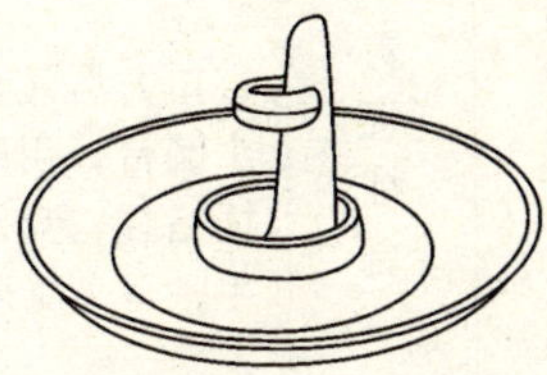
青釉双环烛台		瓷制插环式烛台，使用的是有跋的蜡烛。 烛台作圆唇敞口平底盘，盘中心有一不高的烛管。	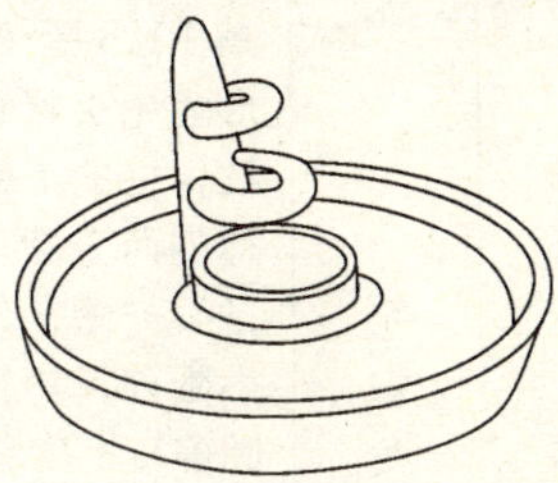
青釉双环花托烛台		可同时安插两枝有“跋”之烛，“跋”即烛柄。烛台下面有承盘，可集烛泪或烛烬，不使其污染家具。	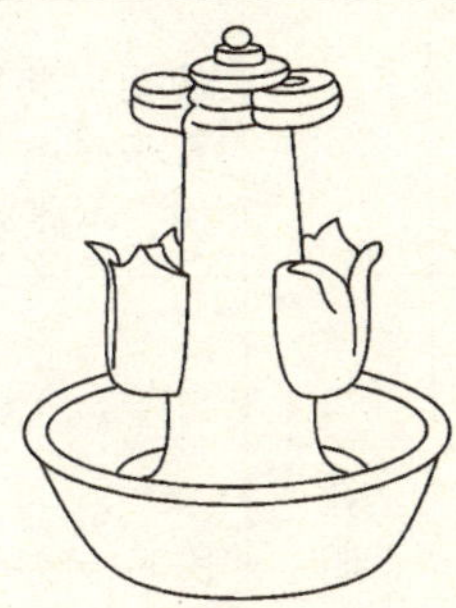
青瓷莲花檠	青瓷檠	高21.2厘米，盘径14.7厘米，在圆盘上矗一多角形柱，柱顶有双环，用以檠灯。柱的下端塑莲花两朵，造型美观别致。 直接以莲花的造型作为装饰，对称，装饰于灯具的中下部。	

（续表）

名称	类型	文字说明	图
青瓷盘形烛台	青瓷烛台	直口方唇浅盘中心突起一个圆台，用以放置灯芯或插蜡烛，盘沿上一侧有把手，呈鸟尾形或圭形。	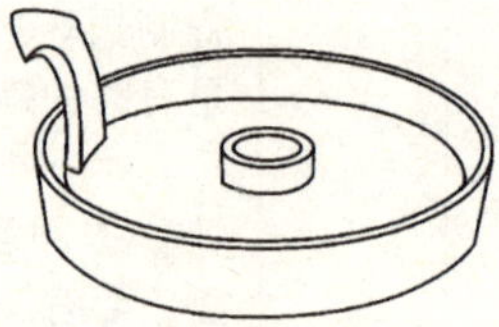
双环双托铜烛台	铜烛台	高 11.5 厘米。在一个圆形盘中央置八角形空心灯柱，柱的上端设置左右对称的两个圆环。柱的两侧各有一槽，设置左右两个小圆碟，与铜环垂直，小圆碟可上下移动。 使用时将蜡烛穿过铜环，置于碟上，随着蜡烛的燃烧，小碟逐渐上移。	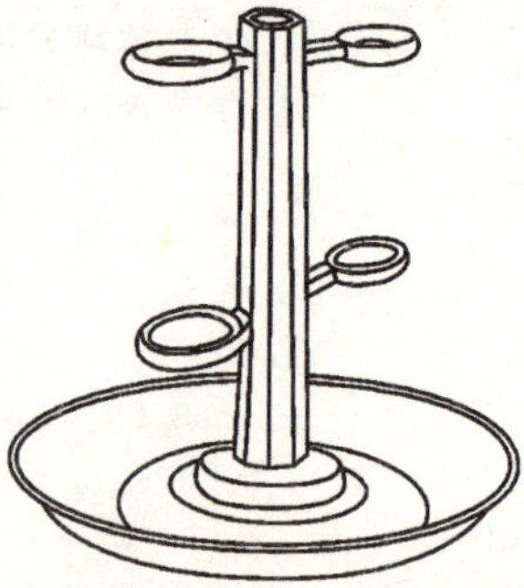
孔明灯	孔明灯	民间传统的孔明灯。	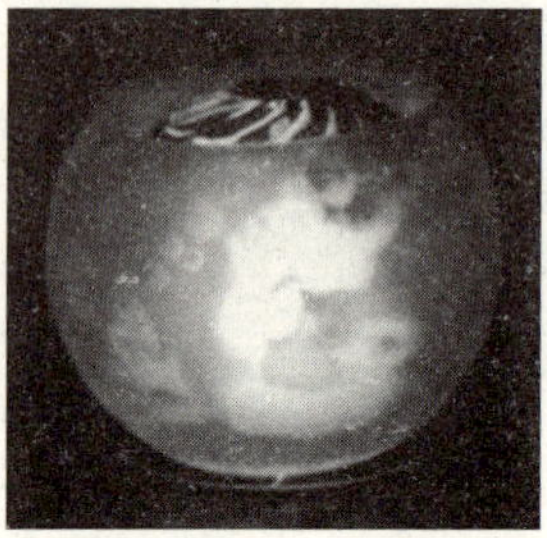

秦汉

名称	类型	简　介	图
长信宫灯	汉	中国汉代青铜器。1968年出土于河北省满城县中山靖王刘胜之妻窦绾墓。宫灯灯体为一通体鎏金、双手执灯跽坐的宫女，神态恬静优雅。长信宫灯设计十分巧妙，宫女一手执灯，另一手袖似在挡风，实为虹管，用以吸收油烟，既防止了空气污染，又有审美价值。此宫灯因曾放置于窦太后（刘胜祖母）的长信宫，故名。	
釉陶九枝灯	多枝灯	此灯于1959年河北平谷出土。灯柱分为上中下三层，各层向外伸出三个“S”形曲柄灯盏，共九个灯盏，该灯现藏首都博物馆。	
九枝铜灯		典型的多枝灯，造型别致。	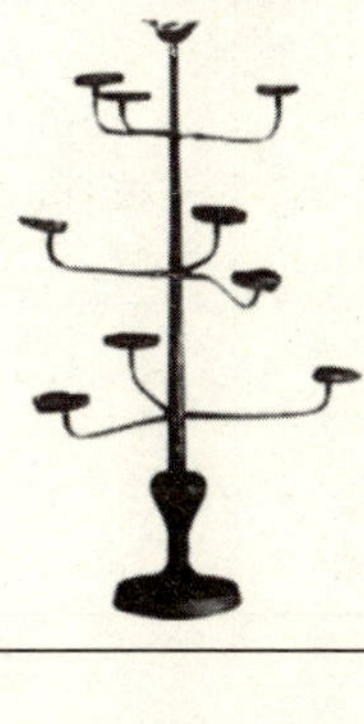

（续表）

名称	类型	简　介	图
陶九枝灯	多枝灯	陶制的多枝灯，整个造型浑厚。	
陶百花灯		陶制多枝灯，多枝灯造型犹如百花盛开。	
凤鸟九枝陶灯		多枝灯，每个枝都是鸟的造型。	

（续表）

名称	类型	简 介	图
十枝陶灯	多枝灯	多枝灯，每个枝上都放有一个灯盘。	
陶胎油灯	陶灯	陶胎即以陶器为胎。此灯底座四方，有纹样缺口，底座轻盈不笨重。灯柱下端与底座曲线过渡，顶端接灯口，如生长的植物有破土之力。此灯通体黄色，古朴富有风韵。	
绿釉陶熊灯		灯的主体是熊形，熊上面顶着灯盘。	

（续表）

<table>
<tr><th>名称</th><th>类型</th><th>简　介</th><th>图</th></tr>
<tr><td>母子俑座陶灯</td><td rowspan="3">陶灯</td><td>灯的底座是母亲抱着小孩，母亲的头顶上是灯。</td><td></td></tr>
<tr><td>母子俑座陶灯</td><td>母亲身边簇拥着一群小孩，母亲的头顶上顶着灯。</td><td>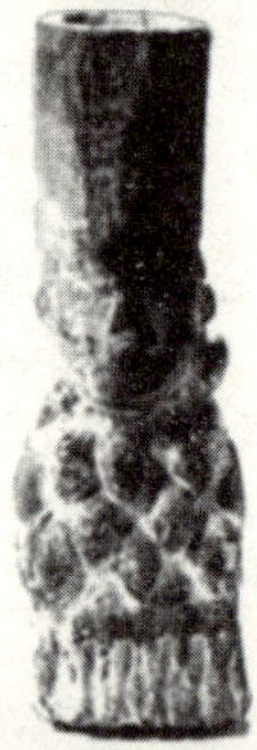</td></tr>
<tr><td>骑马俑饰陶灯</td><td>这款灯也有多枝灯的含义，每盏灯都是一个人骑着马，手中托着灯盘。</td><td></td></tr>
</table>

（续表）

名称	类型	简介	图
豆形陶灯	陶灯	造型简洁的豆形陶灯。	 
人形陶灯		一个蹲坐着的人手中托起一盏灯盘。	
回纹泥质灯	泥质灯	回纹是最常见的古代纹样，代表着人们的美好愿望。此灯造型简易，仍多为宫室使用。此灯的灯盘与圈足为轮制。中接以手执细柄，方便拿取。	
朱雀青铜灯	动物形铜灯	汉代朱雀灯十分流行，器物形态逼真传神，举首展尾，张翅欲飞，古书中把朱雀称为南方之神。	 

（续表）

名称	类型	简介	图
凤凰铜灯	动物形铜灯	凤凰从一产生时开始，总是与美好、祥瑞、快乐联系在一起。因为对凤凰的顶礼膜拜，人们乐于将事物贴上“凤凰”的标签。在汉代的灯具设计中也体现着人们这种最美好朴实的愿望。	
雁鱼铜灯		仿生造型，灯的造型栩栩如生，既实用又美观。	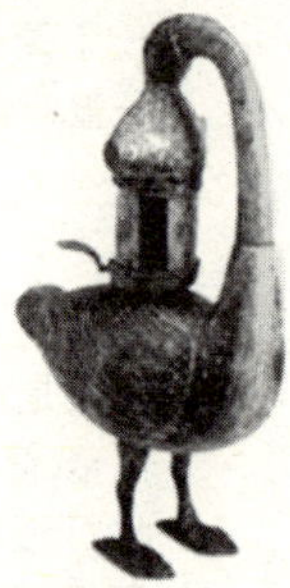
羊尊灯		古代“羊”通“祥”，以羊为灯，取吉祥之意。此灯做成卧羊状，昂首卷角，身躯浑圆，神态安详。此灯的巧妙之处，它的羊背部与羊身分铸，在羊脖颈后有铰钮，羊背翻起就成了羊头上托起的灯盏。	
犀牛铜灯		此灯的巧妙之处，它的背部与身体分铸，在犀牛脖颈后有铰钮，背部翻起就成了犀牛头上托起的灯盏。	

（续表）

名称	类型	简　　介	图
千江牛形灯	动物形铜灯	牛形灯代表了战国至西汉时期青铜灯具的高超水平。整体采用牛的造型形态，保持了动物的完整性，但是同时加入了管状设计，具有很强的使用功能。	
牛形座铜灯		整体采用牛的造型形态，保持了动物的完整性，但是同时加入了管状设计，具有很强的使用功能。	
兽面形铜灯		整个铜灯呈扁平造型，整个平面呈兽面造型。	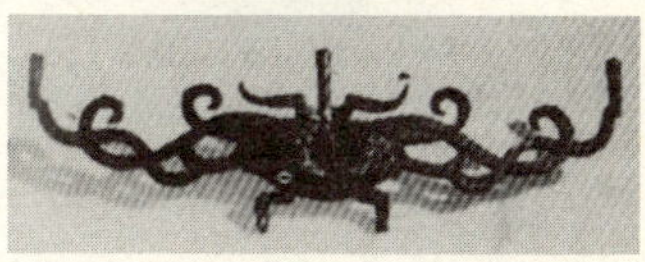
龙形铜灯		整个铜灯呈龙的造型，非常生动，在古代中国有权力、吉祥的象征。	

（续表）

名称	类型	简　介	图
跪坐人佣铜灯	人形铜灯	此灯于1989年云南个旧出土。裸体、束发、大腿、高额骨、连鬓须，具有西南少数民族的特征。	
跽坐持盘人佣铜灯		此灯为沪上藏灯家董正华的爱物，它具有写实风格，人物被刻画得真实生动，那铜俑身上的衣衫似乎还有飘逸之感。	
羽人铜灯		此灯于1973年在广西梧州出土，现藏于广西壮族自治区博物馆。所谓"羽人"，即后世所谓飞仙，取"羽化升仙"之意。此灯可拆为三段，底座、羽人及灯柱与灯盏。其灯盏为行灯造型，长柄三足，可拆下使用。	

（续表）

名称	类型	简　介	图
人形铜吊灯	人形铜灯	整个吊灯造型是一个平躺着的人，手中捧着一个灯盘，由锁链将人身体吊起来。	
青铜承盘灯	青铜灯	此灯又称“槃灯”。“槃”即承盘。还叫“拈灯”，意为可以持灯行走，由行灯与承盘组成，此类灯主要流行于西汉中后期与东汉早期。	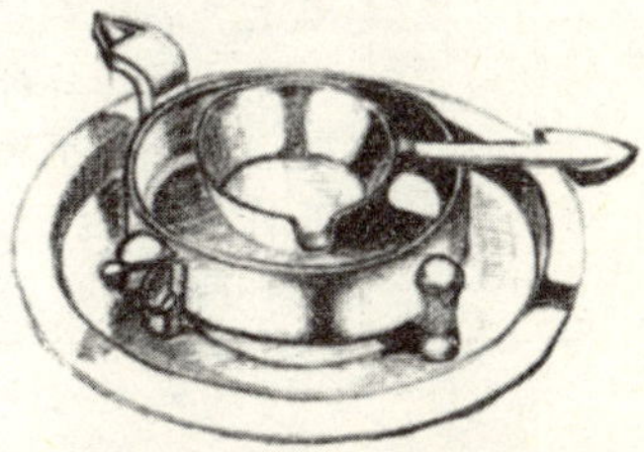
方座雁足铜灯	铜灯	此灯造型简洁，分上中下三部分，中间的把手细长，上盘小，下盘大。	

（续表）

名称	类型	简　介	图
单管鼎形铜红灯	铜灯	此灯将灯的实用功能、净化空气的科学原理和优美的造型有机地结合在一起，整个造型自然优美、舒展自如、轻巧华丽，是一件既实用、又美观的灯具珍品。	
盒子灯		亦称为“辘轳灯”，也叫“耳杯形灯”。它是我国历史上著名的翻盖灯，称它为盒子灯，耳杯形灯是依据它的外形而言。而称辘轳灯是因为它具有活钮、转轴的结构。	

隋唐五代

名称	类型	说　　明	经典灯具
唐三彩高柄油灯	唐三彩	1987年河南洛阳出土，灯由座、柄、盘、盏组成，以莲花为装饰纹样，在柄中部以仰莲和覆莲相接，柄上浅盘中心，塑一朵仰莲向外张开，莲瓣宽硕，莲心凸起一个小盘，盘上置莲花形的灯盏。	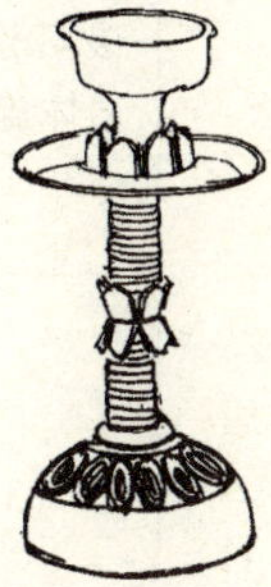
三彩牛灯		三彩牛灯中牛作为主要的装饰品，形态敦实憨厚，牛背上的灯造型别致，色彩鲜艳，是唐三彩中的上品。	
三彩弦纹烛台		烛台分上下两部分，上盘小，下盘大，中间承以起弦圆柱，圈足外撇，上盘中心立杯形烛座；通体施蓝、黄、绿、白彩釉，底素胎无釉。这件唐三彩烛台造型实用古朴，施釉均匀，色彩深沉雅致。	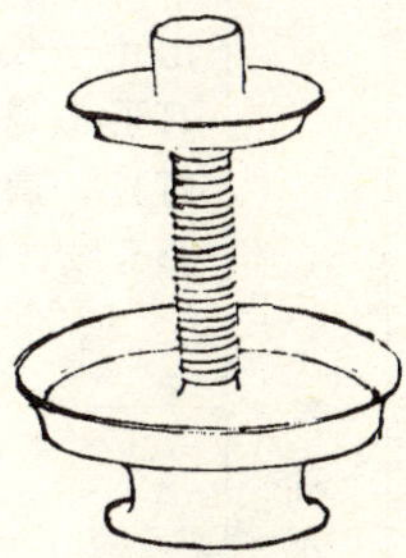
三彩灯台		烛台分上下两部分，上盘小，下盘大，中间承以起弦圆柱，圈足外撇，上盘中心立杯形烛座；通体施黄、绿、白彩釉。	

（续表）

<table>
<tr><th>名称</th><th>类型</th><th>说　明</th><th>经典灯具</th></tr>
<tr><td>耀州窑三彩灯</td><td rowspan="2">唐三彩</td><td>该灯造型简洁，色彩鲜艳，通体施黄、绿、红彩釉。</td><td></td></tr>
<tr><td>三彩俑持灯</td><td>形态是一个孩童手里托着一个莲花形的灯盘。</td><td>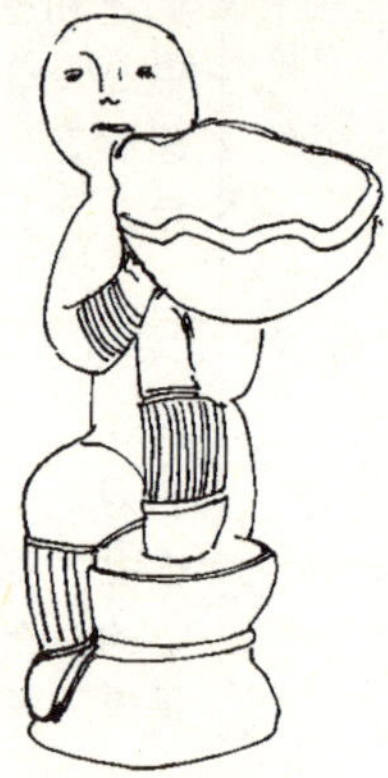</td></tr>
<tr><td>青釉褐绿彩烛台</td><td rowspan="2">青釉灯</td><td>出土于长沙窑，高 17 厘米，灯形似塔，底座镂空，上有灯托，肩腹饰釉下褐彩如以腾云纹，造型敦厚。</td><td>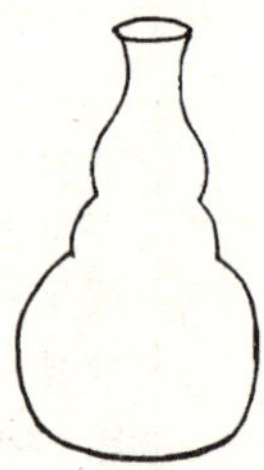</td></tr>
<tr><td>青黄釉豆灯</td><td>该灯是由上中下三层构成，上面的灯盘较大，也较深，中间的灯盘较小，也较浅，下部是由一个半球形支撑，半球形上面有螺旋装饰。</td><td></td></tr>
</table>

（续表）

名称	类型	说　明	经典灯具
越窑摩羯鱼灯	青釉灯	鱼张嘴，上腭向上翻卷，上塑须眼，下腭为器口，口部饰有牙齿。鱼高振双翅，鱼尾上翘，平底。整器采用刻画和堆塑的装饰手法，器外壁饰有鱼鳞和鱼鳃等。器内外满釉，除底部支烧痕外，釉水青绿，釉面光洁莹润。造型挺拔劲秀、生动可爱，是中西文化的融合，为越窑器之珍品。	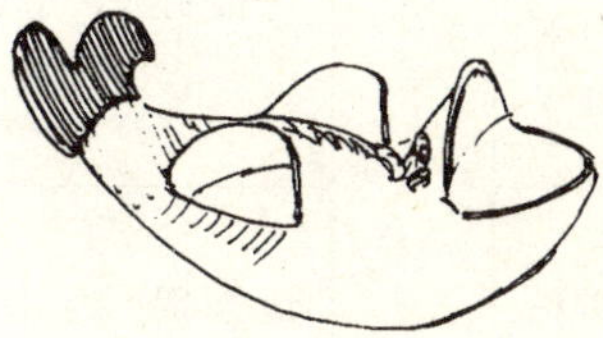
青釉蟠龙瓷灯		该灯由上中下三部分构成，中间手柄部分上进行了雕花，栩栩如生。	
青白釉灯		青白釉灯，由上中下三部分构成。	
青釉褐彩羊形灯		羊形灯具，中空，用来放燃烧物。	

（续表）

名称	类型	说　　明	经典灯具
青釉灯盏	青釉灯	青釉制成，造型别致。	
青釉褐斑灯盏		造型简洁，使用青釉制成，上面还有褐色的斑纹，使灯盏更加生动。	
青釉仰覆莲花灯		莲花形的灯座托着花心形的灯盘，整体形态协调。	
青釉褐彩灯盏		外面是莲花瓣形，里面包裹着灯盏。	
青瓷莲瓣柱烛台	青瓷灯/烛台	1976年在湖南长沙出土，在烛盘的圆盘中立灯柱，柱座很精美，塑成浮雕式三层覆莲瓣。	

（续表）

名称	类型	说　明	经典灯具
青瓷灯	青瓷灯/烛台	高11.1厘米，口径4.4厘米，灯形似塔，三层盘式，底大，上小，中间有一柱形座，灯的最上层是放盏处，二三层是接从上面流下来的灯油，并可同时点燃，以增加照明度。	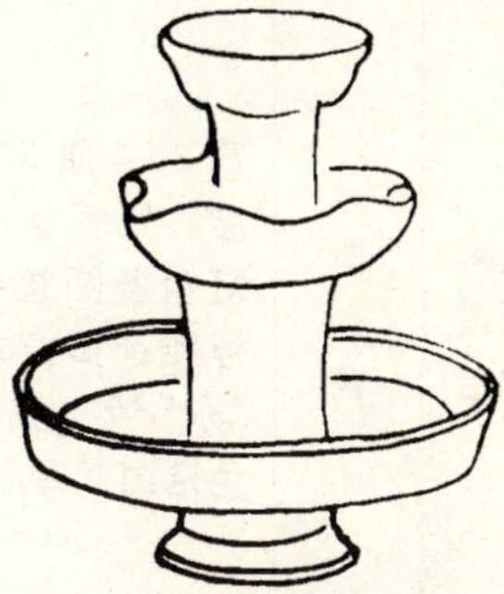
长沙窑青瓷灯		灯盏为盂形，有小管，有管形小流，有的是盂形吊灯，带流，肩有三个系环，便于悬挂。	
青瓷灯		河南安阳张盛墓出土的，高6.4厘米，灯座为浅盘，盘心有圆柱，柱上托一莲花形小盘，盘中心有一矮圆台，用以托灯芯。	
白陶莲花灯	白陶	莲花形的灯盘，生动，精致。	

（续表）

名称	类型	说　明	经典灯具
白瓷莲瓣烛台	白瓷	高30.4厘米，灯柱细长束腰，饰瓦棱纹，上端承接着灯盘及圆管状烛插，柱下连浮雕莲瓣灯座，座底有墨书“永”字。造型十分优美，釉色洁白润泽。	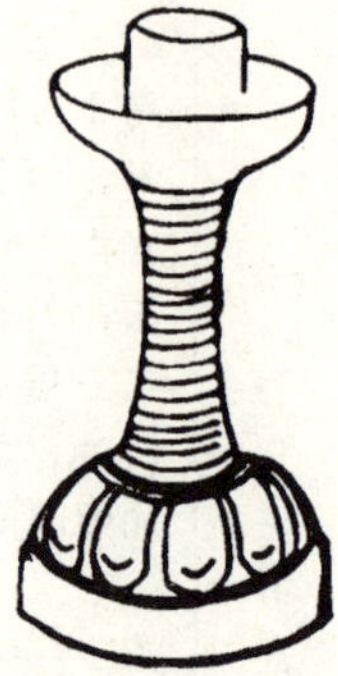
褐彩云纹碗形灯	褐彩	表面雕刻精美的花纹。	
蓝褐釉羊形烛台	蓝褐釉彩	仿羊形烛台。	
铜灯	铜灯	器身呈碗形，一侧有短流，另一侧有把手。	

（续表）

名称	类型	说　明	经典灯具
铜灯	铜灯	器身呈碗形，柄端呈鸟形，下附弧曲三足。	
黑釉灯盏	黑釉	该灯分上中下三层，上面两层是灯盘，上面稍小，下面稍大，底座是半球形底座。三个灯盘过渡自然，形态和谐。	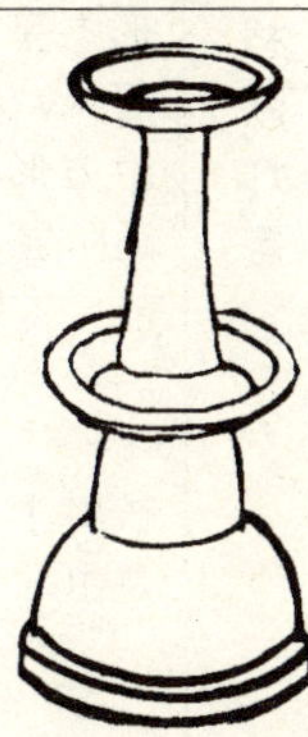
清窑黑釉灯盏		形态呈一般钵形，高只有几厘米，在钵形灯盏内壁一侧附半环形把手，广泛使用于普通阶层人家。	
人顶龙咬灯		由上下两个灯盘构成，上盘小、深，下盘大而浅，上下盘由蟠龙相链接，把手也是由蟠龙的形态构成，栩栩如生。	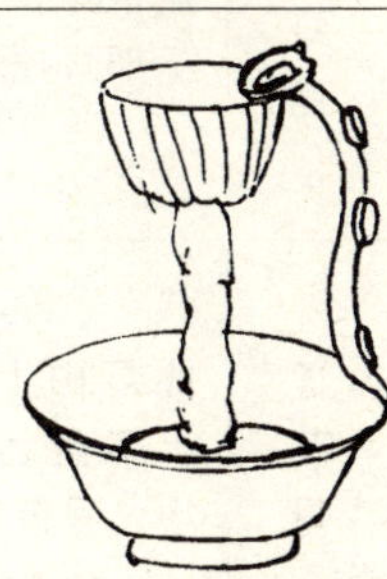

（续表）

名称	类型	说　　明	经典灯具
上林湖窑佛肚竹灯盏	上林湖灯盏	形态呈一般钵形，高只有几厘米，在钵形灯盏内壁一侧附环形把手，广泛使用于普通阶层人家。	
上林湖窑黄釉灯盏		形态呈一般钵形，高只有几厘米，在钵形灯盏内壁一侧附方形把手，广泛使用于普通阶层人家。	
上林湖窑灯盏		该灯上面是圆形灯盘，下面是由一个圆台形支撑。	
黄堡窑素胎灯	黄堡窑灯盏	该灯的特点是灯盘是一个倒扣着的盘子的形状构成，灯盘很深，该灯的上部灯盘大，下部灯托较小。	
莲花灯	莲花灯	此灯由上下两个灯盘组成，上下盘之间距离较短，上盘小，呈莲花状，下盘较大。	

（续表）

名称	类型	说　明	经典灯具
錾花银灯	多枝灯	与战国时期的灯具很相似，灯具主要有三个托盘和一个底座构成，造型简洁，和谐。	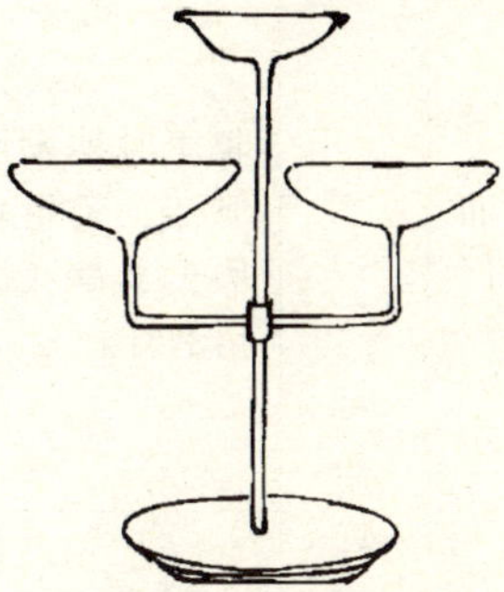
五管烛台	多管烛台	在日本出光美术馆收藏的一件隋代灯具，造型和南朝的多管烛台相似。	
石灯	石灯	高193厘米，灯分九层，由四条盘旋的蟠龙构成灯身，用丰满的莲瓣托灯室和盖顶。灯体各层布局错落有致，结构精巧，比例和谐。	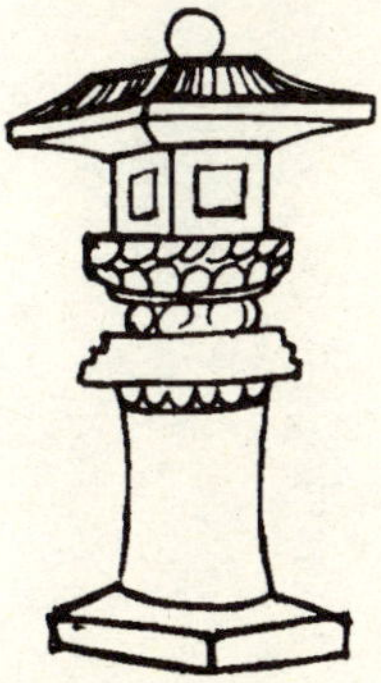
省油灯	省油灯	晚唐时期发明的灯具，造型简洁，实用功能强，是中国历史上首次出现的起省油作用的灯。	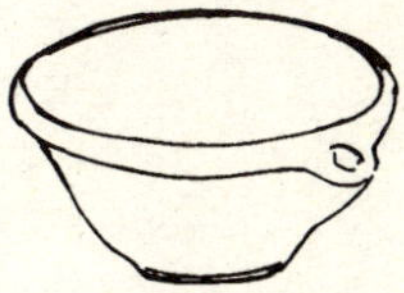

（续表）

<table>
<tr><th>名称</th><th>类型</th><th>说　明</th><th>经典灯具</th></tr>
<tr><td>省油灯</td><td rowspan="2">省油灯</td><td>晚唐时期发明的灯具，造型简洁，实用功能强，是中国历史上首次出现的起省油作用的灯。</td><td></td></tr>
<tr><td>省油灯</td><td>晚唐时期发明的灯具，造型简洁，实用功能强，是中国历史上首次出现的起省油作用的灯。</td><td></td></tr>
</table>

宋元

名称	类型	简　介	图
湖田窑莲瓣纹灯盏	湖田窑	此灯高7.5厘米，由三层碟台构成，顶部灯盏饰有莲瓣纹样，代表吉祥如意，体现了人们的宗教信仰。	
湖田窑影青龙形柄灯盏		“影青”即青白瓷，简洁明亮的釉色和造型浑然一体，加一小巧的龙形柄，将装饰与实用完美结合。	
湖田窑莲瓣纹小灯盏		此灯为景德镇窑系的灯盏设计风格。采用莲花花瓣剔刻于灯盏顶端，美观实用。此灯小巧玲珑，反映了当时人们的艺术造诣。	
湖田窑影青壁挂灯盏		此灯高和最大直径均为9.5厘米，属方形构架，同时壶状灯可容大量油，便于长时间照明。	
湖田窑青白釉灯盏		宋代典型模式，质朴却充满了意趣。	

（续表）

名称	类型	简　介	图
景德镇窑白釉灯盏	景德镇窑	景德镇以盛产青白瓷闻名，此灯为用繁杂的纹样装饰，简洁实用。	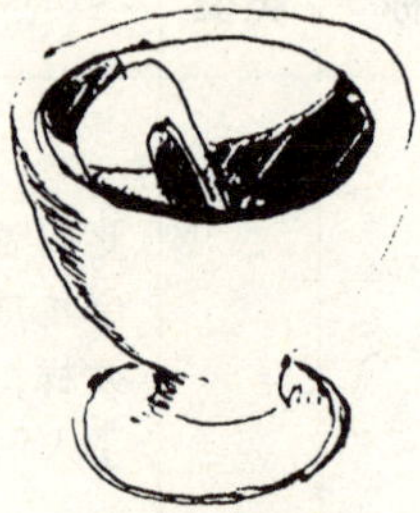
景德镇窑菊瓣纹灯盏		南宋的灯具造型虽美，但有时线条却失之娇弱。此灯从上至下共三层菊花，有浓厚的民族色彩。	
景德镇窑影青莲花纹省油灯		经典的省油灯附以青白釉烧制，即成为影青，灯盏边饰以莲花纹，体现人们对吉祥的期盼。	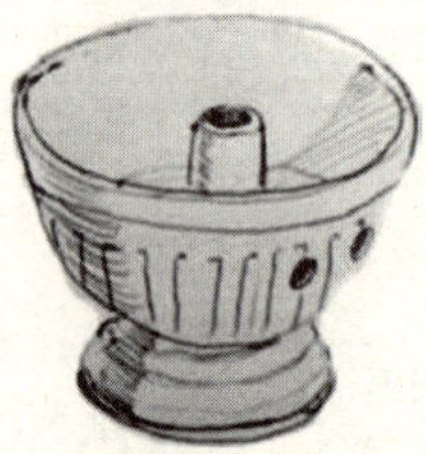
景德镇窑白釉省油灯盏		喇叭状灯口设计，灯壁有两小孔，分别用于注水和添油，达到省油灯结构的基本要求。	

（续表）

名称	类型	简　介	图
耀州窑酱釉八菱形油灯	耀州窑	大小为8×6.5厘米，施以酱釉，经高温烧制后呈现浓重的褐黄色。八菱形高度对称，体现了古人求衡的思想。	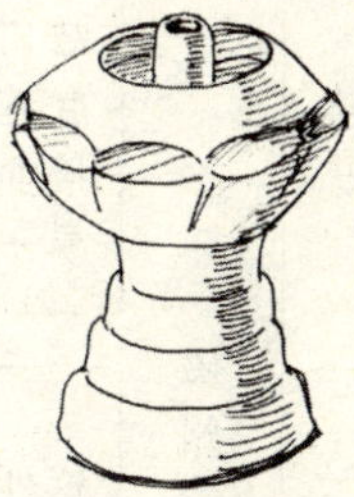
耀州窑茶叶末釉莲瓣灯盏		高8厘米，最大直径6.5厘米，采用剔刻莲瓣纹样装饰，通体施茶叶末釉及黄杂绿色，娇娆而不俗，艳于花，美于茶。	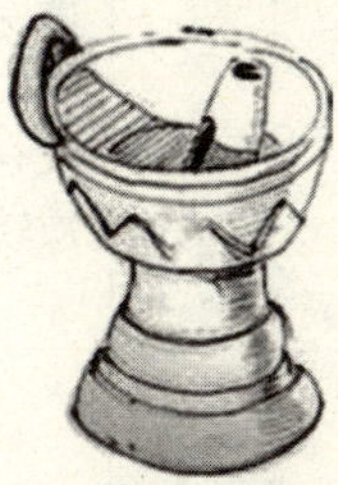
耀州窑茶叶末釉莲瓣灯盏		大小为8×6.5厘米，通体施茶叶末釉，绿色称茶，黄色称末，混合使用，使该灯色彩艳而不俗。另顶部与底座间附以把手，方便人们拿取使用。	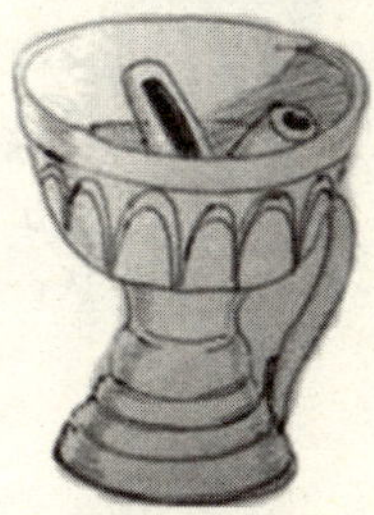
磁州窑鹅字黑白釉油灯	磁州窑	此灯灯腹写有“鹅”字，唯美大方，曲线手柄配肥腹，憨态可掬，底盘结实，可承接顶部的剩油。此灯上腹施白釉，透亮晶莹，下端施黑釉。	

（续表）

名称	类型	简　介	图
磁州窑白釉油灯	磁州窑	敞口灯，斜宽沿，直壁，宽底座，底座与灯顶之间连接曲线灯柱，完美过渡，且易于手持，将实用与美观统一一体。	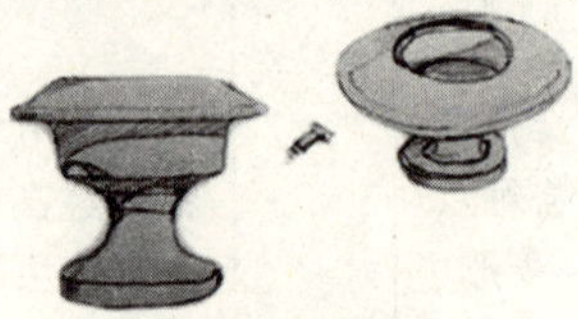
磁州窑白釉灯盏		这件磁州窑白釉灯盏，高10厘米，最宽处直径11.5厘米，等口外卷，腹肥，底座成台形。胎土白中泛灰，胎质较为疏松有气孔。	
钧窑绿釉灯台	钧窑	绿釉素胎挂釉烧制，最终显现出葱翠绿色。此灯台呈梭状，轻盈美观。	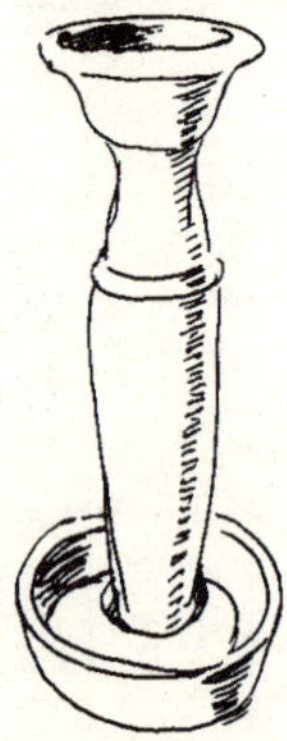
钧窑蜡灯		此灯底座呈盘状，并附有双耳，可悬挂使用，灯柱细长，像呼吸的气孔富有张力。	

（续表）

名称	类型	简　　介	图
南丰窑莲瓣纹省油灯盏	南丰窑	此灯高7厘米，口径8.6厘米，采用省油灯盏的典型夹层结构，利用水的冷却作用减少油的挥发，体现了当时人们的智慧。	
南丰窑青白釉灯盏		南丰窑位于今江西南丰，专烧青白瓷。此灯简单易用，底座与灯口成对称喇叭状，有圆盘底座，灯芯从正中间穿出，直点主题。	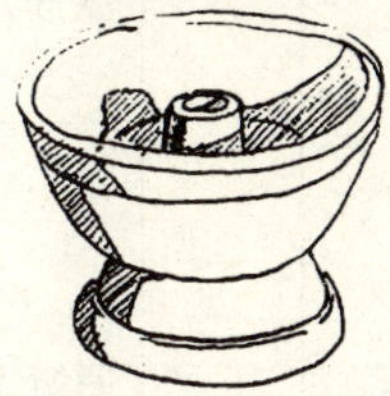
汝窑瓷灯	汝窑	河南宝丰清凉寺汝窑遗址出土，汝窑灯具存世极少，此灯高10.6厘米，敞口，宽折沿，深腹，平底，下有五个兽蹄足；足面刻画水波纹和蔓草纹，并分别施以橙、绿色釉彩。此灯除照明外，还可作他用。	
邛窑黄釉加绿彩省油灯盏	邛窑	此灯在釉彩工艺上很是讲究，通体以黄釉为地，上加绿彩斑点的编织图样，黄绿二色相间，明快亮丽。	
寿州窑黄釉灯盏	寿州窑	此灯整体大方简洁，平口有唇沿。其颈圆长饱满，约占全器高度的三分之二。通体施黄釉，呈青黄色，胎壁较厚，故给人的感觉是丰满而不臃肿，极为自然得体，大方耐看。	

（续表）

名称	类型	简　　介	图
德化窑青白堆塑缠枝莲壁架灯	德化窑	“堆塑”亦称“塑贴”或“堆雕”，是将印出或塑出的立体状纹饰贴附于陶瓷的坯胎上，然后罩上釉烧制而成。此灯灯罐肥满，有孔状挂架，可置于墙端用于照明。	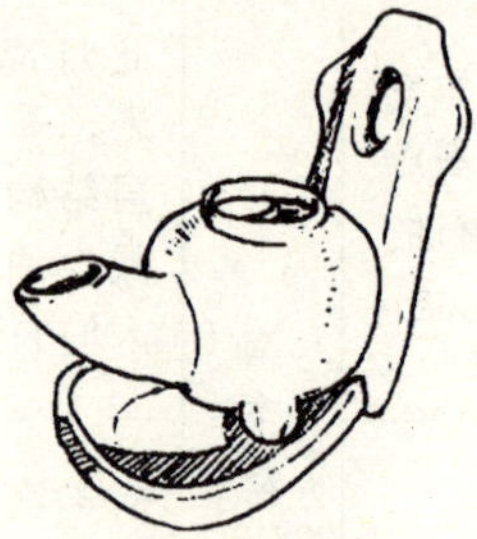
吉州窑黑釉灯盏	吉州窑	吉州窑属磁州窑系，在今江西吉安。此灯直口窄沿，灯柱呈竹节状，底座圈状堆起，稳固耐用。	
白瓷摩羯灯	瓷灯	此灯已流出国外，造型采用印度神话中的摩羯鱼形象。在印度神话中，摩羯鱼被认为是河水之精，生命之本，常为水妖所乘，屡作爱神迦摩之旗，也为夜叉所乘，是为恒迦女神。	
青瓷摩羯灯		辽宁北票水泉辽墓出土，将印度神话中摩羯鱼的头部略取，只作鱼身、鱼尾和双翼，在鱼尾和翼周边饰以许多表示水珠的小圆球，将灯腹分割为两部分，这种原理正与省油灯的结构基本相同。	

（续表）

名称	类型	简　　介	图
白瓷摩羯灯	瓷灯	此灯于内蒙古哲里木盟库伦旗辽墓出土，造型生动巧妙，把摩羯向后卷的鼻子和向前伸曲的尾巴靠在一起，既在后部形成把手，又使底部形成适合于灯檠的曲线。	
白瓷灯		北京丰台辽墓出土的白瓷灯，高12.3厘米，口径8.4厘米，足径10厘米，施白釉，瓶口宽折沿，斜壁折腹，喇叭状高圈足，体现了当时极为流行的样式。	
铜灯檠	铜	此灯檠是与库伦旗出土的白瓷摩羯灯配合使用的，竹节状灯柱方便拿取，爪式底座及曲线状顶部都与摩羯灯完美配合。	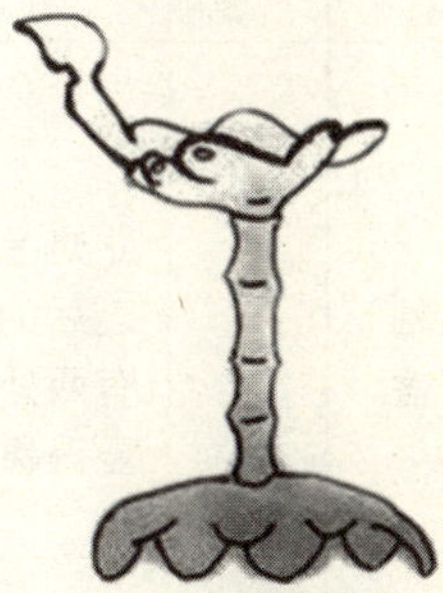
酱釉双龙灯盏	酱釉灯	双龙纹为宫廷专用纹，此灯造型庄重，有皇家风范。双龙和栏台更加重了这一风格。	

（续表）

名称	类型	简　介	图
酱釉提手灯盏	酱釉灯	古代劳动人民在强调色彩的丰富时，又强调功能的实用，此灯即体现这一理念，提手成了该灯功能中最引人注目的一环。	
宋薄胎酱釉壁挂油灯		该灯既可以放在桌子上使用又可以挂在墙上使用，是一灯多用的典型。	
黑釉灯盏	黑釉灯	此灯呈黑色，为黑釉烧结成之后的效果。灯口呈喇叭状，有两处灯芯出口，底座厚大，显得稳固耐用。	
黑釉高柱灯盏		去除所有的雕饰，仅剩满身的力量，散发出浓浓的彪悍之气。	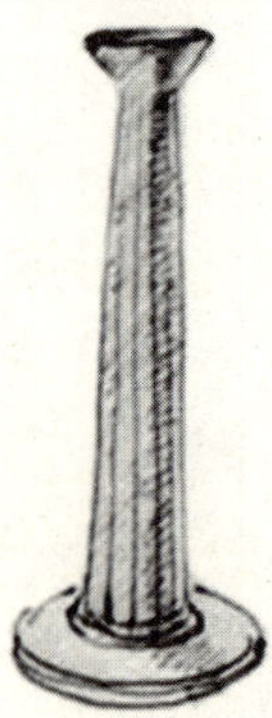

（续表）

名称	类型	简　　介	图
白釉炉灯	白釉灯	白釉为瓷器的本色釉，一般瓷土和釉料都或多或少含有氧化铁，器物烧结成后必然呈现出深浅不同的青色。此炉灯斜口宽沿，下端有连续三个喇叭状突起，打破呆重，显得活泼易用。	
白釉灯盏		此灯呈碗状，高6厘米，只附有一耳状手柄。通体施白釉，明亮润泽。	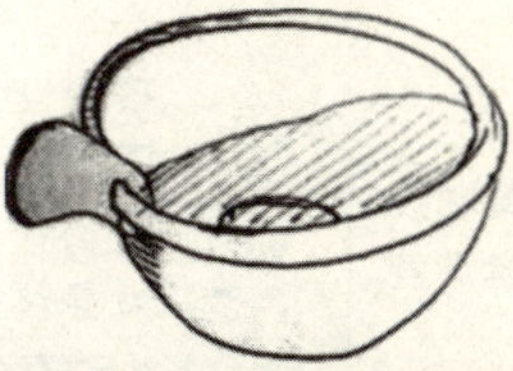
白釉刻花珍珠地瓷灯		白釉瓷灯，表面刻有精美的花纹。	
白釉高足油灯		白釉油灯，造型简洁，表面刻有简洁的花纹。	

（续表）

名称	类型	简　介	图
黄釉莲瓣纹灯盏	黄釉灯	此灯施以黄釉，旁为剔刻莲瓣纹，圈状手柄方便拿取。	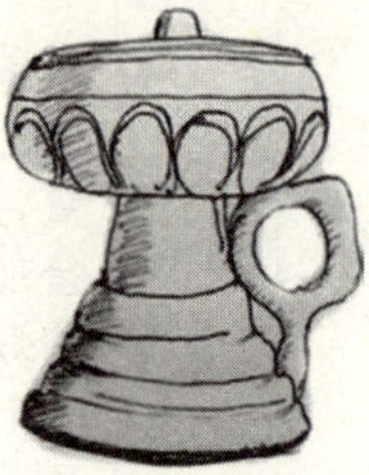
黄釉孩童灯盏	黄釉灯	孩童坐于四方台上，大眼，圆脸，微笑玩耍状，似将一玩物顶于头上，取此姿态作为最终灯具形态，显得活泼生动有生命力。	
黄釉狮形灯	黄釉灯	此灯采用写实的艺术手法，且造型生动，一尊雄狮翘首驮着灯盏，似乎正缓缓朝我们走来。	
金灯	金灯	顶部注油口可取下，之后封闭顶端减少灯油的挥发，同时下端有注水口，降低油温。该灯通常为小康之家的用品。	

（续表）

名称	类型	简　介	图
银灯	银灯	河北易县净觉寺舍利塔地宫出土，由灯座和灯盏两部分组成。灯座敞口，宽沿，高圈足，与宋宽沿高圈足灯相似，但宽沿一侧有一长柄，灯座带柄长23.7厘米。此灯无论造型或装饰均属上乘之作。	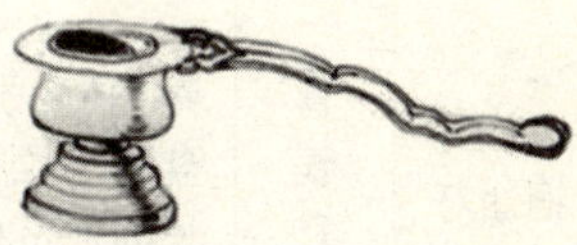
青铜灯盏		青铜文化，我国古代文化遗产中最重要的组成部分，在世界文明史也有重要地位。先民们对青铜的崇尚，也体现在了灯具的制作上。	
喇叭状青铜灯盏	青铜灯	中国人尚铜，民谚道："穷终穷，家里还有三担铜。"基于此，民间喜爱铜灯，各式铜灯不胜枚举，此灯便是众多铜灯中优美的一盏。	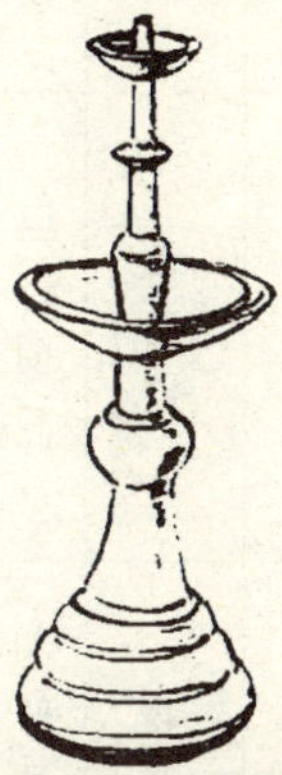
长柄青铜烛台		青铜烛台，支撑底座花纹雕刻精美。	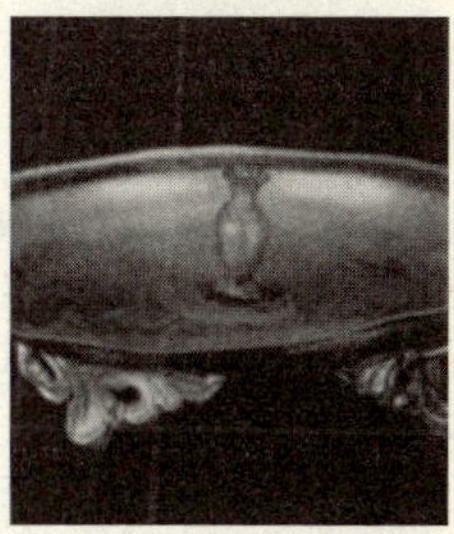

（续表）

名称	类型	简　　介	图
高柱青铜油灯	青铜灯	青铜制成的油灯，上面小灯盘和下面的大灯座中间由细长的把手相连。	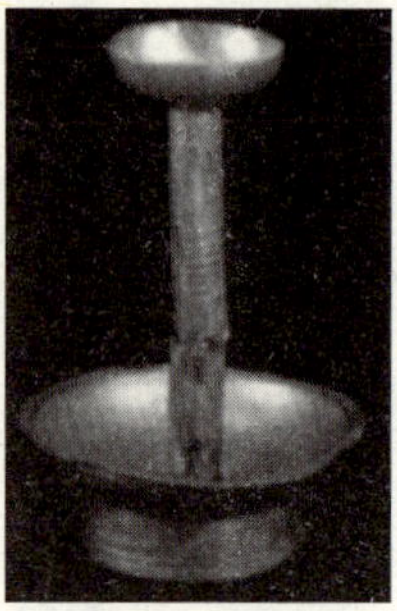
三咀石灯	石灯	新疆喀什出土，三个灯嘴为等距三角形，灯中央有一花瓣形空心柱头，可能是维吾尔族人民的生活用灯。	
青花省油灯	省油灯	巨大的注水容器并有卡口设计，在壁上刻有青花纹样，似浮于表面又似溶于物中，此灯造型饱满大方。	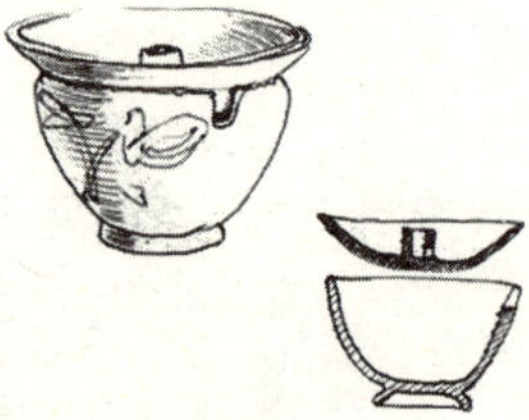
勾栏油灯	油灯	勾栏油灯像一把大茶壶，一般置于古代娱乐场所门口。最大的可放2.5公斤煤油，可算油灯中的“大哥大”。	
三彩贴花莲瓣纹灯	三彩灯	河南鲁山段店窑址出土，此灯造型与一般折沿的瓷灯相差无几，但腹部贴印制的莲瓣纹，莲瓣圆肥，层层叠压，颇为精美。	

（续表）

名称	类型	简　介	图
辽墓砖砌三枝灯	多枝灯	1987年在河北怀安张家屯辽墓中发现了此砖砌三枝灯图案。灯座上立起一根长灯柱，柱上部向两侧各伸出一支分枝托起灯盏，柱顶亦托承一灯盏，共三枝灯盏。分枝处雕出花枝纹，通高96厘米。	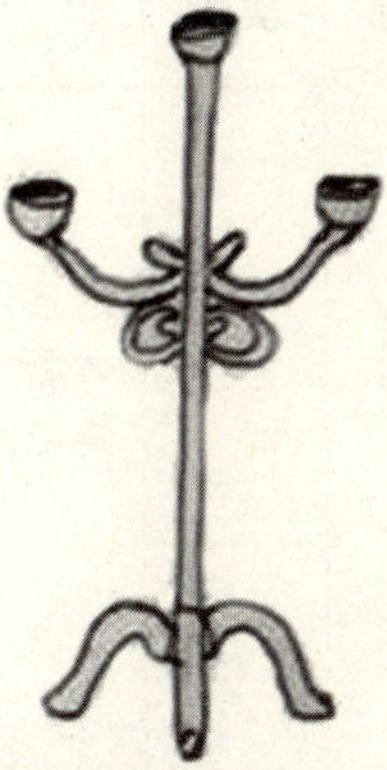
青釉五管灯	多管灯	此灯中央注油管为直口，外折沿。周围直立5个灯芯管；折肩，下腹内收，圈足，腹壁饰双层莲瓣纹。白胎，梅子青釉，口径为4.5厘米，底径7.3厘米，高13厘米，灯芯径1.8厘米。	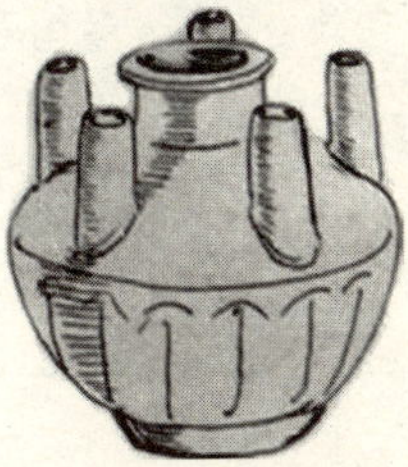

明清

名称	类型	文字说明	图
青花缠枝莲灯盏	青花瓷灯	这盏灯采用承盘的造型，使整体看上去十分高挑，周身绘有青花图案，典雅美丽。	
青花瓷油壶承盘灯		明代青花瓷油壶承盘灯，是一盏构思巧妙的组合灯具。灯柱承托在油壶上，可活动取下，而油壶则用于藏油，一物两用。	
青花飞龙纹灯盏		周身饰有青花图案，外形质朴。	
青花壶形灯		这是一件有圈足，带承盘的青花壶形灯，灯具上没有用“青料”描绘的花卉图案，只有几道不明显的弦纹。	

（续表）

名称	类型	文字说明	图
青花带罩灯	青花瓷灯	这是一种讲究防火的灯具。灯罩上带有青花绘制的山水画，韵味典雅。	
青花瓷书灯		小壶形的灯盏，肩部延伸出管状瓶口长流，腹下收成圆柱，立于圆盘中，壶肩部伸出的曲柄又与底盘边缘相连。通体绘制着花枝纹样，精致而典雅。	
青花高足承盘灯		这件高足承盘灯的造型多姿多彩，它的灯柱被塑造成葫芦的形状，还在上面画着寿字纹，寓意长命百岁又多子多孙。	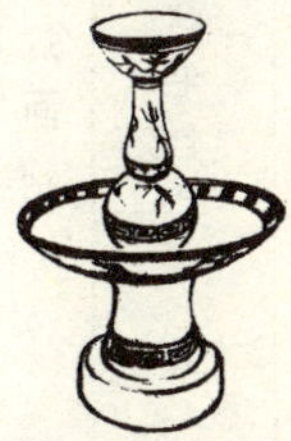
景德镇窑青花缠枝莲纹罩子灯		罩子灯在明清之际广为流行，盖罩顶端都装以圆球形拎钮以便取拿。该罩子的开孔是长条形的，两条三条交错排列错落有序，缠枝纹样亦十分精美。	
青花八角形瓷灯盏		主体采用八角形，外面有精美的纹样。	

（续表）

名称	类型	文字说明	图
高足承盘式青花瓷油灯	青花油灯	明代写着“福”字的高足承盘式青花瓷油灯，造型优雅别致。	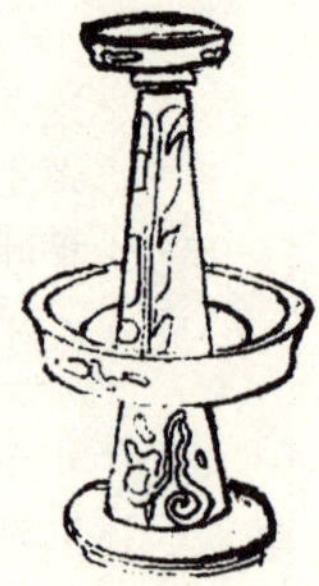
青花“上春”油灯		灯具整体呈现出浅绿色，上面写有“上春”字样，比较别致。	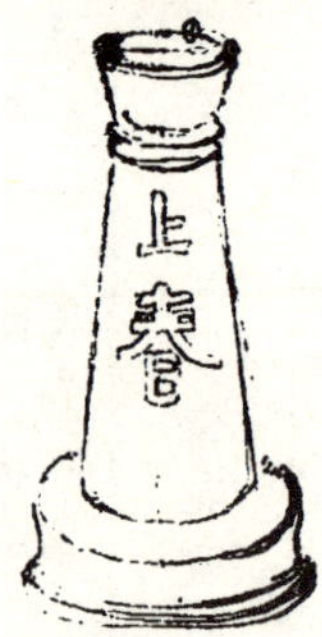
青花油灯		明清时期流行于民间的青花油灯，外形虽然质朴，但充满了意趣。	
德化窑鹅绒白油灯	白釉油灯	实物通体透白，造型简洁，典雅高贵，同时又很实用。	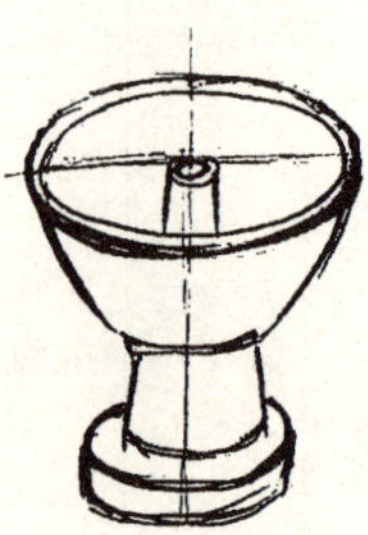

（续表）

名称	类型	文字说明	图
景德镇窑白釉有柄油灯	白釉油灯	造型古朴敦实，实用性好。	
油灯	油灯	这盏油灯塑造了一个龙饮水的造型，龙身就成了灯具的把手，十分别致。	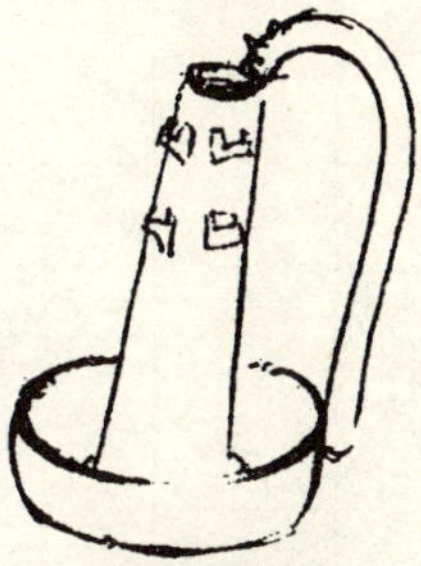
八吉祥纹银酥油灯		造型美观，在灯具外表面刻有传统的吉祥纹样。	
三彩釉油灯		采用三彩釉制成的油灯。	

（续表）

名称	类型	文字说明	图
大底盘油灯	油灯	造型简洁、饱满，最大特点是有一个大底座。	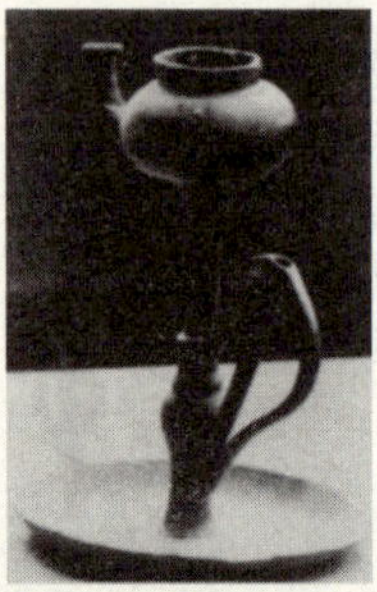
油灯		造型简洁、饱满，最大特点是有一个大底座。	
窗台上的一盏油灯		适合放在窗台上的油灯，有一个大底座。	
有玻璃罩的油灯		带有玻璃罩的油灯。	

（续表）

名称	类型	文字说明	图
陶带承盘油灯	油灯	带承盘的陶制油灯	
带承盘油灯		带有承盘的油灯。	
德州窑白釉孩童双手托油灯	人形动物形油灯	孩童形态逼真，双手托住油灯，双腿微曲，好像觉得吃力的样子，惟妙惟肖。	
北方窑人物油灯		将人物巧妙地做成了一个托着灯的侍卫，形象逼真，既装饰又实用。	

（续表）

名称	类型	文字说明	图
磁州窑人物油灯	人形动物形油灯	瓷质人形灯是清朝百姓人家比较流行的一种油灯，这个随从样的扛着灯盏，显得十分有趣、人性化。	
景德镇窑彩绘婴童灯盏		这种童子举灯十分活泼可爱，童子本身就是吉祥的象征，其面部表情祥和喜庆，瓷质白皙轻透，十分具有观赏性。	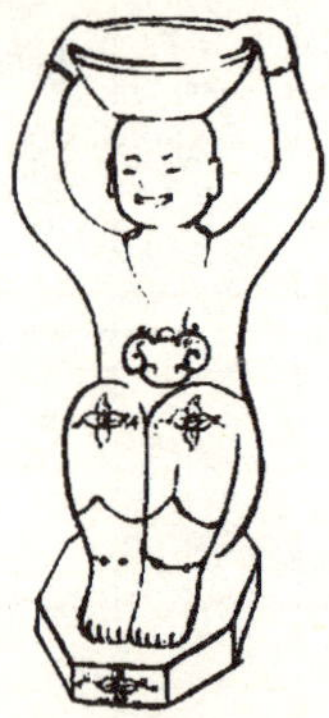
广彩人物油灯		广彩的全称是“广州织金彩瓷”。广彩的生产始于清康熙年间，至今已有300多年的历史。构图设计讲究完整、统一、和谐，这是广彩最大的特点。这盏灯造型柔美，两边各有一个天女散花的瓷人，中间的灯盏呈贝壳状，制作得十分精细。	

（续表）

名称	类型	文字说明	图
猴骑狮子顶灯	人形动物形油灯	狮是中国人最崇拜的瑞兽，象征着人世的权势与富贵，又有着驱邪镇恶的威势，猴骑狮子灯，隐含着太师、侯爵的寓意，寄托了读书人的理想和抱负。	
瓷猴顶油灯		仿生油灯，猴子造型。	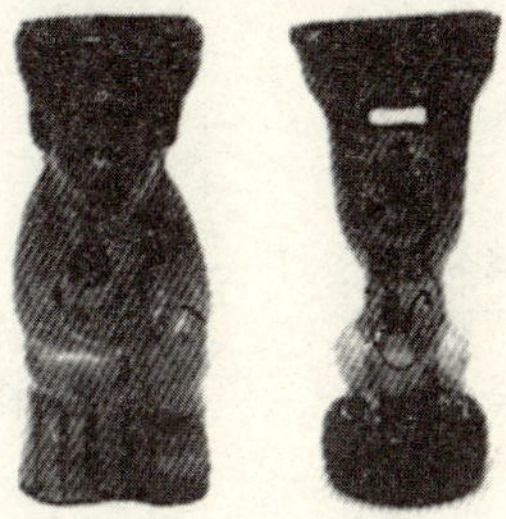
“如日高升”双色灯	双色灯	这个造型的灯具一般都是黑色的釉，而它却是白褐双色的。在灯壶上手写着“如日高升”四个字。其意义是期盼生意越来越兴隆。	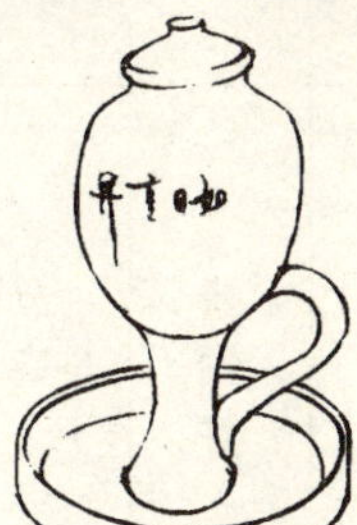
酱釉壁挂灯盏	挂灯	用于挂在墙上的灯，因此，灯壶肚子很大能盛很多的油，比较经久耐用。	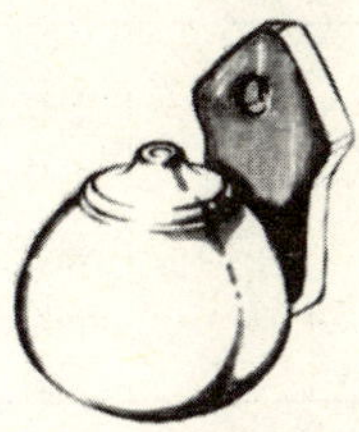

（续表）

名称	类型	文字说明	图
绿釉壁挂灯	挂	明代“壶形壁挂灯”的数量和种类比较繁多，但类似于这样“喇叭嘴儿”的比较罕见。	
酱釉双嘴挂灯	灯	这盏挂灯非常有趣，有两个壶嘴引出两个灯芯，胖胖的灯壶显得古朴厚重。	
北方窑酱釉灯盏	酱釉灯	十分简朴实用的一盏油灯，也是高柱形灯盏，但在高柱上安了个把手，更易移动。	
黑釉长嘴灯盏	黑釉	造像十分生动有趣，像一只在水中嬉戏的鸭子，是古代的灯盏中带有仿生意味，别具一格的灯盏。	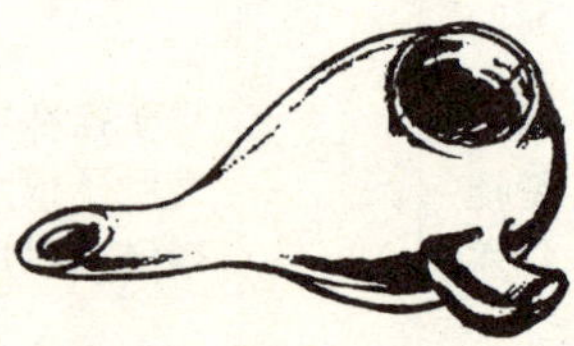

（续表）

名称	类型	文字说明	图
锡制组合省油台灯	省油灯	省油灯始于晚唐，至清朝还是有壶形。此灯是由一个豆形烛台和一个省油灯壶组合而成，别具一格。	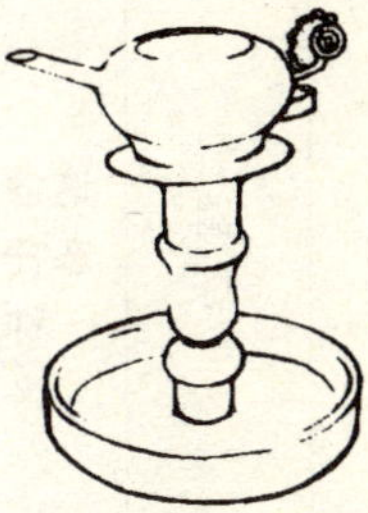
景德镇窑人物粉彩灯盏	粉彩灯	这盏灯的结构构思颇具匠心，利用灯下宽上窄的高柱，引导视线注视灯托，同时又具有防火的功能。灯身的侍女图人物粉彩，描绘精细，栩栩如生。	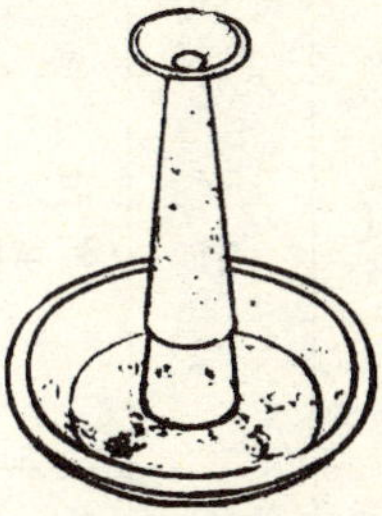
景德镇窑白釉灯盏		这盏清代高柱灯盏造型十分简洁，纯白轻透的瓷身，没有任何点缀和装饰，显得古朴自然，似乎有点现代几何主义的色彩。	
吊挂两用铜灯	铜灯	可以吊挂起来使用，也可以摆放在桌上使用，十分方便。	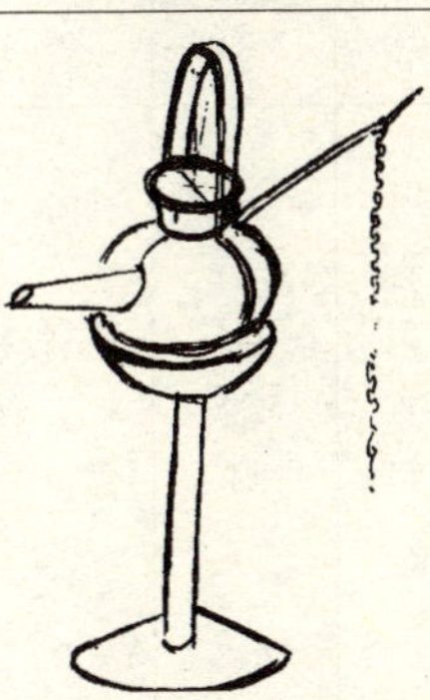

（续表）

名称	类型	文字说明	图
铜灯	铜灯	这盏灯造型优美，采用花的形态托住灯盏，在倾斜中制造出一种平衡。	
书灯	书灯	古人常常将其放在书边，读书写字时用来照明。	
人物推塑型灯盏		瓶身上有一个小人的雕塑，小巧别致。	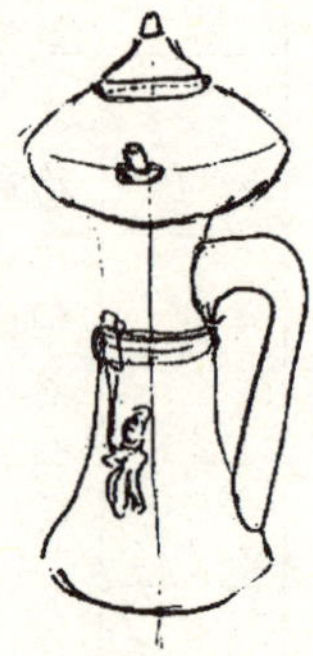
白釉墨彩花卉纹灯盏	白釉灯	形态别致，采用白釉作为材料，使整体看上去十分通透高贵。	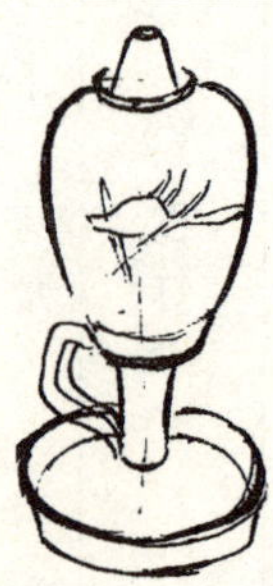

（续表）

名称	类型	文字说明	图
磁州窑白釉彩人物灯	白釉灯	将人物做成一个大力士的形态，坐在石头上单手托起油灯，人物面部表情十分生动。	
磁州窑白釉彩人物灯	白釉灯	人物单手托灯，整体形态高挑，细节丰富。	
马灯	马灯	马灯	
煤油灯	煤油灯	早期煤油灯	

（续表）

名称	类型	文字说明	图
四方形花篮灯	灯彩	是清朝宫灯中的一种，灯的造型是四方形的，用雕木做骨架，在灯罩上方加饰花篮样的华盖，显得十分精致。	
六角形花灯		清朝宫灯的一种，灯的造型是六面柱形，在灯的六个角上饰以吉祥纹样的木刻，灯下加挂饰以珠玉的穗坠。如宫女般典雅婀娜。	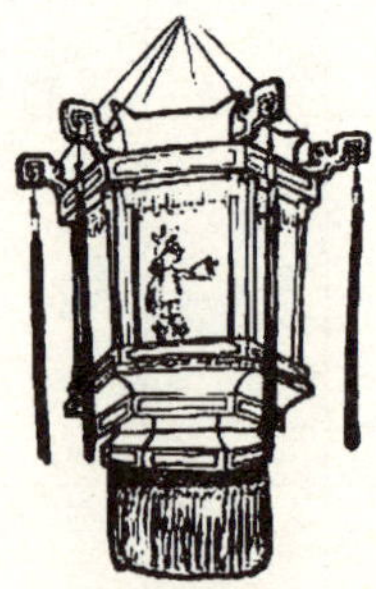
万年长青纱灯		这也是清朝宫灯的一种，以细竹条做框架，外包一层绢纱，灯面上写着“万年长青”字样，反映了封建统治阶级粉饰天下太平，借灯长明以求人长寿的心理。	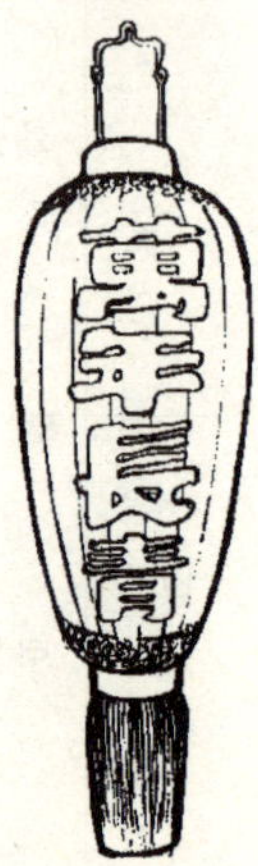

（续表）

名称	类型	文字说明	图
四方形人物挂灯	灯彩	清朝宫灯的一种，以雕漆做框架，然后镶以绢纱，上面彩绘的是宫中美女图，雕木精致而华美，既庄重又典雅。	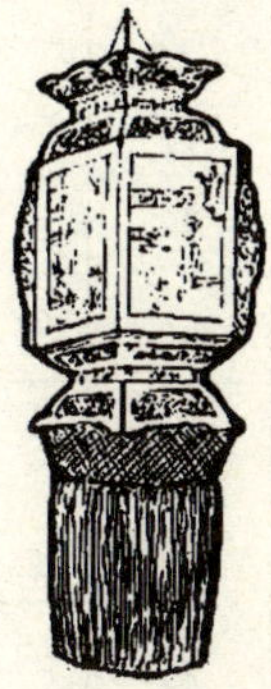
山水人物纱风灯		表面画有山水画的灯彩。	
戏剧故事壁灯		带有故事的壁灯。	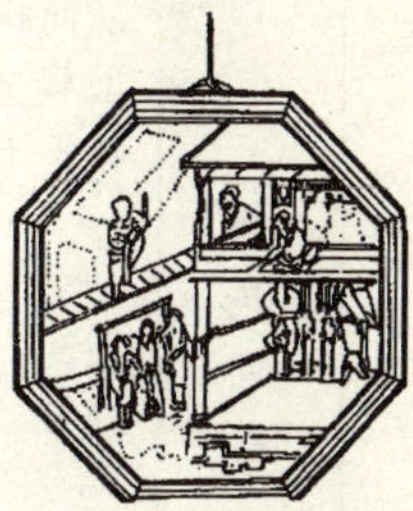
走马灯		发展唐朝时期的走马灯。	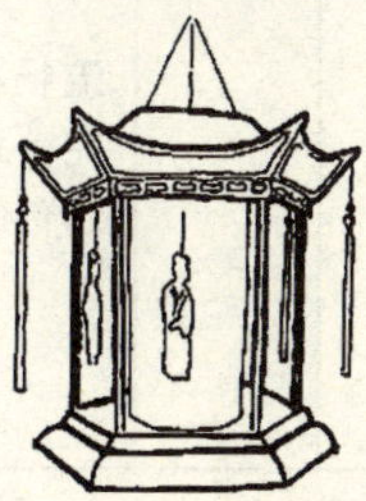

（续表）

名称	类型	文字说明	图
北京花灯	灯彩	形状多样的灯彩	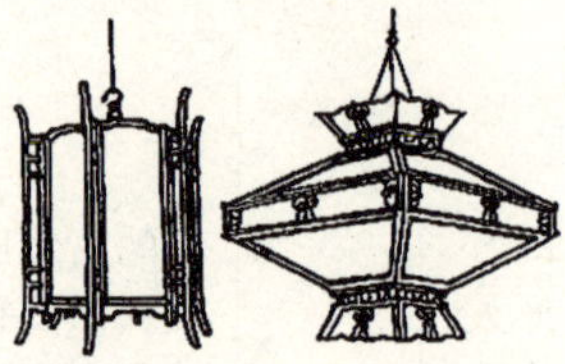
北方窑象灯	象灯	古人喜欢大象，因为它有吉祥的含义，大象托起灯盏显得稳重而不失情趣。	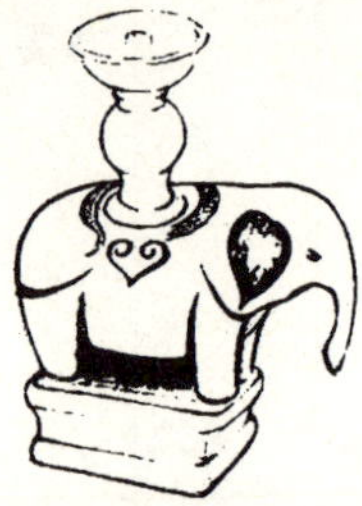
青花烛台	青花烛台	明代天启年间的烛台，钟形的灯座上有一大一小两个承盘，从而构成了中国古代烛台的典型模式。它的周身饰满了青花，十分高雅。	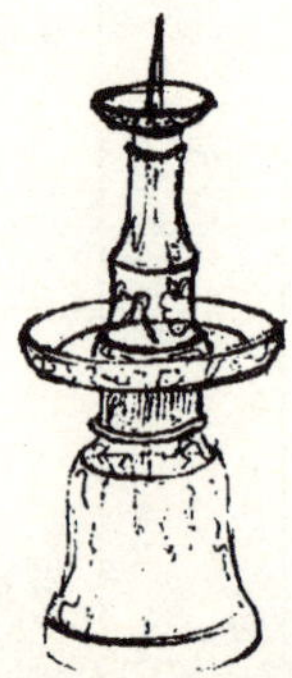
龙泉青瓷烛台		流畅的曲线和莲花形的托盘，完美地组合在一起，成为青瓷烛台的经典之作。	

（续表）

名称	类型	文字说明	图
宣德青花花卉八方烛台	青花烛台	经典的青花瓷纹样，透出传统的美。	
青花缠枝花卉纹八角烛台		烛台底部的曲线与八角形的线条完美结合，透露出庄严与稳重。	
青花缠枝莲烛台		轻盈而流畅的设计，十分高雅。	

（续表）

名称	类型	文字说明	图
青花勾莲纹烛台	青花烛台	青花勾莲纹的细腻和烛台的造型完美结合。	
青花烛台		典雅的青花图案与简约的造型相映生辉。	
青花瓷八宝纹烛台		繁缛的花纹，大气的造型，是宏伟和庄严的象征。	

（续表）

名称	类型	文字说明	图
锤胎珐琅烛台	珐琅烛台	这盏烛台是皇宫御用烛台，做工精细，材质采用珐琅，十分贵重。灯托是一个大大的莲花形状，灯座是个倒扣的莲花，圣洁而典雅。	
掐丝珐琅烛台		这个烛台高度较低，非常精细，材质使用珐琅。	
锤胎珐琅烛台		该烛台由上中下三部分构成，用精致的珐琅制作而成。	
掐丝珐琅寿字烛台		寿字的珐琅烛台。	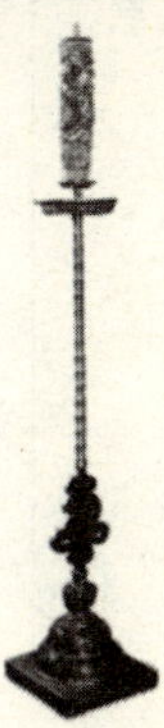

（续表）

名称	类型	文字说明	图
画珐琅冰梅纹烛台	珐琅烛台	色彩鲜艳的珐琅烛台，上面印有冰梅图纹。	
豆青釉雕狮烛台		烛台上的狮形雕刻活灵活现，形态端庄。	
白釉烛台	釉烛台	别出心裁的独特造型，以白釉为材质，使整个烛台显得冰清玉洁，超凡脱俗。	
青釉雕狮烛台		烛台整体呈宝塔态，插烛管为葫芦形，柱下塑一雄狮，烛座系六边须弥座，釉泽晶莹润澈，系明代正统瓷中珍品。	

（续表）

名称	类型	文字说明	图
狮形青瓷烛台	青瓷烛台	这是考古出土较多的一件，从其造型看，狮子多做蹲立状，形式有单管、多管以及人骑兽形插筒。	
甜白瓷八方烛台	白瓷灯	白瓷的灵动与纯净赋予烛台的经典造型上，更显得端庄。	
白玉座烛台	白玉烛台	白玉的洁白与工匠的精雕细琢构成了完美的艺术品。	
木雕双鱼烛台	木雕烛台	这盏灯构思巧妙，雕工精致。两条鱼一高一低，错落有致，大鱼口中的水花托起蜡烛，小鱼吐出的水花似乎正欲落下，一静一动，相得益彰。	

（续表）

名称	类型	文字说明	图
青玉海晏河清烛台	烛台	“海晏河清”取意于古言“河清海晏，时和岁丰”。海燕谐音海晏，象征着天下太平。这个烛台保存于北京故宫博物院的皇帝书房中，是御用的书灯。	
木胎黑漆彩绘描金亭子式灯台	灯台	造型别致，新颖，做工精细。	
红木升降式灯台	灯台	由红木制成可以升降的烛台。	

（续表）

名称	类型	文字说明	图
双喜桌灯	桌灯	印有喜庆的桌灯。	
紫檀雕花镶玻璃桌灯		表面雕花，并且印有花纹的紫檀桌灯。	
黄地粉彩八吉祥纹烛台	烛台	色彩鲜艳，表面印有花纹，显得更加奢华。	
朱漆烛台		朱漆烛台。	

（续表）

名称	类型	文字说明	图
金嵌宝石烛台		嵌有宝石的烛台显得更加华丽。	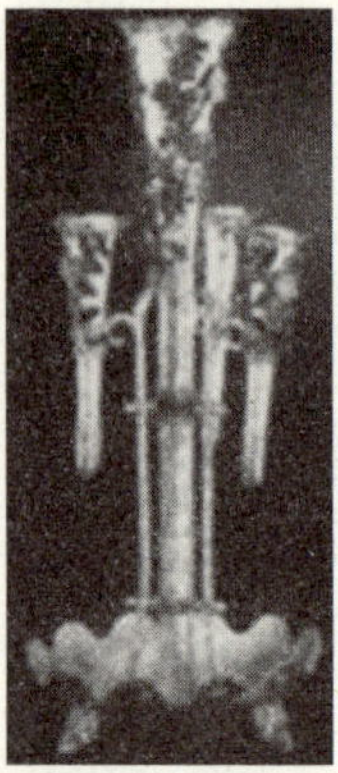
景泰蓝缠枝莲烛台		表面印有吉祥图案。	
蓝玻璃刻花烛台	玻璃烛台	色彩鲜艳，表面有印花。	

（续表）

名称	类型	文字说明	图
和田玉双擎烛台	烛台	和田玉制成的烛台，造型特别生动。	
银雕龙式烛台		龙形烛台，形态生动，做工精细。	

附录 3　中国灯彩的材质、形制与工艺

（一）按材料分

灯彩名称	发源地	文　字　释　义	相关图片
纸灯		多以篾丝为骨架，外裱糊以纸，有的在纸灯上粘贴彩色剪纸图案。	
羊皮灯		在篾丝骨架外裱糊细嫩的羊皮，并在羊皮上雕镂、五色妆染，如同皮影。在羊皮灯上涂蜡，放于水面，称为河灯、水灯。主要以圆形与方形为主。圆形的羊皮灯大多是装饰灯，在家里起画龙点睛的作用；方形的羊皮灯多以吸顶灯为主，外围配以各种栏栅及图形，古朴端庄，简洁大方。	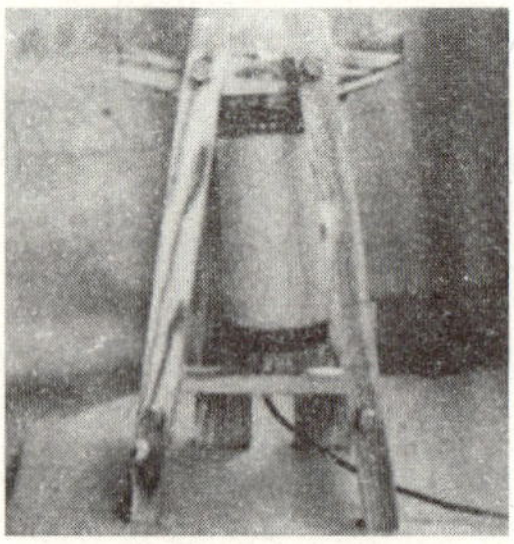
竹编宫灯		规则化的结构纹理，形成一种天成的装饰效果，与木质框架相配，更添和谐之美。	

（续表）

灯彩名称	发源地	文字释义	相关图片
红纱灯		纱灯是用麻纱或葛麻织物作灯面制作而成，多为圆形或椭圆形。红纱灯亦称红庆灯，通体大红色，在灯的上部和下部分别贴有金色的云纹装饰，底部配金色的穗边和流苏，美观大方，喜庆吉祥，多在节日期间悬挂。	
蛋壳灯	北京等地	见于明代北京。卵灯，是一种用蛋壳粘砌装饰的彩灯，多流传于明清时期。以几百只蛋壳雕镂、粘贴而成，其中每只蛋壳四周各镂雕门、窗楹、椽、斗拱等，彩绘鲜丽。	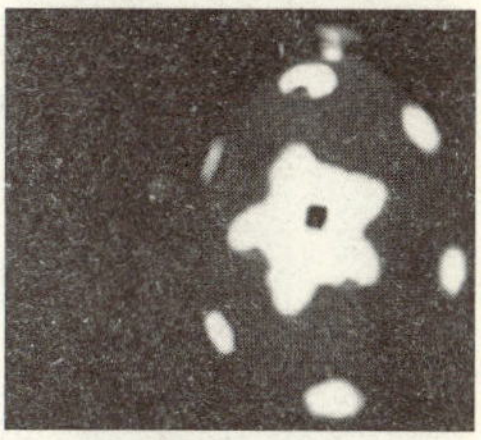
琉璃花灯	苏杭	采用木架结构，纱和琉璃料器，宝石等作为装饰，中有转心的大型灯具，主要用于节日庆典。	
桔灯	旧日福州南后街	有一种桔灯（与“吉丁”近音），用纸糊成，形如巨大桔子，形状简朴大方，民众多爱观赏。另外还有一种真的桔子灯，用较大的鲜桔皮制成。做法是在近蒂处切平，取出桔肉，留下空壳，再用小铁丝扎一烛托，放入空心桔中，插上小蜡烛，将蜡烛点亮。桔灯烛光透过红红的桔皮，通明绚烂，成为一件具有实物美感的艺术品。	

（续表）

灯彩名称	发源地	文　字　释　义	相关图片
夹纱灯	江浙一带多见	明清时常见的彩灯之一。《苏州府志》："剡纸刻花竹禽鸟，用轻绡夹之，名'夹纱灯'。"	
篾丝灯		以篾丝编织而成。清代云南的篾丝灯密不通风，能在风雨中不灭。	
珠子灯	苏州、福州等地	用五色珠装饰的灯。明田汝成《西湖游览志馀·偏安佚豫》："珠子灯，则五色珠为网，下垂流苏，或为龙船凤辇楼台故事。"	
瓜仁灯	佛山	有用芝麻、瓜仁、稻谷、豆类粘砌成各种图案纹样，串扎而成。	
料丝灯	北京厂甸、天津宫南北大街	明代文人郎瑛在《七修类稿》中记载："料丝灯出于滇南，以金齿工（今为云南保山县）者胜也。用玛瑙、紫石英诸药捣为屑，煮腐如粉，然必（用）北方天花菜点之方凝，然后缫之为丝，织如绢状。"	

（二）按造型分

灯彩或灯俗名称	发源地	文字释义	相关图片
羊灯	北京地区	为北京的传统灯品。竹篾扎羊形骨架，外糊多层白绵纸穗。	
金鱼灯	广东佛山	此金鱼灯黑头金身，对比强烈，色彩亮堂。摆尾奋进，姿态神似。灯身制作，采用刻纸粘贴，有佛山刻纸“铜写料”之余韵，地方风味浓重。	
鸳鸯灯	江苏	谓一组两盏并悬的灯笼。宋罗烨《醉翁谈录·红绡密约张生负李氏娘》：“而欲与妾一面者，请来年正月十五夜，于相蓝后门，车前有双鸳鸯灯者是也。”《水浒传》第七二回：“转入中门，见挂着一碗鸳鸯灯，下面犀皮香桌儿上，放着一个博山古铜香炉。”	
蟋蟀灯	清朝宫廷	清朝宫廷里有一种奇特的“蟋蟀灯”。这种灯奇巧别致，彩灯艺人除了要制作精美的彩灯外，还要预先在头年秋天收养一些蟋蟀。明灯时，将蟋蟀放置灯中，发出唧唧鸣声，可谓别出心裁。	

（续表）

灯彩或灯俗名称	发源地	文字释义	相关图片
虎灯	浙江杭州	山中猛兽街上走， 被人擒住是童叟。 老虎何时软如猫， 十五月夜照九州。	
鱼灯	盐田及香港新界等地	鱼灯舞作为向神灵反映渔民心中对海盗恶行的一种控诉，祈求天后保佑，成为许多地区逢年过节、拜神祭祖、喜庆丰收的必备节目。	 
球形刨花灯	广东佛山	藉天然本色的软木稻秸，精雕细镂，巧编密扎，自成其骨架形体的素雅；藉珞白绢透纱、剪纸画绘，则成其文章装饰的彩绚。配饰以排穗、瓔珞、串珠等，更显文采非凡。	

（续表）

灯彩或灯俗名称	发源地	文字释义	相关图片
花篮灯又称“唐灯”	浙江省台州市仙居县	以小花篮和大花篮两种为代表，如宫中小花篮，是专送给宫中贵妃床前挂的。花篮为上中下三层，上层是篮口，边檐纸片由八角或六角组成，纸片上刺绣成各种花鸟图案，灯一亮，花香鸟语、活灵活现，使人感到春暖花开。中间是篮身，有的八角形，有的十二角形，有的扁圆形，每片纸片分别刺上“鸳鸯戏水”、“龙凤呈祥”、“双狮戏球”，或是天仙配等人物图案。灯一亮，祥和温馨，惟妙惟肖。下面是篮座，造型美观、色彩鲜艳，篮座下还悬挂着红丝线素头。整盏灯小巧玲珑，精妙绝伦。	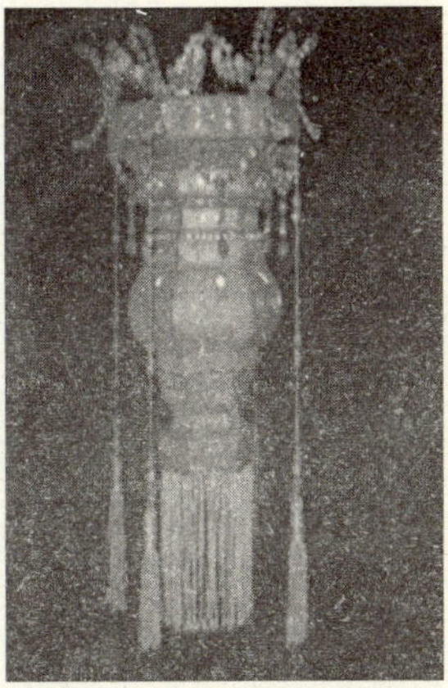
竹篙灯	洛口镇南岭村	用长约3丈的毛竹，从竹尾往下扎着20层竹片，竹片上扎着浸透油汁的媒子，燃着后形似火龙，故又名“竹篙火龙”。	
珠囤（珠簖）	浙江温州地区	为民间大型珠串宫灯，呈六角形，高四米多，重约七百余斤，用各种油彩瓷珠和玻璃珠串接制成，由大小不一的七十余盏宫灯分三层悬挂，制作精巧，造型华丽，风格独特，元宵时多被认为是吉祥喜庆的象征。	

（续表）

灯彩或灯俗名称	发源地	文字释义	相关图片
牌坊灯	仙居县	整个灯架像个古牌坊，牌坊每片石刻都是针刺花灯，中间和两边各有三块横匾，书有烟霞云祥或状元及第等字样，牌坊各个跳角都分别悬挂着各种无骨小花灯。	
鼓亭灯	仙居县	整盏大灯就是二塔玉亭，亭顶荷花怒放，亭四角悬空挑角，各挂无骨彩灯。四人抬亭，花灯抖动，灯中飞马奔腾，花鸟和鸣，真是灯彩辉煌。	
长旗灯	台州	分大长旗，小长旗两种。大长旗由70多盏无骨花灯组合结彩而成。中间竖一根9米长的大毛竹为旗杆，旗杆头顶竖一盏荷花灯，灯下用竹片做成一架弓形跳角，跳角是两条巨龙图样，龙嘴上悬空挂着两盏无骨花灯，旗杆中间缀十一个八角形扁灯，高60厘米，厚20厘米，灯纸片分别刺有花鸟、狮马等图案。扁灯中间穿一根横木，横木两端各有竹片跳角腾空而出。	

（续表）

灯彩或灯俗名称	发源地	文字释义	相关图片
灯树	江浙一带	有分枝的大型灯架，其形如树，也称“百枝灯树”。隋炀帝《正月十五日于通衢建灯夜升南楼》诗：“灯树千光照，花焰七枝开。”五代王仁裕《开元天宝遗事·百枝灯树》：“韩国夫人置百枝灯树，高八十尺，竖之高山上，元夜点之，百里皆见，光明夺月色也。”《旧唐书·杨绾传》：“绾应声指铁灯树曰：‘灯盏柄曲。’”	
灯毬	全国	扎成球状的灯。宋代孟元老《东京梦华录》六“元宵”：“宣德楼……两朵楼各挂灯球一枚，约方圆丈余，内燃椽烛。”在宋代，人家以挂灯球为时尚。杨万里诗：“市上人家重时节，典钗卖剑买灯球。”不仅挂灯球，还将首饰做成灯球状，戴在头上。	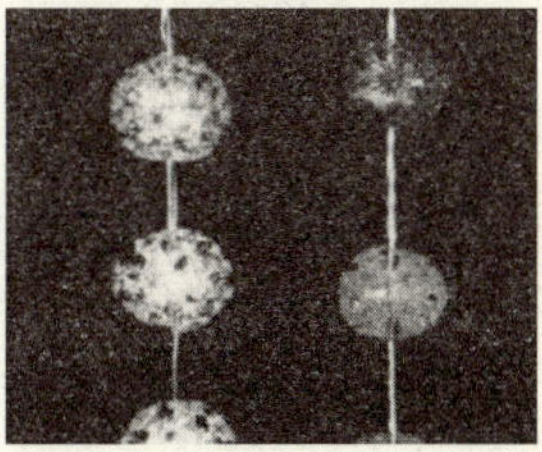
灯轮	江浙一带	一种大型的灯彩。唐张鷟《朝野佥载》卷三：“睿宗先天二年正月十五、十六夜，于京师安福门外作灯轮，高二十丈，衣以锦绮，饰以金玉，燃五万盏灯，簇之如花树。”唐陈子昂《上元夜效小庾体》诗：“芳宵殊未极，随意守灯轮。”清黄景仁《念奴娇·元夜步月》词：“西域灯轮，东京火树，百变鱼龙戏。”	

（三）按制作工艺分

灯彩或灯俗名称	发源地	文字释义	相关图片
万罗灯		用竹篾穿成网状，再在灯笼外裱糊剪成无数镂空图案的彩色罗帛，有的红、白两色相间，称为万眼罗。万眼罗制作费工，需要一年之久。	
彩扎灯	泉州市鲤城区、丰泽区，延及周边的晋江市、惠安县、南安县和永春县	制作传统的泉州花灯“彩扎灯”时，艺人们先用纸捻将竹篾绑扎成灯的骨架，再把裁好的纸或绸布喷水绷粘在骨架上，然后贴上花边，描上图案，挂上丝穗，便成了彩扎灯。	
伞灯	浦江镇召楼一带	伞灯，俗称凉伞灯。当年，颛桥人酷爱伞灯表演，至今留下“颛桥灯越出越细（巧）”之誉。伞灯之贵，贵在所用的是比绫绸还贵重的纸张——谈笺。制作：用五色笺纸糊扎，上饰以人物、鸟兽、花卉等剪纸，多用于花神赛会上展示。	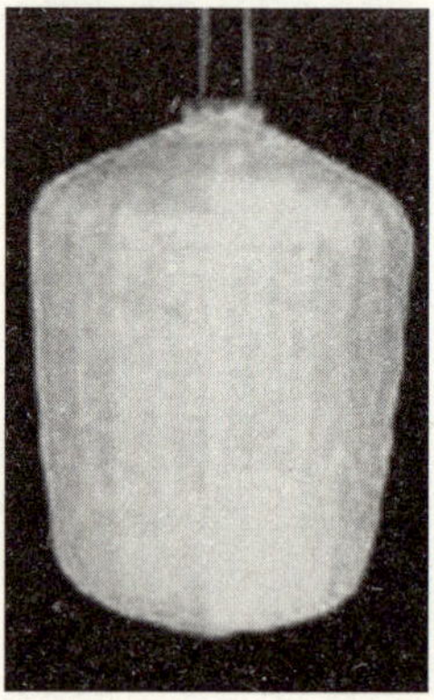

（续表）

灯彩或灯俗名称	发源地	文字释义	相关图片
走马灯	广州等	是花灯艺术中一类独特的观赏灯种，其声誉传遍海内外，以广东走马灯为最佳。	
桐乡剔墨纱灯	浙江桐乡	桐乡剔墨纱灯用料特殊，制作精细，为浙江桐乡的民间艺术精品，已有百年历史。灯为硬木棱柱六面体，灯的屏面均为绢纱面的仕女花鸟图。夜晚灯架中的灯光透过绢纱，纱隐灯显，精美绝伦。	
刻纸灯	泉州	工艺出现较晚，首创者是泉州刻纸大师李尧宝（1892—1983），花灯的所有图案全由制作者自己设计，再用刻刀在纸板上刻出来。刻纸灯不用骨架，全以刻好图案的纸板拼成。后来，李尧宝又在这些镂空的图案内镶上玻璃丝，创作出精美绝伦的刻纸料丝灯。	

（续表）

灯彩或灯俗名称	发源地	文 字 释 义	相关图片
针刺无骨花灯	南方	造型别致，工艺独特，制作精美，小巧玲珑。全身没有骨架，全部是由各种花纹图案的纸片粘贴而成。	
状元无骨花灯	浙江台州市仙居县	兰灯，又称“状元灯”，由六十片纸片做成，周围的花纹是用一种叫“水上浮”的绣花针刺成，它的花纹针脚十分精细，灯一亮，整盏灯疑似细纱而织，粗看看不出针孔，简直是细纱布眼，花纹图案十分精妙，是花灯中的极品。	
绣球无骨花灯	浙江台州市仙居县	由30片纸片粘贴拼凑而成直径25厘米左右灯面有凹有凸，活像个古代大绣球。抛绣球是古代官宦豪富人家挑女婿的一种风俗叫“抛绣球选婿”，他们相信姻缘由天配的哲理，当绣球抛到谁，谁就是天赐良缘东床女婿，贫富不能嫌弃。所以，民间把绣球灯当作彩头货。年轻人都喜欢做一盏像绣球形状一样的灯，挂在自家门前，预祝天赐良缘。现在看到这种灯似乎让人们又看到了古代民俗风情。	

（续表）

灯彩或灯俗名称	发源地	文字释义	相关图片
黄冈纱灯	黄冈	以镀锌铁丝扎稻草为骨架，以浆糊涂上废旧纸，再用丝纸扎成人形，然后根据不同角色，用丝、绸、布、纸、亮片、珠、金线及其他饰物，间以描绘，剪贴为袍服盔履、冠帽，装上潮州浮洋出产泥塑彩色“灯头”而成。活灯则要在身及肩嵌入竹管，中间装上铁丝或竹片，使头与手能转动。棚中则置大轮三个，套以牵引大索，连接拖动竹条。每身灯都系小绳于竹条，大索一拉，屋棚移动，再拉则复原位。	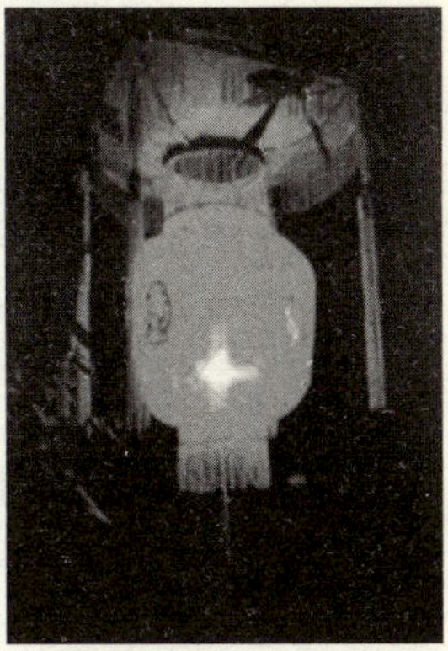
珠囤	浙江温州地区	为民间大型珠串宫灯，呈六角形，高四米多，重约七百余斤，用各种油彩瓷珠和玻璃珠串接制成，有大小不一的七十余盏宫灯分三层悬挂，制作精巧，造型华丽，风格独特，元宵时多被认为是吉祥喜庆的象征。	
藕丝灯	海宁	藕丝灯，又叫万眼罗，灯上花绘是用数万个道针扎出来的，以人物为题材。	

（续表）

灯彩或灯俗名称	发源地	文 字 释 义	相关图片
明角灯（羊角灯）	我国大部分地区	上好羊角将其先截为圆柱状，然后与萝卜丝一起放在水里煮，煮到变软后取出，把纺锤形的楦子塞进去，将其撑大，到撑不动后，再放到锅里煮，然后再取出，换大一号的楦子撑，如是反复几次，最后撑出大而鼓、薄而亮的灯罩来。这当然要比溶解浇模困难多了，许多羊角会在撑大的过程中破损掉，最后能成功的大概不会太多，尺寸大的尤其难得。这样制成的羊角灯，最大的鼓肚处直径当可达到六七寸甚至一尺左右，所以上面可以“大书”（每个字比香瓜大）“荣国府”字样。	
萤火虫灯	南方	内放萤火虫用以照明的料丝灯。清代李斗《扬州画舫录》十一：“北郊多萤，土人制料丝灯，以线系之，于线孔中纳萤；其式方、圆、六角、八角及画舫、宝塔之属，谓之萤火虫灯。近多以蜡丸之，每晚揭竿首鬻卖，游人买作土宜。”	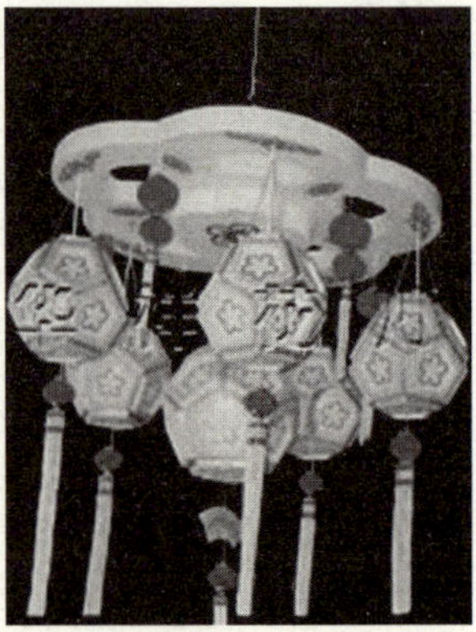

（续表）

灯彩或灯俗名称	发源地	文字释义	相关图片
姑苏灯彩（又称苏灯）	苏州	综合绘画、剪纸、裱糊、纸扎、编织、刺绣等工艺于一体，造型优美，色泽鲜艳，画面精致，花样出奇，富丽堂皇。	
球形刨花灯	广东佛山	刨花灯是佛山有代表性的灯品，系以软木和稻秸等材料综合制成。藉天然本色的软木稻秸，精雕细镂，巧编密扎，自成其骨架形体的素雅；藉珞白绢透纱、剪纸画绘，则成其文章装饰的彩绚。配饰以排穗、璎珞、串珠等，更显文采非凡。	
影灯	河南一带	灯彩的一种，其原理和走马灯相似，唐宋时期极为流行。唐代冯贽《云仙杂记·上元影灯》载："洛阳人家上元以影灯者为上，其相胜之辞曰'千影万影'。"宋代范成大《吴郡志·风俗》记："上元影灯巧丽，它郡莫及，有万眼罗及琉璃球者，尤妙天下。"	

（续表）

灯彩或灯俗名称	发源地	文字释义	相关图片
丹阳料丝灯	丹阳	为潘凤从云南引进，经艺人们改进，制作更为精工，以清代所出最为著名。清高士奇《京师灯市竹枝词》云："堆云擂水米家灯，摹仿徐黄顾陆能。愈变愈奇工愈巧，料丝图画更新兴。"注曰："近行丹阳料丝灯，仿宋元画，愈觉雅艳。"	
刨柴灯	佛山	有用通草、八角、灯芯（灯草）、木刨花等剪刻成各种纹样图案、诗画花鸟，粘砌而成。	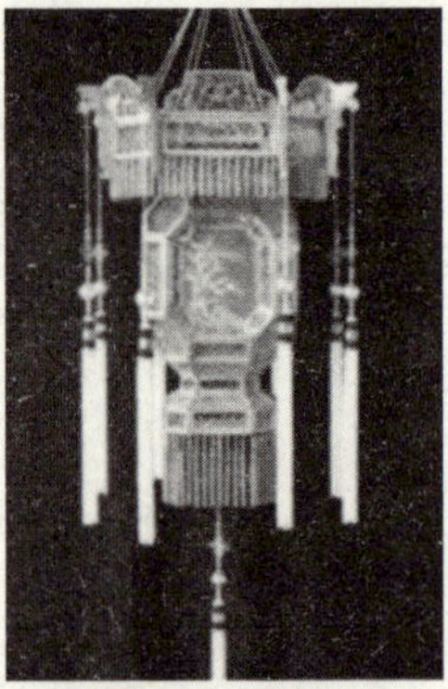
针口灯	佛山	在厚纸上用钢针一针针按设计图案刺出纹样，粘折而成，变化多端。	

（续表）

灯彩或灯俗名称	发源地	文字释义	相关图片
琉璃灯		花灯的一种，采用木架结构，纱和琉璃料器，宝石等作为装饰，中有转心的大型灯具，主要用于节日庆典。关于琉璃灯的记载最早见于宋代周密著《武林旧事》，灯之品极多，每以“苏灯”为最，圈片大者经三四尺，皆五色琉璃所成，山水人物，花竹翎毛，种种奇妙，俨然著色便面也。其后福州所进，则纯用白玉，晃耀夺目，如清冰玉壶，爽彻心目。近岁新安所进益奇，虽圈骨悉皆琉璃所为，号“无骨灯”。又于殿堂梁栋窗户间为涌壁，作诸色故事，龙凤噀水，蜿蜒如生，遂为诸灯之冠。前后设玉栅帘，宝光花影，不可正视。仙韶内人，迭奏新曲，声闻人间。殿上铺连五色琉璃阁，皆球文戏龙百花。小窗间垂小水晶帘，流苏宝带，交映璀璨。中设御座，恍然如在广寒清虚府中也。	

（续表）

灯彩或灯俗名称	发源地	文 字 释 义	相关图片
塔灯	浙江省温岭市	上王大灯灯骨架选用耐火的杠竹扎制，以薄宣纸糊底，再以书法、绘画、凿纸等装饰，简直就是一件巨大的工艺品。灯面上书写着各式对联，洋溢着对大灯的自豪之情，如：欣看村境琼楼绣，灯会台州第一娇；神仙斗法花窗内，六十四人抬鞠腰；庆贺元宵灯会开，精英宿将跃灯台；每盏花灯六丈高，人流似海涌波涛；太空游戏由人愿，王氏迎灯遵祖训……	

注：以上图片取自 www.xp188.com、www.jxnews.com.cn、www.china.cn 等网站。

附录 4　图版出处

图 1-1　原始石灯。图片来源:《古灯史话与收藏》第 8 页

图 1-2　西夏黑釉高柱灯台。图片来源:《古灯史话与收藏》第 24 页

图 1-3　汉代铜十二连枝灯。图片来源:《古代灯具》第 63 页

图 1-4　银首人俑灯。图片来源：自己手绘

图 1-5　人骑骆驼擎灯。图片来源：自己手绘

图 1-6　擎双盘人形铜灯。图片来源：自己手绘

图 1-7　跽坐人漆绘铜灯。图片来源：自己手绘

图 1-8　汉代十三枝陶灯。图片来源:《古代灯具》第 66 页

图 1-9　西汉长信宫灯。图片来源:《古代灯具》第 173 页

图 1-10　北齐瓷油灯。图片来源:《古代灯具》第 75 页

图 1-11　西汉朱雀铜烛灯。图片来源:《古代灯具》第 51 页

图 1-12　省油灯结构。图片来源：自己手绘

图 1-13　铁皮玻璃灯。图片来源:《古灯千年》第 52 页

图 1-14　清代锤胎珐琅烛台。图片来源:《古代灯具》前彩页

图 2-1　外来石灯。摘录于德国考古学家利普斯《万物的起源》插图。图片来源:《古灯千年》第 94 页

图 2-2　东汉奁形铜灯。图片来源:《古代灯具》第 39 页

图 2-3　汉代耳杯形铜灯。图片来源:《古代灯具》第 41 页

图 2-4　秦代鼎形铜灯。图片来源:《古代灯具》第 186 页

图 2-5　清代铁质碗形灯。图片来源:《古灯千年》第 20 页

图 2-6　青瓷龙柄灯(高 23 厘米　1991 年出土湖南安乡西晋刘弘墓)。图片来源:《古灯千年》第 25 页

图 2-7　清代绿釉壶式油灯。图片来源:《古灯千年》第 38 页

图 2-8　青花钟式烛台(高 12 厘米　传世　江西)。图片来源:《民间灯具》第 70 页

图 2-9　蓝釉鼓形烛台(高 9 厘米　传世　江西)。图片来源:《民间灯具》第 74 页

图 2-10　西晋堆塑人物青瓷灯　残高 26.5 厘米　底径 14.2 厘米。图片来源:浙江上虞县文管会藏

图 2-11　西晋插管式烛台。图片来源:《古灯史话与收藏》第 74 页

图 2-12　黑釉牛头油灯(高 11 厘米　传世　山西)。图片来源:《民间灯具》第 49 页

图 2-13　铜朱雀灯 1。图片来源:《满城汉墓》第 47 页

图 2-14　铜朱雀灯 2。图片来源:《满城汉墓》第 131 页

图 2-15　朱雀铜烛灯。图片来源:《古代灯具》第 51 页

图 2-16　西汉熊形青瓷烛座　高 8.5 厘米。图片来源:南京博物院藏

图 2-17　釉彩猴献桃油灯(高 8.5 厘米　传世　山西)。图片来源:《民间灯具》第 42 页

图 2-18　褐彩猫形烛台(高 20 厘米　传世　山西)。图片来源:《民间灯具》第 61 页

图 2-19　三彩蛙形灯(高 10 厘米)。图片来源:个人收藏

图 2-20　青瓷龙柄灯(高 23 厘米　1991 年出土湖南安乡西晋刘弘墓)。图片来源:《古灯千年》第 25 页

图 2-21　大汶口文化的猪形鬶。图片来源:《中国美术考古学史纲》第 256 页

图 2-22　铜灯。图片来源:《古灯千年》第 84 页

图 2-23　铜"当户"灯。图片来源:《满城汉墓》第 66 页

图 2-24　木雕人物烛台（高 15 厘米　传世　陕西澄县）。图片来源：《民间灯具》第 77 页

图 2-25　豆形灯。图片来源：自己绘制

图 2-26　镫。图片来源：自己绘制

图 2-27　行灯。图片来源：自己绘制

图 2-28　檠灯 1。图片来源：自己绘制

图 2-29　檠灯 2。图片来源：自己绘制

图 2-30　承盘灯。图片来源：自己绘制

图 2-31　宋三彩帖花莲瓣纹灯。图片来源：自己绘制

图 2-32　陶制的碗灯。图片来源：自己绘制

图 2-33　铜制碗形灯。图片来源：自己绘制

图 2-34　碗形灯。图片来源：网络

图 2-35　可活动的灯盏。图片来源：自己绘制

图 2-36　有扳豆形灯图。图片来源：《古灯史话与收藏》第 47 页

图 2-37　喇叭口高足环柄豆形灯。图片来源：《古灯史话与收藏》第 46 页

图 2-38　西汉回纹泥质灯盏。图片来源：《古瓷灯话》第 2 页

图 2-39　汉代陶九挂灯。图片来源：《古代灯具》第 5 页

图 2-40　西汉灰陶抱九子俑灯。图片来源：《古灯史话与收藏》第 154 页

图 2-41　汉代胡人俑灯。图片来源：《古灯史话与收藏》第 155 页

图 2-42　东晋酱褐斑青瓷油灯。图片来源：网络

图 2-43　南朝洪州窑黄釉油灯。图片来源：《瓷灯史话》第 10 页

图 2-44　晚唐黑釉灯盏。图片来源：《古瓷灯话》第 16 页

图 2-45　宋代磁州窑白釉油灯。图片来源：《古瓷灯话》第 39 页

图 2-46　南宋景德镇窑影青莲花纹省油灯。图片来源：《古瓷灯话》第 42 页

图 2-47　明代正德年间青花缠枝莲灯盏。图片来源：《古瓷灯话》第 59 页

组图 2-48　宫灯与花灯　自己绘制

组图 2-49　汉代宫灯。图片来源：《光明使者》

图 2-50　民间彩灯 1。图片来源：www.ycwb.com
图 2-51　民间彩灯 2。图片来源：www.ycwb.com
组图 2-52　行灯与灯笼。图片来源：自己绘制
图 2-53　近代民间灯具 1。图片来源：www.ycwb.com
图 2-54　近代民间灯具 2。图片来源：www.ycwb.com
图 2-55　近代民间灯具 3。图片来源：www.ycwb.com
图 2-56　擎双盘人形铜灯。图片来源：自己绘制
图 2-57　卮灯。图片来源：《古代灯具》
图 2-58　德清窑黑釉灯盏。图片来源：《古瓷灯话》第 17 页
图 2-59　青花瓷书灯。图片来源：自己绘制
图 2-60　酱釉壁挂灯盏。图片来源：自己绘制
图 2-61　竹灯。图片来源：《光明使者》
图 2-62　绿釉支柱式烛台。图片来源：《古代灯具》
图 2-63　插环。图片来源：自己绘制
图 2-64　插管。图片来源：自己绘制
图 2-65　蜡扦。图片来源：自己绘制
图 2-66　狮形烛台。图片来源：自己绘制
图 2-67　骑狮烛台。图片来源：自己绘制
图 2-68　明代蜡扦。图片来源：自己绘制
图 2-69　豆形器皿。图片来源：自己绘制
组图 2-70　云纹。图片来源：自己绘制
图 2-71　菱格纹。图片来源：自己绘制
图 2-72　几何纹。图片来源：自己绘制
图 2-73　卷云纹。图片来源：自己绘制
图 2-74　圆点纹样。图片来源：自己绘制
图 2-75　豆形灯。图片来源：自己绘制
图 2-76　十五连盏灯。图片来源：自己绘制

图 2-77 兽形灯。图片来源：自己绘制

图 2-78 人俑灯。图片来源：自己绘制

图 2-79 羽人铜灯。图片来源：自己绘制

图 2-80 长信宫灯。图片来源：自己绘制

图 2-81 跽坐持盘人俑铜灯。图片来源：自己绘制

图 2-82 跪坐人俑铜灯。图片来源：自己绘制

图 2-83 朱雀青铜灯。图片来源：自己绘制

图 2-84 凤凰铜灯。图片来源：自己绘制

图 2-85 千江牛形灯。图片来源：自己绘制

图 2-86 羊尊灯。图片来源：自己绘制

图 2-87 釉陶九枝灯。图片来源：自己绘制

图 2-88 辘轳灯（盒子灯）。图片来源：自己绘制

图 2-89 铜雁足灯。图片来源：自己绘制

图 2-90 东汉陶灯上的蟾蜍纹。图片来源：自己绘制

图 2-91 东晋青瓷羊形烛台。图片来源：《光明使者》第 39 页

图 2-92 西晋青瓷辟邪烛台。图片来源：《光明使者》第 38 页

图 2-93 羽人捧圈青铜灯架。图片来源：《光明使者》第 41 页

图 2-94 三国青瓷熊灯。图片来源：《光明使者》第 40 页

图 2-95 螺旋柱三彩灯台。图片来源：《光明使者》第 52 页

图 2-96 白陶莲花灯。图片来源：《光明使者》第 53 页

图 2-97 青釉褐彩灯盏。图片来源：《光明使者》第 55 页

图 2-98 青釉褐斑灯盏。图片来源：《光明使者》第 54 页

图 2-99 宋代写实纹样 1。图片来源：网络

图 2-100 宋代写实纹样 2。图片来源：网络

图 2-101 土瓷灯（三节式装饰）。图片来源：《光明使者》

图 2-102 彩绘装饰。图片来源：网络

图 2-103 青绿釉狮形灯（坯体装饰）。图片来源：《古代灯具》

图 2-104 无骨灯。图片来源：www.zjol.com

图 2-105 珠子灯。图片来源：www.zjol.com

图 2-106 羊皮灯。图片来源：www.zjol.com

图 2-107 纸灯。图片来源：www.zjol.com

组图 2-108 唐代典型的灯具类型。图片来源：自己绘制

图 2-109 战国铜行灯（灯捻在边沿）。图片来源：自己绘制

图 2-110 汉代釉陶九枝灯（灯捻在中间）。图片来源：自己绘制

图 2-111 晋代越窑双柄油灯（灯捻在中间）。图片来源：自己绘制

图 2-112 唐代铜灯（灯捻在边沿）。图片来源：自己绘制

图 2-113 宋代黑釉灯（灯捻在边缘）。图片来源：自己绘制

图 2-114 清代龙柄铸铜油灯（灯捻在边沿）。图片来源：自己绘制

图 2-115 东汉凤凰灯。图片来源：自己绘制

图 2-116 民国仿西洋铜座灯。图片来源：《古灯史话与收藏》第 122—123 的彩页

图 2-117 煤油灯（高 16 厘米 上海）。图片来源：《民间灯具》第 59 页

图 2-118 带把煤油灯（高 22 厘米 云南）。图片来源：《民间灯具》第 60 页

图 2-119 东汉画像石上的奁形灯。图片来源：《古代灯具》第 39 页

图 2-120 汉画像石上端灯侍女图。图片来源：《古代灯具》第 14 页

图 2-121 大同汉代司马金龙墓漆屏风上的燃灯图。图片来源：《古代灯具》第 63 页

图 2-122《金瓶梅》清绘本图，第十六回 西门庆择吉佳期。图片来源：《古代灯具》第 114 页

图 2-123《金瓶梅》清绘本图，第六十九回 招宣府初调林太太。图片来源：《古代灯具》第 152 页

图 2-124《金瓶梅》清绘本图，第十五回 佳人笑赏玩灯楼。图片来源：《古代灯具》第 147 页

图 2-125《金瓶梅》清绘本图，第六十三回 西门庆观战动深悲。图片来源：

《古代灯具》第 115 页

图 2-126　汉画像石上的立灯。图片来源：《古代灯具》第 157 页

图 2-127　宋摹本东晋《洛神赋图卷》中的盆形烛台。图片来源：《古代灯具》第 82 页

图 3-1　西汉青铜承盘灯。图片来源：《古灯千年》第 113 页

图 3-2　承盘式铁灯。图片来源：《古灯千年》第 115 页

图 3-3　褐釉盘形油灯（盘径 6 厘米　传世　云南）。图片来源：《民间灯具》第 36 页

图 3-4　黑釉温酒油灯碟（高 8 厘米　传世　河北）。图片来源：《民间灯具》第 38 页

图 3-5　宋代三咀石灯。图片来源：《古代灯具》第 111 页

图 3-6　汉阙石灯。图片来源：《古灯史话与收藏》第 26—27 的彩页

图 3-7　白釉塔式烛台（高 16 厘米　传世　云南）。图片来源：《民间灯具》第 78 页

图 3-8　陶烛台（高 20 厘米　传世　湖南龙山）。图片来源：《民间灯具》第 80 页

图 3-9　青花香具烛台（高 26 厘米　传世　江西）。图片来源：《民间灯具》第 81 页

图 3-10　五供香具烛台（高 25 厘米　传世　山西介休）。图片来源：《民间灯具》第 82 页

图 3-11　南朝青釉莲瓣四管烛台。图片来源：《古灯千年》第 131 页

图 3-12　铜制七管烛台。图片来源：《古灯千年》第 132 页

图 3-13　青花缠枝花卉纹八角烛台（高 29.8 厘米　口径 8.7 厘米）。图片来源：上海博物馆藏

图 3-14　豆青釉雕狮烛台　高 23 厘米　底径 11.5 厘米。图片来源：江西省博物馆藏

图 3-15　白釉烛台（高 13 厘米　口径 10.5 厘米）。图片来源：福建省博物馆藏

图 3-16　掐丝珐琅烛台（高 9.6 厘米　盘径 18 厘米）。图片来源：故宫博物院藏

图 3-17　锤胎珐琅烛台（高 47 厘米　大盘径 18 厘米　座径 13 厘米）。图片来源：故宫博物院藏

图 3-18　银雕龙式烛台（高 22 厘米　宽 16 厘米）。图片来源：故宫博物院藏

图 3-19　和田玉双擎烛台（高 34.4 厘米）。图片来源：故宫博物院藏

图 3-20　蓝玻璃刻花烛台（高 28.5 厘米　盘径 6 厘米）。图片来源：故宫博物院藏

图 3-21　青花缠枝莲烛台（高 13 厘米　底径 9.3 厘米　上盘径 4.2 厘米）。图片来源：河南博物院藏

图 3-22　青花八角形瓷灯盏（高 6.8 厘米　口径 8.4 厘米）。图片来源：广东省博物馆藏

图 3-23　景泰蓝缠枝莲烛台（高 43.3 厘米）。图片来源：收藏不详

图 3-24　朱漆烛台座（宽 26.5 厘米　座长 31.5 厘米　座高 102 厘米　杆长 88 厘米）。图片来源：故宫博物院藏

图 3-25　青花缠枝花卉提灯烛台（高 14.5 厘米）。图片来源：收藏不详

图 3-26　黄地粉彩八吉祥纹烛台（高 27.5 厘米）。图片来源：收藏不详

图 3-27　青花勾莲纹烛台（高 67 厘米）。图片来源：英国维多利亚和阿尔伯特国立博物院藏

图 3-28　羊尊形铜灯。图片来源：《满城汉墓》第 50 页

图 3-29　羊尊形铜灯。图片来源：《满城汉墓》第 109 页

图 3-30　宋薄胎酱釉壁挂油灯　福建省博物馆藏。图片来源：《光明使者》

图 3-31　清代四方形人物挂灯。图片来源：《古代灯具》第 119 页

图 3-32　清代戏剧故事壁灯。图片来源：《古代灯具》第 121 页

图 3-33　汉代陶吊灯。图片来源：《古代灯具》第 186 页

图 3-34　“卡娃”灯。图片来源：《古灯史话与收藏》第 80 页

图 3-35　船形石灯。图片来源：《古灯史话与收藏》第 82 页

图 3-36　汉代青铜匜形灯。图片来源：《古灯史话与收藏》第 84 页

图 3-37　古罗马军中勺形铜灯。图片来源:《古灯史话与收藏》第 87 页

图 3-38　靴形灯。图片来源:《古灯史话与收藏》第 91 页

图 3-39　宋代龙纹靴子灯。图片来源:《古灯史话与收藏》第 122—123 的彩页

图 3-40　藏民的照明灯具。图片来源:《古灯千年》第 197 页

图 3-41　酥油灯图。图片来源:《古灯史话与收藏》第 100 页

图 3-42　鎏金"长信宫"铜灯。图片来源:《满城汉墓》第 46 页

图 3-43　绿釉防风油灯(高 22 厘米　传世　江西)。图片来源:《民间灯具》第 49 页

图 3-44　清代嘉庆景德镇窑青花缠枝莲纹罩子灯(235×145 毫米)。图片来源:《古瓷灯话》第 90 页

图 3-45　民国绿釉罩子灯盏(200×125 毫米)。图片来源:《古瓷灯话》第 131 页

图 3-46　民国绿釉罩子灯(160×155 毫米)。图片来源:《古瓷灯话》第 133 页

图 3-47　藏族可升降台灯。图片来源:《古灯史话与收藏》第 95 页

图 3-48　清末折叠绢罩灯笼。图片来源:《古灯史话与收藏》第 155 页

图 3-49　旅行折叠式蜡扦。图片来源:《古灯千年》第 13 页

图 3-50　折叠玻璃旅行灯。图片来源:《古灯千年》第 53 页

图 3-51　盒子灯(又称辘轳灯)(童正华收藏)。图片来源:《古灯千年》第 102 页

图 3-52　升降式架子灯。图片来源:《古灯千年》第 143 页

图 3-53　汉末人形铜吊灯。图片来源:《古代灯具》前彩页

图 3-54　汉代母子俑座陶灯　高 27.8 厘米。图片来源:河南博物院藏

图 3-55　东汉母子俑座陶灯　高 29 厘米。图片来源:河南博物院藏

图 3-56　西汉灰陶抱九子俑灯。图片来源:《古灯史话与收藏》第 154—155 的彩页

图 4-1　羽人座铜灯。图片来源:广西梧州市博物馆藏　出自《光明使者》

图 4-2　陶百花灯。图片来源:洛阳文物队藏　出自《光明使者》

图 4-3　陶百花灯。图片来源:河南博物院藏藏　出自《光明使者》

图 4-4　绿釉九枝陶灯。图片来源:首都博物馆藏　出自《光明使者》

图 4-5　三枝青铜灯。图片来源：南京博物院藏　出自《光明使者》
图 4-6　汉代陶九枝灯。图片来源：《古代灯具》前彩页
图 4-7　汉代铜十二连枝灯。图片来源：《古代灯具》第 63 页
图 4-8　汉代朱雀九枝陶灯。图片来源：《古代灯具》第 65 页
图 4-9　汉代十枝陶灯。图片来源：《古代灯具》第 65 页
图 4-10　汉代釉陶三龙三枝灯。图片来源：《古代灯具》第 63 页
图 4-11　汉代凤鸟九枝陶灯。图片来源：《古代灯具》第 65 页
图 4-12　战国青铜十五枝灯。图片来源：《古灯千年》第 98 页
图 4-13　汉代十三枝陶灯。图片来源：《古灯千年》第 99 页
图 4-14　东汉二十九枝人物。图片来源：《古代灯具》第 69 页
图 4-15　清代五枝灯。图片来源：《古代灯具》第 82 页
图 4-16　三星堆大型铜神树。图片来源：《扶桑与若木》第 95 页
图 4-17　三星堆大型铜神树的鸟。图片来源：《扶桑与若木》第 96 页
图 4-18　三星堆大型铜神树的鸟。图片来源：《扶桑与若木》第 97 页
图 4-19　三星堆大型铜神树的鸟。图片来源：《扶桑与若木》第 99 页
图 4-20　头顶若木枝头的玉鸟（故宫博物院藏）。图片来源：《扶桑与若木》第 102 页
图 4-21　浙江上虞西晋元康四年（294）魂瓶。图片来源：《中国美术考古学史纲》第 387 页
图 4-22　汉代石猴顶灯。图片来源：《古灯史话与收藏》第 26—27 的彩页
图 4-23　西汉龙形铜灯。图片来源：《古代灯具》前彩页
图 4-24　元宵节踏灯风俗图。图片来源：《古灯千年》第 75 页
图 4-25　喜灯。图片来源：《古灯史话与收藏》第 80 页
图 4-26　长明灯（李银伟收藏）。图片来源：《古灯千年》第 120 页
图 4-27　《宝莲灯》。图片来源：《古灯千年》第 169 页
图 4-28　莲花灯
图 4-29　莲花灯
图 4-30　陶塑狮子烛台（高 18 厘米　传世　山西）。图片来源：《民间灯具》第

64 页

图 4-31　南朝黄釉狮形座灯　高 14.4 厘米　长 17.5 厘米。图片来源：浙江绍兴文管会藏

图 4-32　西晋青瓷狮形单管烛台。图片来源：《古代灯具》第 79 页

图 4-33　西晋青瓷人骑狮形烛台。图片来源：《古代灯具》第 79 页

图 4-34　《金瓶梅》十五回　佳人笑赏玩灯楼。图片来源：《古灯史话与收藏》第 175 页

图 4-35　《金瓶梅》四十二回　赏元宵楼上醉花灯。图片来源：《古灯史话与收藏》第 178 页

图 4-36　《金瓶梅》插图里的戳灯。图片来源：《古灯史话与收藏》第 197 页

图 4-37　清代旧时灯烛摊。图片来源：《古灯史话与收藏》第 182 页

图 4-38　耍鳌山灯的。图片来源：《京都叫卖图》第 111 页

图 4-39　卖灯支碗儿的。图片来源：《京都叫卖图》第 141 页

图 4-40　换取灯儿的 1。图片来源：《京都叫卖图》第 101 页

图 4-41　换取灯儿的 2。图片来源：《京都叫卖图》第 103 页

图 5-1　清代的风俗图。图片来源：《古灯千年》第 137 页

图 5-2　京师放灯图　摘自《点古斋画报》。图片来源：《古灯千年》第 162 页

图 5-3　丰子恺的漫画《昨夜新收压岁钱》。图片来源：《古灯千年》第 76 页

图 5-4　“李白醉酒”月份牌广告画。图片来源：《古灯千年》第 164 页

图 5-5　西汉雁鱼铜灯。图片来源：山西平朔考古队藏

图 5-6　东汉牛形座铜灯。图片来源：南京博物院藏

组图 5-7　Kouichi Okamoto 作品，蜂巢灯。图片来源：设计动量网 www.okimg.com

参考文献

一、专著

1. 郭灿江:《光明使者》，上海文艺出版社 2001 年版。

2. 沈继光、高萍:《老物件——复活贫民的历史》，百花文艺出版社 2005 年版。

3. 田卫疆:《丝绸之路上的古代旅行》，新疆青少年出版社 1993 年版。

4. 李泽奉、刘如仲主编:《古灯饰鉴赏与收藏》，吉林科学技术出版社 1996 年版。

5. 王树村:《中国民间美术史》，岭南美术出版社 2004 年版。

6. 蔡利民、高福民:《苏州传统礼仪节令（上、中、下）》，古吉轩出版社 2006 年版。

7. 裴俊超:《灯具魅力》，陕西人民美术出版社 2006 年版。

8. 吴少华:《古灯千年》，百家出版社 2004 年版。

9. 鸿宇编著:《节俗》，宗教文化出版社 2004 年版。

10. 卢兆荫:《满城汉墓》，三联书店 2005 年版。

11. 箫放:《荆楚岁时记研究——兼论传统中国民众生活中的时间生死观念》，北京师范大学出版社 2000 年版。

12. 孙建君、孙和林编著:《民间灯具》，湖北美术出版社 2002 年版。

13. 顾行伟编著:《古瓷灯话》，上海古籍出版社 2002 年版。

14. 孙建君、高丰:《古代灯具》，山东科学技术出版社 1998 年版。

15. 李立新:《中国设计艺术史论》，天津人民出版社 2004 年版。

16. 吕品田、徐雯:《民间灯彩》，湖北美术出版社 2002 年版。

17. 孔令友、黄唯佳:《桨声灯影　灯彩秦淮》，江苏文艺出版社 2004 年版。

18. 殷小林:《古灯史话与收藏》，百花文艺出版社 2005 年版。

19. 刘晓春:《仪式与象征的秩序——一个客家村落的历史、权力与记忆》，商务印书馆 2003 年版。

20. 刘宗超:《汉代造型艺术及其精神》，人民出版社 2006 年版。

21. 王伯敏:《中国绘画通史》，三联书店 2000 年版。

22. 冯友兰:《中国哲学通史》，北京大学出版社 1996 年版。

23. 侯外庐等:《中国思想通史》，人民出版社 1957 年版。

24. 葛兆光:《中国思想史（全 3 册）》，复旦大学 2001 年版。

25. 万建中:《禁忌与中国文化》，人民出版社 2001 年版。

26. 董晓萍:《田野民俗志》，北京师范大学出版社 2006 年版。

27. 万建中:《民间文学引论》，北京师范大学出版社 2006 年版。

28. 张道一:《考工记注释》，陕西人民美术出版社 2004 年版。

29. 王文宝:《中国民俗学史》，巴蜀书社 1995 年版。

30. 刘军、姚仲源:《中国河姆渡文化》，浙江人民出版社 1993 年版。

31. 王岳川:《艺术本体论》，三联书店 1994 年版。

32. 张道一:《造物的艺术论》，福建美术出版社 1989 年版。

33. 林惠祥：《文化人类学》，商务印书馆 1996 年版。

34. 陈旭光：《艺术的意蕴》，中国人民大学出版社 2000 年版。

35. 程晓中：《青瓷》，山东科学技术出版社 1999 年版。

36. 潘鲁生：《民艺学论纲》，北京工艺美术出版社 1998 年版。

37. 陈江：《玉器》，贵州人民出版社 1998 年版。

38. 张道一：《造物的艺术论》，福建美术出版社 1989 年版。

39. 屈小强主编：《三星堆文化》，四川人民出版社 1994 年版。

40. 俞剑华主编：《中国画论类编》，人民美术出版社 1986 年版。

41. 卡冈：《艺术形态学》，三联书店 1986 年版。

42. 张岳年：《文化与哲学》，教育科学出版社 1988 年版。

43. 孙长初：《中国艺术考古学初探》，文物出版社 2004 年版。

44. 董晓萍：《田野民俗志》，北京师范大学出版社 2003 年版。

45. 万建中：《禁忌与中国文化》，人民出版社 2001 年版。

46. 万建中：《民间文学引论》，北京大学出版社 2006 年版。

47. 董晓萍：《全球化与民俗保护》，高等教育出版社 2007 年版。

48. 刘铁梁编著：《北京民俗文化普查与研究手册》，中央编译出版社 2006 年版。

49. 彭兆荣：《文学与仪式：文学人类学的一个文化视野》，北京大学出版社 2004 年版。

50. 苑利主编：《20 世纪中国民俗学经典（共 8 册）》，社会科学文献出版社 2002 年版。

51. 汪宁生：《文化人类学调查——正确认识社会的方法》，文物出版社 2002 年版。

52. 陶思炎：《中国祥物》，东大图书公司 2003 年版。

53. 潘宗鼎：《金陵岁时记》，南京市秦淮区地方史志编纂委员会印 1993 年版。

54. 郑传寅等：《中国民俗词典》，湖北词典出版社 1987 年版。

55. 叶大兵等:《中国风俗词典》,上海辞书出版社1990年版。
56. 王景琳等:《中国民间信仰风俗词典》,中国文联出版公司1992年版。
57. 张道一等:《美在民间》,北京工艺美术出版社1987年版。
58.(清)段玉裁:《说文解字注》,上海古籍出版社1981年版。
59. 王文宝:《中国民俗学史》,巴蜀书社1995年版。
60. 刘道广:《中国古代艺术思想史》,上海人民出版社1998年版。
61. 李泽厚:《美学四讲》,天津社会科学院出版社2001年版。
62. 乌丙安:《中国民间信仰》,上海人民出版社1996年版。
63. 高丙中:《民俗文化与民俗生活》,中国社会科学出版社1994年版。
64. 张紫晨:《中国民俗与民俗学》,浙江人民出版社1985年版。
65. 陶思炎:《中国镇物》,东大图书公司1998年版。
66. 张君:《神秘的节俗》,广西人民出版社1994年版。
67. 张光直:《考古学专题六讲》,文物出版社1986年版。
68. 张承宗:《六朝民俗》,南京出版社2004年版。
69.(清)阮元校刻:《十三经注疏》,中华书局1980年版。
70.(晋)陈寿撰:《三国志》,中华书局1982年版。
71.(汉)刘熙撰、(清)王先谦撰集:《释名疏证补》,上海古籍出版社1984年版。
72.(晋)陈寿撰:《三国志》,中华书局1982年版。
73.(晋)房玄龄等撰:《晋书》,中华书局1974年版。
74.(梁)沈约撰:《宋书》,中华书局1974年版。
75.(梁)萧子显撰:《南齐书》,中华书局1974年版。
76.(唐)姚思廉撰:《梁书》,中华书局1973年版。
77.(唐)姚思廉撰:《陈书》,中华书局1972年版。
78.(唐)李延寿撰:《南史》,中华书局1975年版。
79.(唐)魏征、令狐德撰:《隋书》,中华书局1975年版。
80.(宋)司马光编著、(元)胡三省注:《资治通鉴》,中华书局1956

年版。

81.（唐）许嵩撰、王文锦等点校：《通典》，中华书局1986年版。

82.（宋）张敦颐著、张枕石点校：《六朝事迹编类》，上海古籍出版社1995年版。

83.（汉）应劭撰、王利器校注：《风俗通义校注》，中华书局1981年版。

84. 葛兆光：《居住在文化的空间里》，中山大学出版社1999年版。

85. 郭于华主编：《仪式与社会变迁》，社会科学文献出版社2000年版。

86. 何星亮：《中国自然神与自然崇拜》，上海三联书店1995年版。

87. 李亦园：《信仰与文化》，台湾巨流图书公司1978年版。

88. 李亦园：《人类的视野》，上海文艺出版社1996年版。

89. 刘锡诚：《象征——对一种民间文化模式的考察》，学苑出版社2002年版。

90. 张廷兴：《谐音民俗》，中央民族大学出版社2000年版。

91. 叶舒宪：《中国神话哲学》，中国社会科学出版社1997年版。

92. 陶思炎：《风俗探幽》，东南大学出版社1995年版。

93. 孙周新：《中国原始艺术符号的文化破译》，中央民族大学出版社1999年版。

94. 滕固：《中国美术小史》，商务印书馆1926年版。

95. 滕固：《中国美术小史》，上海神州光柱1933年版。

96. 张光直：《考古人类学随笔》，生活·读书·新知三联书店1999年版。

97.《中国大百科全书·考古学》，中国大百科全书出版社1986年版。

98. 罗宗真：《六朝考古》，南京大学出版社1994年版。

99. 杨泓：《美术考古半世纪——中国美术考古发现史》，文物出版社1997年版。

100. 陶思炎：《中国鱼文化》，中国华侨出版公司1990年版。

101. 朱家晋、王世襄：《中国美术全集》(工艺美术编·竹木牙)，文物出版社 1987 年版。

102. 杨伯达：《中国美术全集》(工艺美术篇·金银玻璃珐琅器)，文物出版社 1987 年版。

103. 戴定九：《中国陶瓷全集》，上海人民美术出版社 2000 年版。

104.《士冠礼》，《古代宗法理论资料汇编》，上海人民美术出版社 1980 年版。

105.《新中国考古五十年》，文物出版社 1999 年版。

106. 中国硅酸盐学会编：《中国陶瓷史》，文物出版社 1997 年版。

107. 陈万里：《中国青瓷史略》，上海人民出版社 1956 年版。

108. 傅振伦：《中国伟大的发明》，三联书店 1955 年版。

109. 王小舒：《中国审美文化史·元明清卷》，山东画报出版社 2000 年版。

110. 陆思贤：《神话考古》，文物出版社 1995 年版。

111. 袁珂：《中国神话史》，上海文艺出版社 1988 年版。

二、期刊论文

112. 孙佳莹：《中国古代灯具与“神树崇拜”》，《历史月刊》2007 年第 3 期。

113. 夏俐：《浅析古代灯具的造型及使用方式的演变》，《桂林电子工业学》2002 年第 12 期。

114. [日] 荻原秀三郎：《稻、鸟和太阳的祭祀》，《民族艺术》1999 年第 3 期。

115. 杨琳：《社神与树林之关系探究》，《民族艺术》1999 年第 3 期。

116. 周明：《蓬莱神话与灵魂崇拜》，《东南文化》(第一集)，东南大学出版社 1991 年版。

117. 叶舒宪：《死亡主题与中国传统思想文化》，《东方文化》(第二集)，东南大学东方文化研究所 1992 年版。

118. 安特生:《中华远古之文化》,《地质汇报》1923 年。

119. 李济:《殷墟陶器初论》,《安阳发掘报告》1929 年第 1 册。

120. 苏秉琦:《关于仰韶文化的若干问题》,《考古学报》1965 年第 1 期。

121. 易晓:《艺术史研究方法分析》,《美术学研究》第 3 集, 陈池瑜主编, 长江文艺出版社 2002 年版。

122. 布林:《东汉艺术中的三种流行题材: 捞鼎, 过桥和神怪》,《亚洲艺术档案》1966—1967。

123. 俞伟超:《汉代诸侯王与列侯墓葬的形制分析——兼论“周制”、“汉制”与“晋制”的三阶段性》,《先秦两汉考古学论集》, 文物出版社 1985 年版。

124. 王去非:《隋墓出土的陶“千秋万岁”及其他》,《考古》1979 年第 3 期。

125. 李宏:《汉代丧葬制度的伦理意向》,《中原文物》1986 年第 4 期。

126. 王祥玉:《论民俗文化旅游资源的开发利用》,《汉中师范学院学报(社科版)》2007 年第 8 期。

127. 蔡靖泉:《汉代的婚丧习俗玉楚文化》,《江汉考古》1999 年第 3 期。

128. 张紫晨:《史前民俗概论》,《史前研究》1985 年第 3 期。

129. 西江清高:《“中国”的文化领域的原型和“地域”文化》,《文化人类学》1990 年第 8 期。

130. 徐朝龙:《中国古代神树传说的源流——以四川省广汉市三星堆遗址出土的神树为中心》,《中日文化研究》1993 年第 6 期。

131. [日] 林已奈夫:《中国古代日晕和神话图像》,《史林》1991 年第 74 卷。

132. 王万书:《中国古代灯具的符号解析》,《装饰》2006 年第 4 期。

133. 周星:《灯与丁: 谐音象征、仪式与隐喻》, 载王铭铭、潘忠党主编：《象征与社会：中国民间文化的探讨》，天津人民出版社 1997 年版。

134. 常宁生：《西方艺术史学：历史、现状与未来》，《美学与艺术学研究》，江苏美术出版社 1997 年版。

135. 李立新：《中国造物史运行的动力结构》，《美学与艺术学研究》，江苏文艺出版社 2005 年版。

三、外文文献

136. ［美］本尼迪克特：《文化模式》，王炜等译，生活·读书·新知三联书店 1988 年版。

137. ［德］阿道夫·希尔德勃兰特：《造型艺术中的形式问题》，潘耀昌等译，中国人民大学出版社 2004 年版。

138. ［英］罗伯特·莱顿：《艺术人类学》，靳大成等译，文化艺术出版社 1992 年版。

139. ［美］E. 潘诺夫斯基：《视觉艺术的含义》，傅志强译，辽宁人民出版社 1987 年版。

140. ［美］C. 恩伯、M. 恩伯：《文化的变异——现代文化人类学通论》，杜杉杉译，辽宁人民出版社 1988 年版。

141. ［美］阿兰·邓迪斯：《民俗解析》，广西师范大学出版社 2005 年版。

142. ［美］阿兰·邓迪斯著、陈建宪等译：《世界民俗学》，上海文艺出版社 1990 年版。

143. ［美］爱德华·W. 萨义德著、王宇根译：《东方学》，生活·读书·新知三联书店 1999 年版。

144. ［日］渡边欣雄著、周星译：《汉族的民俗宗教》，天津人民出版社 1998 年版。

145. ［美］E. 希尔斯著、傅铿译：《论传统》，上海人民出版社 1991

年版。

146. [美] 阿兰·邓迪斯编:《世界民俗学》,陈建宪等译,上海文艺出版社1990年版。

147. [美] 布鲁范德:《美国民俗学》,李扬译,汕头大学出版社1993年版。

148. [美] 恩斯特·卡西尔:《人论》,甘阳译,上海译文出版社1985年版。

149. [美] 克利福德·格尔茨:《文化的解释》,纳日碧力戈等译,上海人民出版社1999年版。

150. [美] 阿瑟·阿萨·伯杰:《通俗儿女化、媒介和日常生活中的叙事》,姚媛译,南京大学出版社2002年版。

151. [法] 米歇尔·福柯著、谢强等译:《知识考古学》,生活·读书·新知三联书店2000年版。

152. [英] 马林诺夫斯基:《文化论》,费孝通等译,中国民间文艺出版社1987年版。

153. [俄] 普列汉诺夫:《论艺术》,曹葆华译,北京三联书店1973年版。

154. [法] 列维·布留尔:《原始思维》,丁由译,北京商务印书馆1987年版。

155. [英] 马林诺夫斯基:《巫术科学宗教与深化》,李安宅译,中国民间文艺出版社1986年版。

156. [英] 詹·乔·弗雷泽:《金枝》徐育新等译,中国民间文艺出版社1987年版。

157. [美] F.J. 斯特伦:《人与神——宗教生活的理解》,金泽等译,上海人民出版社1991年版。

158. [德] W. 施密特:《原始宗教与神话》,萧师毅译,上海文艺出版社1987年版。

159. [美] 本尼·迪克特:《文化模式》，张燕等译，浙江人民出版社1987年版。

160. [美] 摩尔根:《古代社会》，杨东莼等译，商务印书馆1987年版。

161. [韩] 金烈圭:《韩国民俗语文学研究》，一潮阁1991年版。

162. [日] 吉野裕子:《阴阳五行与日本民俗》，学林出版社1989年版。

163. [日] 林已奈夫:《中国文明的诞生》，吉川弘文馆1995年版。

164. [日] 西江清高:《扶桑与若木》，巴蜀书社2002年版。

四、工具书

165. 杨琳:《中国传统节日文化》，宗教文化出版社2000年版。

166. 张殿英主编:《中华风俗文化词典》，黄山出版社1991年版。

167. [德] 汉斯·比德曼:《世界文化象征辞典》，漓江出版社2000年版。

168. 张紫晨:《中外民俗学词典》，浙江人民出版社1991年版。

169. 袁珂:《中国神话传说词典》，上海辞书出版社出版1985年版。

170. 王惕:《中华美术民俗》，中国人民大学出版社1996年版。

171.《中国大百科全书》，中国大百科全书出版社1991年版。

172.《中国历史年代简表》，文物出版社2001年版。

后记

对我个人而言，整个博士阶段的学习，是一个历练的过程。这不仅是关乎做学问的，而且是关乎处世为人的。在这个过程中我有幸获得了很多的机会得以磨炼自己。

首先，我的导师陶思炎先生一直以他严谨的学术风格深深地引导着我。在做学问的过程中，我时常以先生的品格作为鞭策自己的动力，慢慢养成了严谨治学的习惯，尽管离先生的要求还有很长的一段距离，但毕竟在做学问的过程中开始有了这样的意识。同时，也要感谢师母长期以来对我的关心和呵护！

其次，东南大学艺术学院活跃的气氛深深地感染着我，使得我能有一种永远保持做学问的新鲜劲头及活力。要感谢所有在梅庵做学问的同仁们，是他们活跃的思维和敏锐的才情给了我思考的源泉。同时，他们的友谊让我永生难忘。感谢陈明震教授、孙长初教授、凌继尧教授、王廷信教授等，以及其他所有关心过、帮助过我的老师。还要感谢我的同学们：李炅、刘凡、卢爱华、程万里、翁利等。

再次，我真的感谢所有一起在这过程中陪我走过的人们。感谢南京博物院的袁道峻女士、吴甑佩女士；感谢我的师兄梁玖教授、师姐王勤女士；感谢我当时的同事刘苏教授、陈炳发教授，以及谢云峰、陈安全、朱杰栋、倪勇、卢敏、陈黎、周海海、王文明、吴迅等老师；感谢我的好友刘婷、王咏、赵净、孙琦、金蓉、郁良英；感谢我的邻居刘苗女士、方寅生先生。同时，还要感谢我的学生罗晔、丁寅、陆健、任妍、王雁、罗怡静、夏天、张亦静、杨艳庆、黄奕佳、赵猜等。特别地要感谢我的父母陈汝娟女士和薛国林先生，感谢他们对我无私的关心和爱护，让我得以安心地完成博士阶段的学习。

这本著作的最终出版，要感谢苏州大学及各位领导的大力支持!

最后，我把毕业论文《中国灯具艺术研究》奉献给大家，这本著作中有着太多的不足，希望我的友人们和同仁们对我这几年来的研究成果提出修改意见。这只是一篇探索性的论文，也许我的研究生涯到现在只是一个开端，但有幸的是，在天时、地利、人和的条件下终于开始了。往后的日子，我还会继续修改此论文，因为实在有太多还需要斟酌的地方!

薛红艳

2017 年 10 月

图书在版编目(CIP)数据

中国灯具艺术研究/薛红艳著. —上海:上海人民出版社,2017

ISBN 978-7-208-14806-2

Ⅰ.①中… Ⅱ.①薛… Ⅲ.①灯具-历史-研究-中国 Ⅳ.①TS956-092

中国版本图书馆 CIP 数据核字(2017)第 238155 号

责任编辑　周　珍

装帧设计　陈　酌　余励奋

中国灯具艺术研究

薛红艳 著

世 纪 出 版 集 团

上海人民出版社出版

(200001 上海福建中路 193 号 www.ewen.co)

世纪出版集团发行中心发行　上海商务联西印刷有限公司印刷

开本 635×965 1/16 印张 27 插页 2 字数 366,000

2017 年 10 月第 1 版 2017 年 10 月第 1 次印刷

ISBN 978-7-208-14806-2/J·497

定价 88.00 元